9.12 UI设计实例：可爱的纽扣图标

技术难度：★★★ ☑专业级

实例描述：本实例应用了许多小技巧来表现图标的纹理和细节。首先，为圆形路径设置波纹效果，使波纹有粗、细、疏、密的变化；再让波纹之间的角度稍错开一点，就形成了好看的纹理。另外，还通过纹理样式表现质感，投影表现立体感，描边虚线化表现缝纫效果，通过混合模式体现图形颜色的微妙变化。

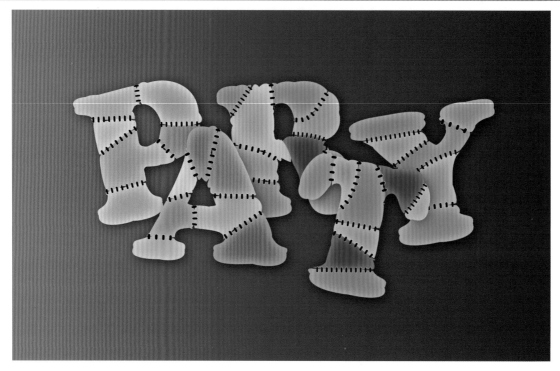

15.3 拼贴布艺字

技术难度：★ ★ ★ ☑专业级

实例描述：将文字分割成块面，制作成绒布效果，再自定义一款笔刷，制作缝纫线。

11.10 路径文字实例：2012

15.2 炫彩3D字

8.7 混合实例：弹簧特效字

8.8 混合实例：混合对象的编辑技巧

15.10 超写实人物

技术难度：★★★★★　☑专业级

实例描述：在本实例中，我们将通过渐变网格来绘制一幅写实效果的人物肖像。渐变网格在Illustrator中算是比较复杂的功能了，它首先要求操作者要熟练掌握路径和锚点的编辑方法，其次还要具备一定的造型能力，能够通过网格点这种特殊的形式塑造对象的形态。

爱WO风格

WO用户

有WO主张 走WO就拥

12.13 插画设计实例：圆环的演绎
技术难度：★★★★☆ ☑专业级

实例描述：符号的特点是可以快速创建大量相同的图形（符号实例），其缺点是各个符号实例的差别不太大。本实例学习怎样运用混合模式，让符号的色彩和细节变得异常丰富。

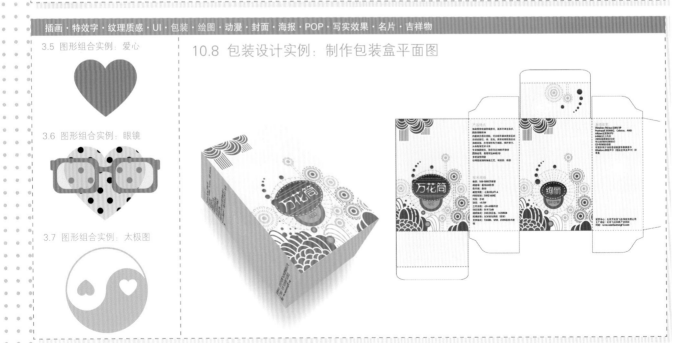

插画·特效字·纹理质感·UI·包装·绘图·动漫·封面·海报·POP·写实效果·名片·吉祥物

3.5 图形组合实例：爱心

3.6 图形组合实例：眼镜

3.7 图形组合实例：太极图

10.8 包装设计实例：制作包装盒平面图

15.9 梦幻风格插画
技术难度：★★★★ ☑专业级

实例描述：这个实例中有许多发光体，如星球、飞行物、云朵等。发光效果通过"效果"菜单中的"内发光"和"外发光"命令来完成，图形边缘会变得柔和。通过渐变滑块的不透明度设置，使渐变颜色可以从有到无，使不同图形之间能巧妙地融合在一起。

10.7 3D效果实例：制作3D可乐瓶

技术难度：★★★★ ☑专业级

实例描述：绘制漂亮的图案，定义为符号。使用3D绕转命令制作可乐瓶、瓶盖，使用自定义的符号为可乐瓶贴图。

插画·特效字·纹理质感·UI·包装·动漫·封面·海报·POP·写实效果·名片·吉祥物

12.11 自定义画笔实例：彩虹字

9.10 质感实例：水晶按钮

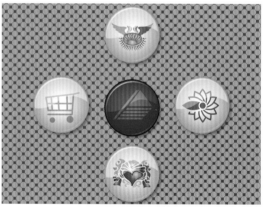

8.10 POP广告实例：便利店DM广告

3.9 变幻构成实例：花花的笔记本

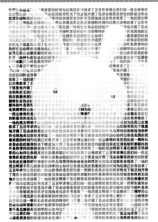

11.12 特效字实例：奇妙字符画

6.4 图案库实例：使用图案库

7.12 书籍装帧设计实例：封面设计
技术难度：★★★★☆ ☑专业级

6.9 服装设计实例：潮流女装

13.12 卡通设计实例：制作一组卡通形象

7.13 拓展练习：人在画外

8.11 拓展练习：动感世界杯

15.6 舌尖上的美食
技术难度：★★★ ☑专业级

实例描述：用路径文字、封套扭曲文字制作成寿司和筷子，制作方法简单地，画面生动有趣，充满创意。

插画·特效字·纹理质感·UI·包装·玩具·封面·海报·POP·写实效果·名片·吉祥物

15.7 平台玩具设计

4.11 编辑路径实例：条码生活

2.9 色彩设计实例：怪物唱片

12.12 符号实例：花样高跟鞋

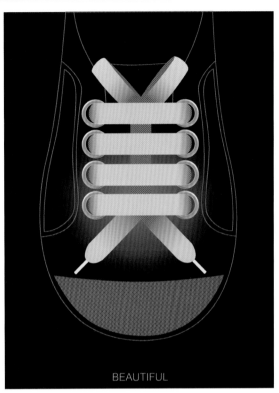

BEAUTIFUL

15.8 | Mix & match风格插画
技术难度：★★★★☆ ☑专业级

15.4 | 创意鞋带字
技术难度：★★★★ ☑专业级

绘图·特效·纹理·UI·包装·卡通·封面·海报·POP·写实效果·名片·吉祥物·图表

5.7 渐变实例：时尚书签

7.9 剪切蒙版实例：Q版头像

4.12 路径运算实例：小猫咪

4.13 编辑路径实例：交错式幻象图

7.10

剪切蒙版实例：
时尚装饰字

技术难度：★★★★　☑专业级

学习技巧：先绘制缤纷的图形，然后将其嵌入到字母中，再制作成立体字。

插画·特效字·纹理质感·UI·包装·动漫·封面·海报·POP·写实效果·名片·3D

9.11　特效字实例：多重描边字

7.11　不透明度蒙版实例：金属特效字

5.10　拓展练习：甜橙广告

8.3　高级技巧：线的混合艺术

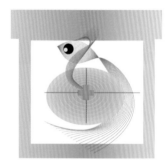

11.14　拓展练习：毛边字

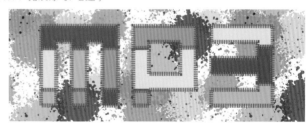

11.6　高级技巧

8.3 高级技巧：线的混合艺术

2.7 绘图实例·开心小�士
技术难度：实用菜鸟级

插画·特效·纹理质感·UI·包装·图案·封面·海报·POP·写实效果·名片·吉祥物

9.9 效果实例：涂鸦艺术

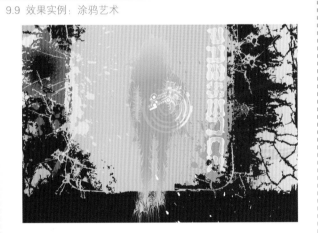

6.5 图案特效实例：分形图案

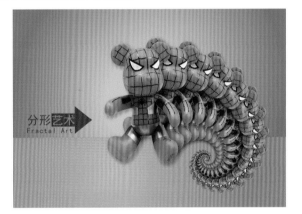

5.9 渐变网格实例：创意蘑菇灯

15.5 顽皮猫咪

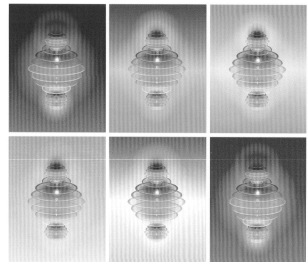

Exotic style in designs

5.8	渐变实例：玉玲珑
	技术难度：★★★　☑专业级

6.6	图案特效实例：图案字
	技术难度：★★★★　☑专业级

服装画 · 特效 · 纹理 · UI · 包装 · 动漫 · 封面 · 海报 · POP · 写实效果 · 名片 · 吉祥物 · 图表

6.8 时装画实例：布贴画

草原牧歌

9.13 拓展练习：金属球反射效果

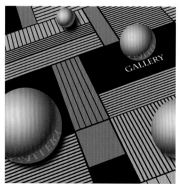

6.10 拓展练习：迷彩面料

8.9 封套扭曲实例：艺术花瓶

13.13 拓展练习：制作名片和三折页

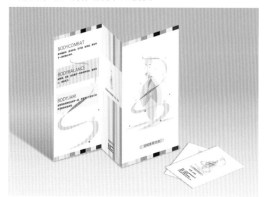

安妮美容沙龙

安妮 总经理

地址：北京市朝阳区0086号
邮编：100021
电话：(010)67000000
E-mail:annie@vip.sina.com

13.11 实时上色实例：飘逸的女孩

Wonderful
Life ●●●

=lili

15.1 可爱的卡通吉祥物
技术难度：★ ★ ★ ☑专业级

绘画·特效字·纹理质感·UI·包装·动漫·封面·海报·POP·写实效果·名片·图表

6.7 纹理实例：丝织蝴蝶结

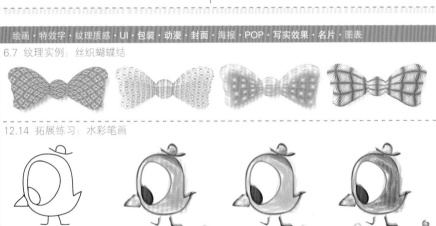

12.14 拓展练习：水彩笔画

11.11 文本绕排实例：宝贝最爱的动画片

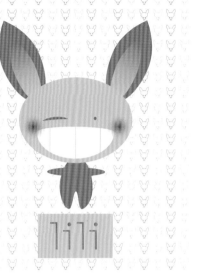

宝贝最喜爱的动画片
BAO BEI ZUI XI AI DE DONG HUA PIAN

4.14 版面设计实例：海报版面

Keep in Touch

GLOBAL
CREATIVITY

2.8 填色与描边实例：12星座邮票

♑ Capricorn	♒ Aquarius
♓ Pisces	♈ Aries
♉ Taurus	♊ Gemini
♋ Cancer	♌ Leo
♍ Virgo	♎ Libra
♏ Scorpio	♐ Sagittarius

11.13 图表实例：替换图例

男装销售
女装销售

2011   2012

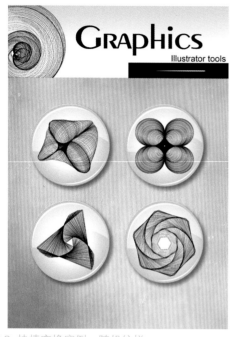

3.8 快捷变换实例：随机纹样

3.10 图形设计实例：小鸟Logo

插画·特效字·纹理质感·UI·包装·动画·封面·海报·POP·写实效果·名片·吉祥物

14.7 拓展练习：制作滑雪动画

10.5 高级技巧：弥补3D功能的不足

14.6 动画实例：星光大道

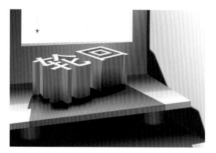

4.15 拓展练习　　3.11 拓展练习

13.10 实例描摹实例　　10.5 高级技巧

8.6 高级技巧　　12.10 画笔描边实例　　4.10 钢笔绘图实例

 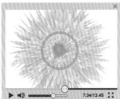  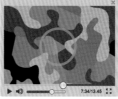 

 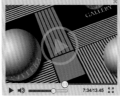   

    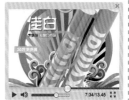

  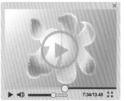  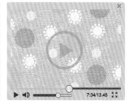

    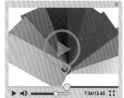

光盘附赠
AI格式素材
EPS格式素材
色谱类电子书

AI格式素材

动物1.ai　动物2.ai　动物3.ai　动物4.ai　风景7.ai　风景8.ai　风景9.ai　风景10.ai　蝴蝶1.ai　蝴蝶2.ai　蝴蝶3.ai

动物5.ai　动物6.ai　动物7.ai　动物8.ai　蝴蝶4.ai　蝴蝶5.ai　花纹1.ai　花纹2.ai　花纹3.ai　花纹4.ai　花纹5.ai

动物9.ai　动物10.ai　动物11.ai　动物12.ai　花纹6.ai　花纹7.ai　花纹8.ai　花纹9.ai　花纹10.ai　花纹11.ai　花纹12.ai

动物13.ai　动物14.ai　动物15.ai　风景1.ai　花纹13.ai　花纹14.ai　花纹15.ai　花纹16.ai　花纹17.ai　花纹18.ai　花纹19.ai

EPS格式素材

1.eps　2.eps　3.eps　4.eps　5.eps　1.eps　2.eps　3.eps　4.eps　5.eps

6.eps　7.eps　8.eps　9.eps　10.eps　6.eps　7.eps　8.eps　9.eps　10.eps　6.eps

11.eps　12.eps　13.eps　14.eps　15.eps　11.eps　12.eps　13.eps　14.eps　15.eps　11.eps

16.eps　17.eps　18.eps　19.eps　20.eps　16.eps　17.eps　18.eps　19.eps　20.eps　16.eps

色谱表（电子书）　　　　　CMYK色谱手册（电子书）

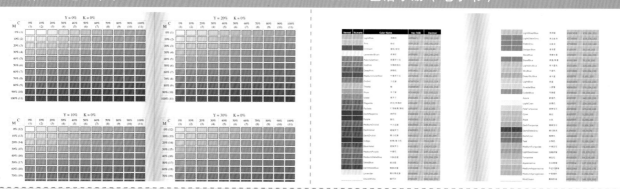

突破平面

李金蓉／编著

Illustrator CS6

设计与制作深度剖析

清华大学出版社

北京

内 容 简 介

本书采用从设计欣赏到软件功能讲解、再到案例制作的渐进过程,将Illustrator功能与平面设计实践紧密结合。书中通过72个典型实例和88个视频教学录像,由浅入深地剖析了平面设计制作流程和Illustrator的各项功能,其中既有绘图、封套、符号、网格、效果、3D等Illustrator功能学习型实例,也有UI、VI、POP、封面、海报、包装、插画、动漫、动画、CG等设计项目实战案例。

本书适合广大Illustrator爱好者,以及从事广告设计、平面创意、包装设计、插画设计、网页设计、动画设计人员学习参考,亦可作为高等院校相关专业的教材。

本书封面贴有清华大学出版社防伪标签,无标签者不得销售。

版权所有,侵权必究。侵权举报电话:010-62782989 13701121933

图书在版编目(CIP)数据

突破平面Illustrator CS6设计与制作深度剖析 / 李金蓉编著.--北京:清华大学出版社,2013.5 (2020.1 重印)
(平面设计与制作)
ISBN 978-7-302-30471-5

Ⅰ.①突… Ⅱ.①李… Ⅲ.①图形软件 Ⅳ.①TP391.41

中国版本图书馆CIP数据核字(2012)第250866号

责任编辑:陈绿春
封面设计:潘国文
版式设计:北京水木华旦数字文化发展有限责任公司
责任校对:胡伟民
责任印制:杨 艳

出版发行:清华大学出版社
    网　　　址:http://www.tup.com.cn,http://www.wqbook.com
    地　　　址:北京清华大学学研大厦A座　　邮　　编:100084
    社 总 机:010-62770175　　邮　　购:010-62786544
    投稿与读者服务:010-62776969,c-service@tup.tsinghua.edu.cn
    质量反馈:010-62772015,zhiliang@tup.tsinghua.edu.cn
印 装 者:北京嘉实印刷有限公司
经　　销:全国新华书店
开　　本:203mm×260mm　　印　张:18.25　　插页:8　　字　　数:580千字
    (附DVD1张)
版　　次:2013年5月第1版　　　　　　　　印　　次:2020年1月第13次印刷
定　　价:69.00元

产品编号:047816-01

前 言
QIANYAN

笔者非常乐于钻研 Illustrator，因为它就像是阿拉丁神灯，可以帮助我们实现自己的设计梦想，所以学习和使用 Illustrator 都是一件令人愉快的事。本书力求在一种轻松、愉快的学习氛围中带领读者逐步深入地了解软件功能，学习 Illustrator 使用技巧以及其在平面设计领域的应用。

设计案例与软件功能完美结合是本书的一大特色。每一章的开始部分，首先介绍设计理论，并提供作品欣赏，然后讲解软件功能，最后再针对软件功能的应用制作不同类型的设计案例，读者在动手实践的过程中可以轻松掌握软件使用技巧，了解设计项目的制作流程。72 个不同类型的设计案例和 88 个视频教学录像能够让读者充分体验 Illustrator 学习和使用乐趣、真正做到学以致用。

充实的内容和丰富的信息是本书的另一特色。在"小知识"项目中，读者可以了解到与设计相关的人物和故事；通过"提示"可以了解案例制作过程中的注意事项；通过"小技巧"可以学习大量的软件操作技巧；"高级技巧"项目展现了各种关键技术在实际应用中发挥的作用，分析了相关效果的制作方法，让大家充分分享笔者的创作经验。此外，每一章的结束部分还提供了拓展练习，可以让读者巩固所学知识。这些项目不仅可以开拓读者的眼界，也使得本书的风格轻松活泼，简单易学，充满了知识性和趣味性。

本书共分为 15 章。第 1 章简要介绍了创意设计知识和 Illustrator 基本操作方法。

第 2 章~第 14 章讲解了色彩设计、图形设计、版面设计、工业设计、服装设计、装帧设计、POP 广告、UI、包装设计、字体设计、插画设计、卡通和动漫设计、网页和动画设计的创意与表现方法，并通过案例巧妙地将 Illustrator 各项功能贯串其中，包括绘图功能、钢笔工具、渐变网格、图案、图层、蒙版、混合、封套扭曲、效果、外观、图形样式、3D、透视网格、文字、图表、画笔、符号、实时描摹、高级上色，以及 Illustrator 与其他设计软件的协作。

第 15 章为综合实例，通过 10 个具有代表性的案例全面地展现了 Illustrator 的高级应用技巧，突出了综合使用多种功能进行艺术创作的特点。

本书的配套光盘中包含了案例的素材文件、最终效果文件、部分案例的视频教学录像，同时，还附赠了精美矢量素材、电子书以及 88 个视频教学录像。

　　本书由李金蓉主笔，此外，参与编写工作的还有李金明、李哲、王熹、邹士恩、刘军良、姜成繁、白雪峰、贾劲松、包娜、徐培育、李志华、谭丽丽、李宏宇、王欣、陈景峰、李萍、贾一、崔建新、徐晶、王晓琳、许乃宏、张颖、苏国香、宋茂才、宋桂华、李锐、尹玉兰、马波、季春建、于文波、李宏桐、王淑贤、周亚威、杨秀英等。由于水平有限，书中难免有疏漏之处。

　　如果您有中肯的意见或者在学习中遇到问题，请与我们联系，Email：ai_book@126.com。

目 录

第03章　图形设计：图形编辑技巧

第04章　版面设计：钢笔工具与路径

第05章 工业产品设计：渐变与渐变网格

第06章 服装设计：图案与纹理

第09章　UI设计：效果、外观与图形样式

第10章　包装设计：3D与透视网格

第13章　卡通和动漫设计：实时描摹与高级上色

第01章

创意设计：初识Illustrator

1.1 旋转创意的魔方

1.1.1 创造性思维

广告大师威廉·伯恩巴克曾经说过："当全部人都向左转，而你向右转，那便是创意"。创意离不开创造性思维。思维是人脑对客观事物本质属性和内在联系的概括和间接反映，并以新颖、独特的思维活动揭示事物本质及内在联系，指引人们去获得新的答案，从而产生前所未有的想法称为创造性思维。它包含以下几种形式。

（1）多向思维

多向思维也叫发散思维，它表现为思维不受点、线、面的限制，不局限于一种模式。例如图1-1所示为绝对伏特加广告，设计者巧妙地将伏特加酒瓶图形与门、窗、桥等结合，在这个神奇的街景中藏有82处伏特加酒瓶图形。

（2）侧向思维

侧向思维又称旁通思维，它是沿着正向思维旁侧开拓出新思路的一种创造性思维。例如，正向思维遇到问题是从正面去想，而侧向思维则会避开问题的锋芒，在次要的地方做文章。例如图1-2所示的摩托罗拉GPS广告便运用了侧向思维，画面中传递出这样的信息：问路时遇到太多的热心肠，以至于不知道怎么选择，这时要有一个摩托罗拉GPS该有多好。

图1-1

图1-2

（3）逆向思维

日常生活中，人们往往养成一种习惯性思维方式，即只看事物的一方面，而忽视另一方面。如果逆转一下正常的思路，从反面想问题，便能得出创新性的设想。例如图1-3和图1-4所示为Stena Lines客运公司广告——父母跟随孩子出游可享受免费待遇。广告运用了逆向思维，将孩子和父母的身份调换，创造出生动、诙谐、新奇的视觉效果，让人眼前一亮。

（4）联想思维

联想思维是指由某一事物联想到与之相关的其他事物的思维过程。例如图1-5所示为杀虫剂广告（2011戛纳广告节金奖作品）。蜥蜴是捕虫高手，能让人联想到杀虫剂的功效，也从另一个侧面突出了产品自然、健康的环保理念。

图1-3

图1-4

图1-5

小知识：广告大师威廉·伯恩巴克

　　威廉·伯恩巴克：DDB广告公司创始人。他与大卫·奥格威（奥美广告公司创始人）、李奥·贝纳被誉为20世纪60年代美国广告"创意革命"的三大旗手。想象奇特，以情动人是伯恩巴克广告作品中最突出的特点，其代表作有艾维斯出租汽车公司广告"我们是第二"，大众甲壳虫汽车系列广告等。后者是幽默广告的巅峰之作。以下是该系列广告中"送葬车队"篇的绝妙创意。

　　创作背景：60年代的美国汽车市场是大型车的天下，而甲壳虫汽车形似甲壳虫，马力小，还曾经被希特勒作为纳粹辉煌的象征，因而一直受到美国消费者的冷落。1960年，DDB（恒美广告公司的前身）接手为甲壳虫车打开在美国市场的销路进行广告策划，伯恩巴克提出"think small（想想小的好处）"的主张，运用广告的力量，使美国人认识到小型车的优点，拯救了大众的甲壳虫。

　　广告画面：豪华的送葬车队。

　　解说词：迎面驶来的是一个豪华的送葬车队，每辆车的乘客都是以下遗嘱的受益者。

　　"遗嘱"者的旁白：我，麦克斯韦尔·E·斯内佛列，趁健在清醒时发布以下遗嘱：给我那花钱如流水的妻子留下100美元和一个笔记本；我的儿子罗德内和维克多把我的每一枚五分币都花在时髦车和放荡女人身上，我给他们留下50美元的五分币；我的生意合伙人朱尔斯的座右铭是"花！花！花！"，我什么也"不给！不给！不给！"；我的其他朋友和亲属从未理解过1美元的价值，我留给他们1美元；最后是我的侄子哈罗德，他常说"省一分钱等于赚一分钱"，还说"麦克斯叔叔买了一辆大众车肯定很值"，我呀，把我所有的1000亿美元财产留给他。

1.1.2　创意的方法

（1）夸张

　　夸张是为了表达上的需要，故意言过其实，对客观的人和事物尽力作扩大或缩小的描述。如图 1-6 所示的广告运用扩张的手法表现了由于家居打折而引发消费者疯狂抢购的行为。

（2）幽默

　　广告大师波迪斯说过："巧妙地运用幽默，就没有卖不出去的东西。"幽默的创意具有很强的戏剧性、故事性和趣味性，能够带给人会心的一笑，让人感到轻松愉快，如图 1-7 和图 1-8 所示。

图1-6

图1-7

图1-8

（3）悬念

以悬疑的手法或猜谜的方式调动和刺激受众，使其产生疑惑、紧张、渴望、揣测、担忧、期待、欢乐等一系列心理，并持续和延伸，以达到释疑团而寻根究底的效果。如图1-9所示为Sedex快递广告——请相信快递公司的交货速度。

（4）比较

通常情况下，人们在作出决定之前，都会习惯性进行事物间的比较，以帮助自己作出正确的判断。通过比较得出的结论往往具有很强的信服力。如图1-10所示为布宜诺斯艾利斯动物园海报——用更便宜的价格看到更真实的东西。

图1-9

图1-10

（5）拟人

将自然界的事物进行拟人化处理，赋予其人格和生命力，能够让受众迅速地在心理产生共鸣。如图1-11所示为 Aopt A Dog BETA 宠物训练广告——宠物和小孩子一样都是需要教的，如果你不想回到家看到这个画面，联系我们吧。

（6）比喻、象征

比喻和象征属于"婉转曲达"的艺术表现手法，能够带给人以无穷的回味。比喻需要创作者借题发挥、进行延伸和转化。象征可以使抽象的概念形象化，使复杂的事理浅显化，引起人们的联想，提升作品的艺术感染力和审美价值。如图1-12所示为Hall（瑞典）音乐厅海报——一个阉伶的故事。

（7）联想

联想表现法也是一种婉转的艺术表现方法，它通过两个在本质上不同、但在某些方面又有相似性的事物给人以想象的空间，进而产生"由此及彼"的联想效果，意味深远，回味无穷。如图1-13所示为消化药广告——快速帮助你的胃消化。

图1-11

图1-12　　　　　　　　　　　图1-13

1.1.3　让Illustrator为创意助力

Adobe 公司的 Illustrator 是目前使用最为广泛的矢量图形软件之一，它功能强大、操作简便，深受艺术家、插画家以及电脑美术爱好者的青睐。

（1）强大的绘图工具

Illustrator 提供了钢笔、铅笔、画笔、矩形、椭圆、多边形、极坐标网格等数量众多的专业绘图工具，以及标尺、参考线、网格和测量等辅助工具，可以绘制任何图形，表现各种效果，如图 1-14 ~ 图 1-16 所示。

图1-14

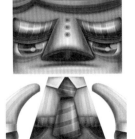

图1-15　　　　　　　　　　　图1-16

小知识：Adobe公司

Adobe公司成立于1982年，总部位于美国加州的圣何塞市，其产品遍及图形设计、图像制作、数码视频、电子文档和网页制作等领域，如大名鼎鼎的Photoshop、动画软件Flash、专业排版软件InDesign、影视编辑及特效制作软件Premiere和After Effects等均出自该公司。

（2）完美的插画技术支持

Illustrator 的图形编辑功能十分强大，例如，绘制基本图形后，可通过混合功能将图形、路径甚至文字等混合，使其产生从颜色到形状的全面过渡效果；通过剪切蒙版和不透明蒙版可以遮盖对象，创建图形合成效果；使用封套扭曲可以让对象按照封套图形的形状产生变形；使用效果可以为图形添加投影、发光灯特效，还可以将其转换为 3D 对象。有了这些工具的帮助，就可以创建不同风格、不同美感的矢量插画，如图 1-17 ~ 图 1-19 所示。

图1-17

图1-18　　　　　　　　　　　图1-19

（3）打造相片级写实效果的渐变和网格工具

渐变工具可以创建细腻的颜色过渡效果，渐变网格则更为强大，通过对网格点着色，精确控制颜色的混合位置，可以绘制出照片级的写实效果。如图1-20所示为机器人效果及网格结构图，如图1-21所示为玻璃杯和玻璃球的效果及网格结构图。

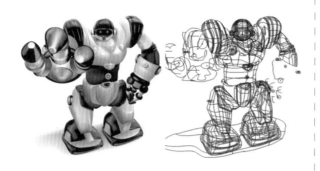

图1-20

图1-21

（4）精彩的 3D 和效果

3D 功能可以将二维图形创建为可编辑的三维图形，还可以添加光源、设置贴图，特别适合制作立体模型、包装立体效果图。此外，Illustrator 还提供了大量效果，可以创建投影、发光、变形等特效，而"像素化"、"模糊"、"画笔描边"等效果则更是与 Photoshop 中相应的滤镜完全相同。如图 1-22 所示为通过旋转路径生成的 3D 可乐瓶，如图 1-23 所示为使用"投影"等效果制作的特效字。

图1-22　　　　　　　图1-23

（5）灵活的文字和图表

Illustrator 的文字工具可以在一个点、一个图形区域或一条路径上创建文字，而且文字的编辑方法也非常灵活，可以轻松应对排版、装帧、封面设计等任务。如图 1-24 和图 1-25 所示为文字在书籍封面上的应用，如图 1-26 所示为通过路径文字制作的中国结。

图1-24

图1-25

图1-26

Illustrator 提供了 9 种图表工具，可以创建柱形图、堆积柱形图、条形图、堆积条形图、折线图、面积图、散点图、饼图、雷达图等不同类型的图表，还可以用绘制的图形替换图表中的图例，使图表更加美观，如图 1-27 所示。

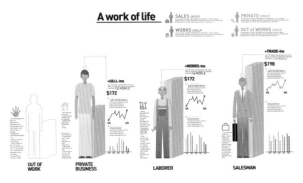

图1-27

（6）简便而高效的符号

需要绘制大量相似的图形，如花草、地图上的标记、技术图纸时，可以将一个基本的图形定义为符号，再通过符号来快速、大量地创建类似的对象，既省时又省力。需要修改时，只需编辑"符号"面板中的符号样本即可。如图 1-28 和图 1-29 所示为符号在插画和地图上的应用。

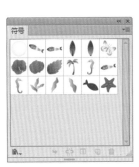

图1-28

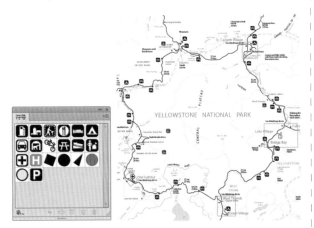

图1-29

（7）丰富的模板和资源库

Illustrator 提供了 200 多个专业设计模版，使用模板中的内容，可以快速创建名片、信封、标签、证书、明信片、贺卡和网站。此外，Illustrator 中还包含数量众多的资源库，如画笔库、符号库和图形样式库、色板库等，为我们的创作提供了极大的方便，如图 1-30 ~图 1-33 所示。

图1-30　　　　　　　　图1-31

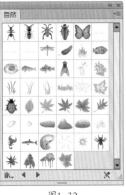

图1-32　　　　　　　　图1-33

1.2　数字化图形

1.2.1　位图与矢量图

在计算机世界里，图像和图形等都是以数字方式记录、处理和存储的。它们分为两大类，一类是位图，另一类是矢量图。

位图是由像素组成的，用数码相机拍摄的照片、扫描的图像等都属于位图。位图的优点是可以精确地表现颜色的细微过渡，也容易在各种软件之间交换。缺点是占用的存储空间较大，而且会受到分辨率的制约，进行缩放时图像的清晰度会下降。例如图 1-34 所示为一张照片及放大后的局部细节，可以看到，图像已经变得有些模糊了。

矢量图由数学对象定义的直线和曲线构成，因而占的存储空间非常小，而且它与分辨率无关，任意旋转和缩放图形都会保持清晰、光滑，如图1-35所示。矢量图的这种特点非常适合制作图标、Logo等需要按照不同尺寸使用的对象。

图1-34

图1-35

位图软件主要有Photoshop、Painter等。Illustrator是矢量图形软件，它也可以处理位图，而且还能够灵活地将位图和矢量图互相转换。矢量图的色彩虽然没有位图细腻，但其独特的美感是位图无法表现的。

小知识：像素、分辨率

像素是组成位图图像最基本的元素，分辨率是指单位长度内包含的像素点的数量，它的单位通常为像素/英寸（ppi）。分辨率越高，包含的像素越多，图像就越清晰。

1.2.2 颜色模式

颜色模式决定了用于显示和打印所处理图稿的方法。Illustrator支持灰度、RGB、HSB、CMYK和Web安全RGB模式。执行"窗口 > 颜色"命令，打开"颜色"面板，单击右上角的 ▼ 按钮打开面板菜单，如图1-36所示，在菜单中可以选择需要的颜色模式。

- 灰度模式：只有256级灰度颜色，没有彩色信息，如图1-37所示。
- RGB模式：由红（Red）、绿（Green）和蓝（Blue）三个基本颜色组成，每种颜色都有256种不同的亮度值，因此，可以产生约1670余万种颜色（256×256×256），如图1-38所示。RGB模式主要用于屏幕显示，如电视、电脑显示器等都采用该模式。

图1-36

图1-37　　　　　图1-38

- HSB模式：利用色相（Hue）、饱和度（Saturation）和亮度（Brightness）来表现色彩。其中H用于调整色相；S调整颜色的纯度；B调整颜色的明暗度。
- CMYK模式：由青（Cyan）、品红（Magenta）、黄（Yellow）和黑（Black）四种基本颜色组成，它是一种印刷模式，被广泛应用在印刷的分色处理上。

● Web 安全 RGB 模式：Web 安全色是指能在不同操作系统和不同浏览器之中同时安全显示的 216 种 RGB 颜色。进行网页设计时，需要在该模式下调色。

小技巧：设置和转换文档的颜色模式

执行"文件>新建"命令创建文档时，可在打开的对话框中为文档设置颜色模式。如果要修改一个现有文档的颜色模式，可以使用"文件>文档颜色模式"下拉菜单中的命令进行转换。标题栏的文件名称旁会显示文档所使用的颜色模式。

1.2.3 文件格式

文件格式决定了图稿的存储内容、存储方式，以及其是否能够与其他应用程序兼容。在 Illustrator 中编辑图稿以后，可以执行"文件 > 存储"命令，可以将图稿存储为四种基本格式：AI、PDF、EPS 和 SVG，如图 1-39 所示。这些格式可以保留所有 Illustrator 数据，它们是 Illustrator 的本机格式。也可以执行"文件 > 导出"命令，以其他文件格式导出图稿，以便在其他程序中使用，如图 1-40 所示。

图1-39   图1-40

小技巧：文件格式选择技巧

如果文件用于其他矢量软件，可以保存为AI或EPS格式，它们能够保留Illustrator创建的所有图形元素；如果要在Photoshop中对文件进行处理，可以保存为PSD格式，这样，将文件导入到Photoshop中后，图层、文字、蒙版等都可以继续编辑。此外，PDF格式主要用于网上出版；TIFF是一种通用的文件格式，几乎所有的扫描仪和绘图软件都支持；JPEG用于存储图像，可以压缩文件（有损压缩）；GIF是一种无损压缩格式，可应用在网页文档中；SWF是基于矢量的格式，被广泛地应用在Flash中。

1.3   Illustrator CS6新增功能

Illustrator CS6 新增了强大的性能系统，可以提高处理大型、复杂文件的精确度、速度和稳定性。全新的工作界面典雅而实用，尤其是深色背景选项，可以凸显图稿，让用户更加专注于设计工作。全新的追踪引擎可以快速、流畅地设计图案以及对描边使用渐变效果。

1.3.1 高效、灵活的界面

Illustrator CS6 的工作界面不仅可以调节亮度，还进行了适当的简化，可以减少完成任务所需的步骤。此外，图层名称的内联编辑、精确的颜色取样等均为高效工作提供了方便，例如，无需使用对话框，便能有效地在图层、元件、画笔、画板和其他面板中直接编辑对象的名称。如图 1-41 和图 1-42 所示为黑色和浅灰色软件操作界面。

图1-41   图1-42

1.3.2 全新的图像描摹

利用全新的描摹引擎将位图图像转换为矢量图形时，无需使用复杂控件即可获得清晰的线条和精确的轮廓，如图 1-43 ~ 图 1-45 所示。

彩色照片
图1-43

实时描摹（颜色为 25）　　实时描摹（颜色为 45）
图1-44　　　　　　　　图1-45

1.3.3 无缝拼贴的图案

Illustrator CS6 可以轻松创建无缝拼贴的矢量图案，如图 1-46 所示。利用可随时编辑的图案自由尝试各种创意，可以使设计达到最佳的灵活性。

图1-46

1.3.4 渐变描边

Illustrator CS6 可以对描边应用渐变，如图 1-47 所示，可以全面控制渐变的位置和不透明度。

图1-47

1.3.5 高斯模糊增强功能

Illustrator CS6 的阴影和发光等高斯模糊效果的应用速度较之前的版本有了大幅度的提升，而且可以直接在画板中预览效果，而无需通过对话框预览，如图 1-48 所示。

1.3.6 颜色面板增强功能

"颜色"面板中的色谱可进行扩展，如图 1-49 所示，可以更快、更精确地取样颜色，还可以快速地将十六进制值复制和粘贴到其他应用程序中。

图1-48

图1-49

1.3.7　变换面板增强功能

在 Illustrator CS6 中，常用的"缩放描边和效果"选项被整合到"变换"面板中，方便快速使用，如图 1-50 所示。

1.3.8　控制面板增强功能

在控制面板中，可以快速找到所需的选项，如锚点控件、剪切蒙版、封套变形和更多其他选项，如图 1-51 所示。

图1-50

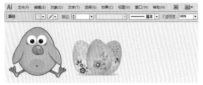
图1-51

1.3.9　文字方面的改进

在文本方面，Illustrator CS6 也进行了改进，例如，通过"字符"面板可以为文字添加大写、上标、下标等样式，如图 1-52 所示。选择文本之后，使用方向键即可更改字体。

1.3.10　可停靠的隐藏工具

工具箱中的工具可以沿水平或垂直方向停靠，使原本隐藏的工具更加方便使用，如图 1-53 和图 1-54 所示，也为画板让出了更多的可用空间。

图1-52

图1-53

图1-54

1.3.11　带空间的工作区

Illustrator CS6 提供了各种预设的工作区，如 Web、上色、排版等，通过空间支持，可以顺畅地在各个工作区之间切换，而且工作区内的内容保持一致，并在重设前保留对版面所做的更改。

小知识：安装Illustrator CS6的系统需求

◎Intel Pentium4 或 AMD Athlon64 处理器。

◎Microsoft Windows XP（装有 Service Pack 3）或 Windows 7（装有 Service Pack 1）。

◎32 位需要 1GB 内存（推荐 3GB）；64 位需要 2GB 内存（推荐 8GB）。

◎2GB 可用硬盘空间用于安装；安装过程中需要额外的可用空间。

◎1024x768 屏幕（推荐 1280x800），16 位显卡。

◎兼容双层 DVD 的 DVD-ROM 驱动器。

◎Adobe Bridge 中的某些功能依赖于支持 DirectX 9 的图形卡（至少配备 64MB VRAM）。

◎该软件使用前需要激活。用户必须具备宽带网络连接并完成注册，才能激活软件、验证订阅和访问在线服务。

1.4　Illustrator CS6工作界面

1.4.1　文档窗口

Illustrator CS6 的工作界面由菜单栏、工具箱、状态栏、文档窗口、面板和控制面板等组件组成，如图 1-55 所示。

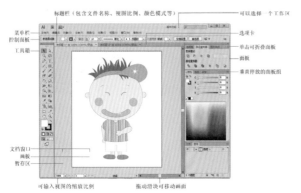

图1-55

图1-58

文档窗口（包含画板和暂存区）是用于绘图的区域。如果同时打开多个文档，就会创建多个文档窗口，它们停放在选项卡中。单击一个文件的名称，可将其设置为当前窗口，如图1-56所示。按下 Ctrl+Tab 键，可以循环切换各个窗口。将一个窗口从选项卡中拖出，它便成为可以任意移动位置的浮动窗口（拖动标题栏可移动），如图1-57所示，也可以将其拖回到选项卡中。如果要关闭一个窗口，可单击其右上角的 ✕ 按钮，如果要关闭所有窗口，可在选项卡上单击右键，选择快捷菜单中的"关闭全部"命令。

单击一个工具即可选择该工具，如图 1-59 所示。右下角带有三角形图标的工具表示这是一个工具组，在这样的工具上按住鼠标按键可以显示隐藏的工具，如图 1-60 所示，将光标移动到一个工具上，即可选择该工具，如图 1-61 所示。

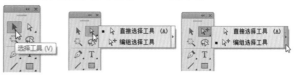

图1-59　　　图1-60　　　图1-61

如果单击工具右侧的拖出按钮，如图 1-62 所示，会弹出一个独立的工具组面板，如图 1-63 所示。将光标放在面板的标题栏上，单击并向工具箱边界处拖动，可以将其与工具箱停放在一起，如图 1-64 所示。

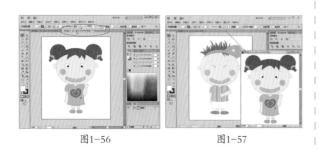

图1-56　　　　　图1-57

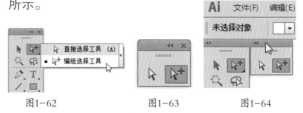

图1-62　　　图1-63　　　图1-64

提示

在文档窗口中，黑色矩形框内部是画板，画板是绘图的区域，也是可以打印的区域。画板外部为暂存区，暂存区也可以绘图，但这里的图稿打印时看不到。执行"视图>显示/隐藏画板"命令，可以显示或隐藏画板。

小技巧：善用快捷键，操作更简便

在Illustrator中，可以通过快捷键来选择工具，例如，按下P键，可以选择钢笔工具 。如果要了解工具的快捷键，可将光标停放在相应的工具上停留片刻，就会显示工具名称和快捷键信息。此外，执行"编辑>键盘快捷键"命令还可以自定义快捷键。

1.4.2 工具箱

Illustrator 的工具箱中包含了用于创建和编辑图形、图像和页面元素的各种工具，如图 1-58 所示。单击工具箱顶部的双箭头按钮 ，可将其切换为单排或双排显示。

1.4.3 面板

在 Illustrator 中，许多编辑操作都需要借助于相应的面板才能完成。执行"窗口"菜单中的命令可以打开需要的面板。默认情况下，面板都是成组停放在窗口右侧的，如图 1-65 所示。

- 折叠和展开面板：单击面板右上角的 ◀◀ 按钮，可以将面板折叠成图标状，如图1-66所示。单击一个图标，可以展开该面板，如图1-67所示。

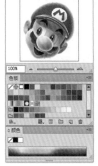 

图1-65 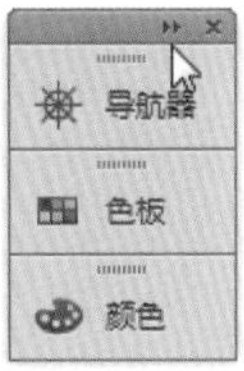　　　图1-66　　　图1-67

- 分离与组合组合面板：将面板组中的一个面板向外侧拖动，如图1-68所示，可将其从组中分离出来，成为浮动面板。在一个面板的标题栏上单击并将其拖动到另一个面板的标题栏上，当出现蓝线时放开鼠标，可以将面板组合在一起，如图1-69和图1-70所示。

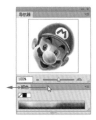 

图1-68　　　图1-69 　　　图1-70

- 单击面板中的 ◆ 按钮，可以逐级隐藏/显示面板选项，如图1-71～图1-73所示。

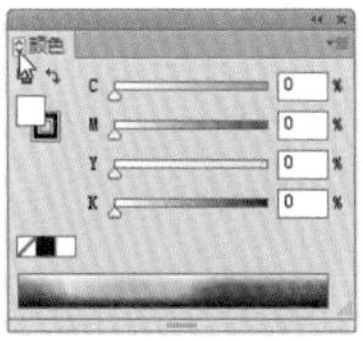

图1-71　　　图1-72 　　　图1-73

- 拉伸面板：将光标放在面板底部或右下角，单击并拖动鼠标可以将面板拉长、拉宽，如图1-74和图1-75所示。
- 打开面板菜单：单击面板右上角的 ▼≡ 按钮，可以打开面板菜单，如图1-76所示。

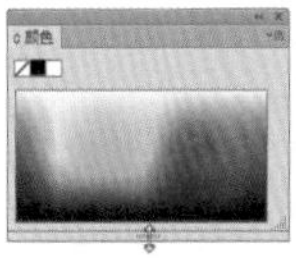

图1-74 　　　图1-75　　　图1-76

- 关闭面板：如果要关闭浮动面板，可单击它右上角的 ✖ 按钮；如果要关闭面板组中的面板，可在它上面单击右键，在弹出的菜单中选择"关闭"命令。

提示

按下Tab键，可以隐藏工具箱、控制面板和其他面板；按下Shift+Tab键，可以单独隐藏面板。再次按下相应的按键可重新显示被隐藏的组件。

1.4.4 控制面板

控制面板中集成了"画笔"、"描边"、"图形样式"等常用面板，如图1-77所示，因此不必打开这些面板就可以在控制面板中完成相应的操作，而且控制面板还会随着当前工具和所选对象的不同而变换选项内容。

图1-77

单击带有下划线的蓝色文字，可以显示相关的面板或对话框，如图1-78所示。单击菜单箭头按钮 ▼，可以打开下拉菜单或下拉面板，如图1-79所示。

 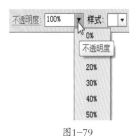

图1-78　　　　　　图1-79

1.4.5 菜单

Illustrator有9个主菜单，如图1-80所示，每个菜单中都包含着不同类型的命令。例如，"文字"菜单中包含的是与文字处理有关的命令，"效果"菜单中包含的是各种效果。

Ai 文件(F) 编辑(E) 对象(O) 文字(T) 选择(S) 效果(C) 视图(V) 窗口(W) 帮助(H)

图1-80

单击一个菜单的名称可以打开该菜单，带有黑色二角标记的命令包含了下一级的子菜单，如图 1-81 所示。选择菜单中的一个命令即可执行该命令。如果命令后面有快捷键，如图 1-82 所示，则可以通过快捷键来执行命令。例如，按下 Ctrl+G 快捷键可以执行"对象 > 编组"命令。此外，在窗口的空白处、在对象上或面板的标题栏上单击右键，可以显示快捷菜单，如图 1-83 所示，它显示的是与当前工具或操作有关的命令，可以节省操作时间。

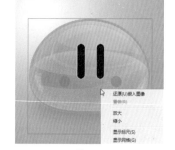

| 图1-81 | 图1-82 | 图1-83 |

小知识：菜单中的字母以及省略号代表什么

在菜单中，有些命令右侧只有一些字母，这表示它们也可通过快捷方式执行。可以按下Alt键+主菜单的字母，打开主菜单，再按下该命令的字母，执行这一命令。例如，按下Alt+S+I键，可以执行"选择>反相"命令。如果命令右侧有"…"，则表示执行该命令时会弹出对话框。

1.5　Illustrator CS6基本操作方法

1.5.1　文件的基本操作方法

（1）新建空白文档

执行"文件 > 新建"命令，或按下 Ctrl+N 快捷键，可以打开"新建文档"对话框，如图 1-84 所示，输入文件的名称，设置大小和颜色模式等选项，单击"确定"按钮，即可创建一个空白文档。

如果要制作名片、小册子、标签、证书、明信片、贺卡等，可执行"文件 > 从模板新建"命令，打开"从模板新建"对话框，如图 1-85 所示，选择 Illustrator 提供的模板文件，该模板中的字体、段落、样式、符号、裁剪标记和参考线等都会加载到新建的文档中，可以节省创作时间，提高工作效率。

| 图1-84 | 图1-85 |

（2）打开文件

如果要打开一个文件，可以执行"文件 > 打开"命令，或按下 Ctrl+O 快捷键，在弹出的"打开"对话框选择文件，如图 1-86 所示，单击"打开"按钮或按下回车键即可将其打开。

（3）保存文件

在 Illustrator 中绘图时，应该养成随时保存文件的良好习惯，以免因断电、死机等意外而丢失文件。

- 保存文件：编辑过程中，可随时执行"文件 > 存储"命令，或按下 Ctrl+S 快捷键保存对文件所做的修改。如果这是一个新建的文档，则会弹出的"存储为"对话框，如图 1-87 所示，在该对话框中可以为文件输入名称，选择文件格式和保存位置。

图1-86   图1-87

- 另存文件：如果要将当前文档以另外一个名称、另一种格式保存，或者保存在其他位置，可使用"文件 > 存储为"命令来另存文件。
- 存储副本：如果不想保存对当前文档所做的修改，可执行"文件 > 存储副本"命令，基于当前编辑效果保存一个副本文件，再将原文档关闭即可。
- 保存为模板：执行"文件 > 存储为模板"命令，可以将当前文档保存为模板。文档中设定的尺寸、颜色模式、辅助线、网格、字符与段落属性、画笔、符号、透明度和外观等都可以存储在模板中。

1.5.2 查看图稿

绘图或编辑对象时，为了更好地观察和处理对象的细节，需要经常放大或缩小视图、调整对象在窗口中的显示位置。可以通过以下方法来进行操作。

（1）使用缩放工具

打开一个文件，如图 1-88 所示，使用缩放工

具 🔍 在画面中单击可放大视图的显示比例，如图 1-89 所示；单击并拖出一个矩形框，如图 1-90 所示，则可将矩形框内的图稿放大至整个窗口，如图 1-91 所示；如果要缩小窗口的显示比例，可按住 Alt 键单击。

图1-88   图1-89

图1-90   图1-91

（2）使用抓手工具

放大或缩小视图比例后，使用抓手工具 ✋ 在窗口单击并拖动鼠标可以移动画面，让对象的不同区域显示在画面的中心，如图 1-92 所示。

> **提示**
>
> 使用绝大多数工具时，按住键盘中的空格键都可以切换为抓手工具。

（3）使用"导航器"面板

编辑对象细节时，"导航器"面板可以帮助快速定位画面位置，只需在该面板的对象缩览图上单击，就可以将单击点定位为画面的中心，如图 1-93 所示。此外，移动面板中的三角滑块，或在数值栏中输入数值并按下回车键，可以对视图进行缩放。

图1-92   图1-93

提示

"视图"菜单中包含窗口缩放命令。其中，"画板适合窗口大小"命令可以将画板缩放至适合窗口显示的大小；"实际大小"命令可将画面显示为实际的大小，即缩放比例为100%。这些命令都有快捷键，我们可以通过快捷键来操作，这要比直接使用缩放工具和抓手工具更加方便，例如，可以按下Ctrl++或Ctrl+－快捷键调整窗口比例，然后按住空格键移动画面。

小技巧：编辑对象细节的同时观察整体效果

编辑图稿的细节时，如果想要同时观察整体效果，可以执行"窗口>新建窗口"命令，复制出一个窗口，再单击窗口顶部的排列文档按钮打开菜单，选择平铺选项，让这两个窗口平铺排列，并为每个窗口设置不同的显示比例，这样就可以一边编辑图形，一边观察整体效果了。

（4）切换屏幕模式

单击工具箱底部的 ▣ 按钮，可以显示一组用于切换屏幕模式的命令，如图 1-94 所示，屏幕效果如图 1-95 ~ 图 1-97 所示。也可以按下 F 键，在各个屏幕模式之间循环切换。

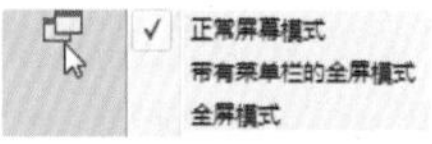

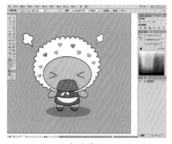

用于切换屏幕模式的命令
图1-94

正常屏幕模式
图1-95

带有菜单栏的全屏模式
图1-96

全屏模式图
图1-97

1.5.3　还原与重做

在编辑图稿的过程中，如果操作出现了失误，或对创建的效果不满意，可以执行"编辑 > 还原"命令，或按下 Ctrl+Z 快捷键，撤销最后一步操作。连续按下 Ctrl+Z 快捷键，可连续撤销操作。如果要恢复被撤销的操作，可以执行"编辑 > 重做"命令，或按下 Shift+Ctrl+Z 快捷键。

1.5.4　使用辅助工具

标尺、参考线和网格是 Illustrator 提供的辅助工具，在进行精确绘图时，可以借助这些工具来准确定位和对齐对象，或进行测量操作。

（1）标尺

标尺可以帮助精确进行定位和测量画板中的对象。执行"视图 > 显示标尺"命令，窗口顶部和左侧即可显示标尺，如图 1-98 所示。标尺上的 0 点位置称为原点。在原点单击并拖动鼠标可以拖出十字线，如图 1-99 所示；将它拖放在需要的位置，即可将该处设置为标尺的新原点，如图 1-100 所示。如果要将原点恢复到默认位置，可在窗口左上角水平标尺与垂直标尺的相交处双击。

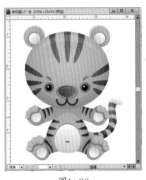

图1-98

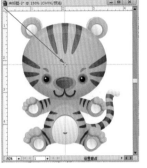

图1-99

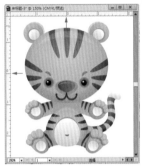

图1-100

提示

在标尺上单击右键打开下拉菜单，选择菜单中的选项可以修改标尺的单位，如英寸、毫米、厘米、像素等。

（2）参考线

参考线可以帮助对齐文本和图形。显示标尺后，如图1-101所示，将光标放在水平或垂直标尺上，单击并向画面中拖动鼠标，即可拖出水平或垂直参考线，如图1-102所示。如果按住Shift键拖动，则可以使参考线与标尺上的刻度对齐。

执行“视图 > 智能参考线”命令，可以启用智能参考线，进行移动、旋转、缩放等操作时，它便会自动出现，并显示变换操作的相关数据，如图1-103所示。

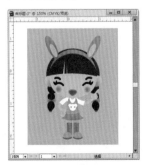

图1-101

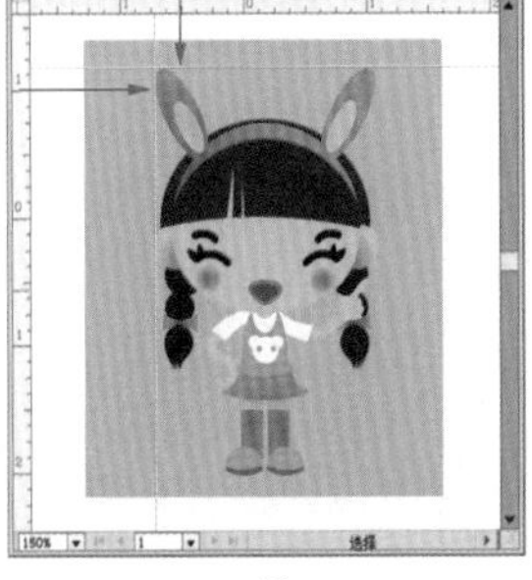

图1-102

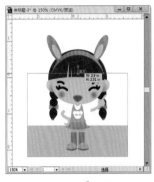

图1-103

（3）网格

对称布置图形时，网格非常有用。打开一个文件，如图1-104所示，执行“视图 > 显示网格”命令，可以在图形后面显示网格，如图1-105所示。显示网格后，可执行“视图 > 对齐网格”命令启用对齐功能，此后创建图形或进行移动、旋转、缩放等操作时，对象的边界会自动对齐到网格点上。

如果要查看对象是否包含透明区域，以及透明程度如何，可以执行“视图 > 显示透明度网格”命令，将对象放在透明度网格上观察，如图1-106所示。

图1-104

图1-105

图1-106

提示

按下Ctrl+R快捷键可显示或隐藏标尺；按下Ctrl+;快捷键可显示或隐藏参考线；按下Alt+Ctrl+;快捷键可锁定或解除锁定参考线；按下Ctrl+U快捷键可显示或隐藏智能参考线；按下Ctrl+“快捷键可显示或隐藏网格。

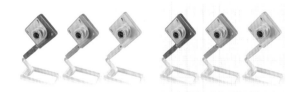

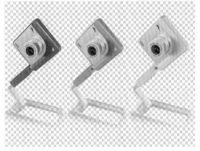

第02章

色彩设计：绘图与上色

2.1 色彩的属性

2.1.1 色彩的分类

现代色彩学按照全面、系统的观点，将色彩分为有彩色和无彩色两大类。有彩色是指红、橙、黄、绿、蓝、紫这六个最基本的色相，以及由它们混合所得到的所有色彩。无彩色是指黑色、白色和各种纯度的灰色。无彩色只有明度变化，但在色彩学中，无彩色也是一种色彩。

2.1.2 色相

色相是指色彩的相貌。不同波长的光给人的感觉是不同的，将这些感受赋予名称，也就有了红色、黄色、蓝色……光谱中的红、橙、黄、绿、蓝、紫为基本色相。色彩学家将它们以环行排列，再加上光谱中没有的红紫色，形成一个封闭的圆环，就构成了色相环。色相环一般以 5、6、8 个主要色相为基础，求出中间色，分别可做出 10、12、16、18、24 色色相环。如图 2-1 所示为 10 色色相环，如图 2-2 所示为蒙塞尔色立体。

图 2-1

图 2-2

小知识：色立体

色相环虽然建立了色彩在色相关系上的表示方法，但二维的平面无法同时表达色相、明度和彩度这三种属性。色彩学家发明了色立体，构成了三维立体色彩体系。孟塞尔色立体是由美国教育家、色彩学家、美术家孟塞尔创立的色彩表示法，它是一个三维的、类似球体的空间模型。

2.1.3 明度

明度是指色彩的明暗程度，也可以称作是色彩的亮度或深浅。无彩色中明度最高的是白色，明度最低的是黑色。有彩色中，黄色明度最高，它处于光谱中心，紫色明度最低，处于光谱边缘。彩色加入白色时，会提高明度，加入黑色则降低明度。即便是一个色相，也有自己的明度变化，如深绿、中绿、浅绿。如图 2-3 和图 2-4 所示为有彩色的明度色阶。

图 2-3   图 2-4

2.1.4 彩度

彩度是指色彩的鲜艳程度，也称饱和度。我们的眼睛能够辨认的有色相的色彩都具有一定的鲜艳度。如绿色，当它混入白色时，它的鲜艳程度就会降低，但明度提高了，成为淡绿色；当它混入黑色时，鲜艳度降低了，明度也变暗了，成为暗绿色；当混入与绿色明度相似的中性灰色时，它的明度没有改变，但鲜艳度降低了，成为灰绿色，如图 2-5 和图 2-6 所示为有彩色的彩度色阶。

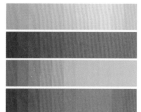

图 2-5   图 2-6

提示

有色彩中，红、橙、黄、绿、蓝、紫等基本色相的饱和度最高。无彩色没有色相，因此，彩度为零。

2.2 色彩的易见度

在进行色彩组合时常会出现这种情况，白底上的黄字（或图形）没有黑字（或图形）清晰。这是由于在白底上，黄色的易见度弱而黑色强。例如，观察如图 2-7 ～图 2-9 所示的几张海报可以发现，在灰色背景上，黄色易见度高，橙色易见度适中，紫色易见度低。

Ziploc 密封袋：给您的食物更多保护
图2-7

《Aufait 每日新闻》：来料不加工
图2-8

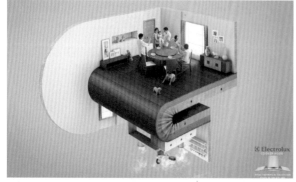

伊莱克斯吸油烟机广告
图2-9

色彩的易见度是色彩感觉的强弱程度，它是色相、明度和彩度对比的总反应，属于人的生理反应。在色彩的易见度方面，日本的左藤亘宏做出过如下归纳：

● 黑色底的易见度强弱次序	白→黄→黄橙→黄绿→橙
○ 白色底的易见度强弱次序	黑→红→紫→紫红→蓝
● 蓝色底的易见度强弱次序	白→黄→黄橙→橙
● 黄色底的易见度强弱次序	黑→红→蓝→蓝紫→绿
● 绿色底的易见度强弱次序	白→黄→红→黑→黄橙
● 紫色底的易见度强弱次序	白→黄→黄绿→橙→黄橙
● 灰色底的易见度强弱次序	黄→黄绿→橙→紫→蓝紫

2.3 色彩的配置原则

研究色彩配置原则，是为了探求如何通过对色彩的合理搭配体现出色彩之美。德国心理学家费希纳提出，"美是复杂中的秩序"；古希腊哲学家柏拉图认为，"美是变化中表现统一"。由此可见，色彩配置应强调色与色之间的对比和协调关系。

2.3.1 对比的色彩搭配

色彩对比是指两种或多种颜色并置时，因其性质等的不同而呈现出的一种色彩差别现象。它包括明度对比、纯度对比、色相对比、面积对比几种方式。

（1）明度对比

因色彩三要素中的明度差异而呈现出的色彩对比效果为明度对比，如图 2-10 所示。明度对比强的颜色其反差就大，色阶十分明显；明暗对比弱的颜色其反差小，色阶也不显著。因此，将一块颜色置于不同深浅的底色上，所产生的对比效果也是不一样的。

（2）纯度对比

因色彩三要素中的纯度（饱和度）差异而呈现出的色彩对比效果为纯度对比，如图 2-11 所示。高纯度的色彩对比给人以鲜艳夺目、华丽的视觉感受；中等纯度的色彩对比显得稳重大方、含蓄明快，给人以成熟、信任之感；低纯度的色彩对比给人以沉稳、干练之感，是男性化的配色方法。

图2-10 　　　　　　图2-11

（3）色相对比

因色彩三要素中的色相差异而呈现出的色彩对比效果为色相对比。色相对比的强弱取决于色相在色相环上的位置。以24色或12色色相环做对比参照，任取一色作为基色，则色相对比可以分为同类色对比、邻近色对比、对比色对比、互补色对比等基调。如图2-12所示为12色色相环，如图2-13所示为色相环对比基调示意图，如图2-14～图2-17所示为各种色相对比效果。

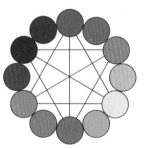

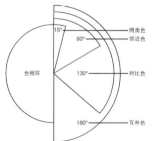

图2-12 　　　　　　图2-13

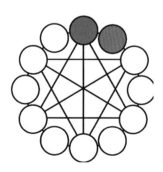

同类色对比
图2-14

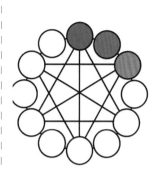

邻近色对比
图2-15

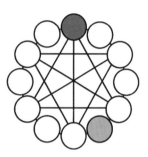

对比色对比
图2-16

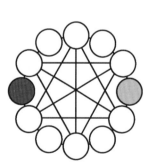

互补色对比
图2-17

（4）面积对比

面积对比是指色域之间大小或多少的对比现象。色彩面积的大小对色彩对比关系的影响非常大。如果画面中两块或更多的颜色在面积上保持近似大小，会让人感觉呆板，缺少变化。色彩面积改变以后，就会给人的心理遐想和审美观感带来截然不同的感受。

歌德根据颜色的光亮度区别设计了一个反应明度与纯色关系的示意图，其具体纯色明度比率为：黄：橙：红：紫：蓝：绿＝9：8：6：3：4：6。

为了保持色彩的均衡，上述色彩的面积比应与明度比成反比关系。例如，黄色较紫色明度高3倍，为了取得和谐色域，黄色只要有紫色面积的三分之一即可。

> **小知识：歌德**
>
> 约翰·沃尔夫冈·冯·歌德（1749-1832），18世纪中叶到19世纪初德国和欧洲最重要的剧作家、诗人、思想家。他还是一个科学研究者，而且涉猎的学科很多，他从事研究的领域涵盖动植物形态学、解剖学、颜色学、光学、矿物学、地质学等，并在一些领域里取得了令人称道的成就。

2.3.2 调和的色彩搭配

色彩调和是指两种或多种颜色秩序而协调地组合在一起，使人产生愉悦、舒适感觉的色彩搭配关系。色彩调和的常见方法是选定一组邻近色或同类色，通过调整纯度和明度来协调色彩效果，保持画面的秩序感、条理性。

（1）面积调和

调整色彩的面积，使画面中某些色彩占有优势面积，另一些色彩处于劣势面积，让画面主次分明，如图2-18所示。

（2）明度调和

如果色彩的明度对比过于强烈，可适当削弱彼此间的明度差，减弱色彩冲突，增加调和感，如图2-19和图2-20所示。

图2-18

图2-19　　　　　　　　图2-20

（3）色相调和

在色相环中，对比色、互补色的色相对比强烈，多使用邻近色和同类色可以获得调和效果，如图2-21所示。

（4）纯度调和

在色相对比强烈的情况下，为了达成统一的视觉效果，可以在色彩中互相加入彼此的色素，以降低色彩的纯度，达到协调的目的，如图2-22所示。

图2-21　　　　　　　　图2-22

（5）间隔调和

当配色中相邻的色彩过于强烈时，可以采用另一种色来进行间隔，以降低对比度，产生缓冲效果。

2.4 绘制基本图形

直线段工具、矩形工具、椭圆工具等是Illustrator中最基本的绘图工具，它们的使用方法非常简单，选择一个工具后，只需在画面中单击并拖动鼠标即可绘制出相应的图形。如果只是单击鼠标，则会打开一个对话框，在对话框中可设置图形的精确参数。

2.4.1 绘制线段

（1）直线

直线段工具 ╱ 用于创建直线。在绘制的过程中按住 Shift 键，可创建水平、垂直或以 45° 角方向为增量的直线，如图 2-23 所示；按住 Alt 键，直线会以单击点为中心向两侧沿伸。在画面中单击，可以打开"直线段工具选项"对话框设置直线的长度和角度，如图 2-24 所示。

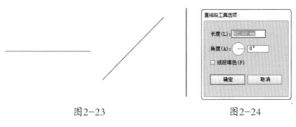

图2-23　　　　　　　　　图2-24

（2）弧线

弧形工具 用于创建弧线。在绘制的过程中按下 X 键，可以切换弧线的凹凸方向，如图 2-25 所示；按下 C 键，可在开放式图形与闭合图形之间切换，如图 2-26 所示为创建的闭合图形；按住 Shift 键，可以保持固定的角度；按下"↑、↓、←、→"键可以调整弧线的斜率。如果要创建更为精确的弧线，可在画面中单击，在打开的对话框中设置参数，如图 2-27 所示。

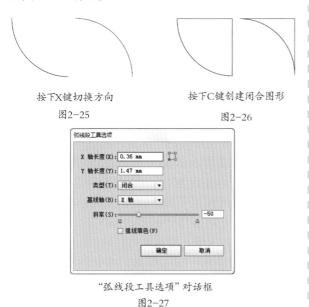

按下X键切换方向　　　　按下C键创建闭合图形
图2-25　　　　　　　　　图2-26

"弧线段工具选项"对话框
图2-27

（3）螺旋线

螺旋线工具 用于创建螺旋线，如图 2-28 所示。在绘制的过程中按下 R 键，可以调整螺旋线的方向；按住 Ctrl 键可调整螺旋线的紧密程度；按下"↑"或"↓"键，可增加或减少螺旋；移动光标，可以旋转螺旋线。

如果要更加精确地绘制图形，可在画面中单击，打开"螺旋线"对话框设置参数，如图 2-29 所示。其中，"衰减"用来指定螺旋线的每一螺旋相对于上一螺旋应减少的量，该值越小，螺旋的间距越小；"段数"决定了螺旋线路径段的数量，如图 2-30 和图 2-31 所示是分别设置该值为 5 和 10 时创建的螺旋线。

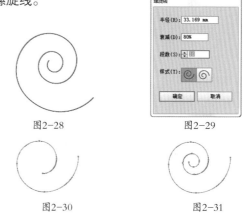

图2-28　　　　　　　　　图2-29

图2-30　　　　　　　　　图2-31

2.4.2　绘制矩形和圆形

（1）矩形

矩形工具 用于创建矩形和正方形。选择该工具后，单击并拖动鼠标可以创建任意大小的矩形；按住 Alt 键（光标变为 状），可由单击点为中心向外绘制矩形；按住 Shift 键，可创建正方形；按住 Shift+Alt 键，可由单击点为中心向外创建正方形。如果要自定义矩形或正方形的大小，可在画面中单击，打开"矩形"对话框设置参数，如图 2-32 和图 2-33 所示。

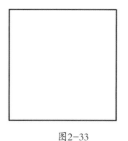

图2-32　　　　　　　　　图2-33

（2）圆角矩形

圆角矩形工具 用于创建圆角矩形，它的使用方法与矩形工具相同。此外，在绘制的过程中按下"↑"键，可增加圆角半径直至成为圆形，如图 2-34 所示；按下"↓"键则减少圆角半径直至成为方形；按下"←"或"→"键，可在方形与圆形之间切换。如果要自定义图形参数，可在画面单击，打开"圆角矩形"对话框进行设置，如图2-35所示。

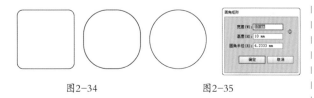

图2-34　　　　　　　图2-35

（3）椭圆形和圆形

椭圆工具 用于创建椭圆形和圆形。选择该工具后，单击并拖动鼠标可以绘制任意大小的椭圆形，如图2-36所示；按住Shift键可创建圆形，如图2-37所示；按住Alt键，可由单击点为中心向外绘制椭圆形；按住Shift+Alt键，则由单击点为中心向外绘制圆形。如果要自定义图形大小，可在画面中单击，打开"椭圆"对话框设置参数，如图2-38所示。

图2-36　　　　图2-37　　　　图2-38

2.4.3　绘制多边形和星形

（1）多边形

多边形工具 用于创建三边和三边以上的多边形，如图2-39所示。在绘制的过程中按下"↑"键或"↓"键，可增加或减少边数；移动光标可以旋转多边形；按住Shift键操作可以锁定一个不变的角度。如果要自定义多边形的边数，可在画面中单击，打开"多边形"对话框进行设置，如图2-40所示。

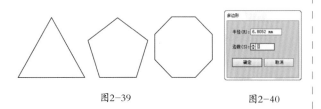

图2-39　　　　　　　图2-40

（2）星形

星形工具 用于创建各种形状的星形，如图2-41～图2-44所示。在绘制的过程中，按下"↑"和"↓"键可增加和减少星形的角点数；拖动鼠标可以旋转星形；按住Shift键，可锁定图形的角度；按下Alt键，可以调整星形拐角的角度。如果要自定义星形的大小和角点数，可在希望作为星形中心的位置单击，打开"星形"对话框进行设置。

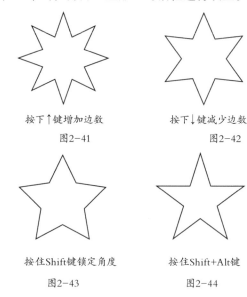

按下↑键增加边数　　　　按下↓键减少边数
图2-41　　　　　　　　图2-42

按住Shift键锁定角度　　　按住Shift+Alt键
图2-43　　　　　　　　图2-44

2.4.4　绘制网格

（1）矩形网格

矩形网格工具 用于创建网格状矩形。在绘制的过程中，按住Shift键可创建正方形网格；按住Alt键，会以单击点为中心向外绘制网格；按下F键，水平网格线间距由下向上以10%的倍数递减；按下V键，水平网格线的间距由上向下以10%的倍数递减；按下X键，垂直网格线的间距由左向右以10%的倍数递减；按下C键，垂直网格线的间距由右向左以10%的倍数递减；按下"↑"键或"↓"键，可增加或减少网格中直线的数量；按下"→"键或"←"键，可增加或减少垂线的数量。

如果要创建精确的网格图形，可在画面中单击，打开"矩形网格工具选项"对话框设置参数，如图2-45和图2-46所示。选择"填色网格"选项后，可以使用工具箱中的当前颜色填充网格，如图2-47所示。

图2-45　　　　　　　　　　图2-46

图2-47

（2）极坐标网格

极坐标网格工具 用于创建带有分隔线的同心圆。在绘制的过程中，按住 Shift 键可创建圆形网格；按住 Alt 键，会以单击点为中心向外绘制极坐标网格；按下 "↑" 键或 "↓" 键，可增加或减少同心圆的数量；按下 "→" 键或 "←" 键，可增加或减少分隔线的数量；按下 X 键，同心圆会向网格中心聚拢；按下 C 键，同心圆会向边缘聚拢；按下 V 键，分隔线会沿顺时针方向聚拢；按下 F 键，分隔线会沿逆时针方向聚拢。

如果要自定义极坐标网格的大小、同心圆和分隔线的数量，可在画面中单击，打开 "极坐标网格工具选项" 对话框进行设置，如图 2-48 和图 2-49 所示。

图2-48　　　　　　　　　　图2-49

提示

"同心圆分隔线" 选项中的 "倾斜" 数值为 0% 时，同心圆的间距相等；该值大于 0%，同心圆向边缘聚拢；小于 0%，同心圆向中心聚拢。当 "径向分隔线" 选项中 "倾斜" 的数值为 0% 时，分隔线的间距相等；该值大于 0%，分隔线会逐渐向逆时针方向聚拢；小于 0%，分隔线会逐渐向顺时针方向聚拢。

2.4.5 绘制光晕图形

光晕工具 可以创建由射线、光晕、闪光中心和环形等组件组成的光晕图形，如图 2-50 所示。光晕图形中还包含中央手柄和末端手柄，手柄可以定位光晕和光环，中央手柄是光晕的明亮中心，光晕路径从该点开始。

光晕的创建方法是：首先在画面中单击，放置光晕中央手柄，然后拖动鼠标设置中心的大小和光晕的大小并旋转射线角度（按下 "↑" 或 "↓" 键可以添加或减少射线）；放开鼠标按键，在画面的另一处再次单击并拖动鼠标，添加光环并放置末端手柄（按下 "↑" 或 "↓" 键可以添加或减少光环）；最后放开鼠标按键，即可创建光晕图形，如图 2-51 和图 2-52 所示。

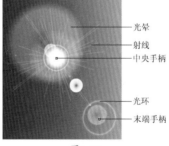

图2-50　　　　　　　　　　图2-51

图2-52

2.5 对象的基本操作方法

2.5.1 选择与移动

（1）选择对象

矢量图形由锚点、路径或成组的路径构成，编辑这些内容时，需要先将其选择，Illustrator 针对不同的对象提供了相应的选择工具。

● 选择工具 ：将光标放在对象上方（光标变为 状），如图 2-53 所示，单击鼠标即可将其选择，所选对象周围会出现一个定界框，如图 2-54 所示。如果单击并拖出一个矩形选框，则可以选择矩形框内的所有对象，如图 2-55 所示。如果要取消选择，在空白区域单击即可。

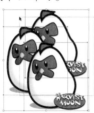

图2-53　　　　　图2-54　　　　　图2-55

● 魔棒工具 ：在一个对象上单击，即可选择与其具有相同属性的所有对象，具体属性可在"魔棒"面板中设置。例如，勾选"混合模式"选项后，如图 2-56 所示，在一个图形上单击，如图 2-57 所示，可同时选择与该图形混合模式相同的所有对象，如图 2-58 所示。

图2-56　　　　　　　图2-57

图2-58

● 编组选择工具 ：当图形数量较多时，通常会将多个对象编到一个组中。如果要选择组中的一个图形，可以使用该工具单击它；双击则可选择对象所在的组。

● "选择"菜单命令："选择 > 对象"下拉菜单中包含各种选择命令，它们可以选择文档中特定类型的对象。

● 锚点和路径选择工具：套索工具 和直接选择工具 可以选择锚点和路径。

（2）移动对象

使用选择工具 在对象上单击并拖动鼠标即可移动对象，如图 2-59 和图 2-60 所示；按住 Shift 键拖动鼠标，可沿水平、垂直或对角线方向移动；按住 Alt 键（光标变为 状）拖动鼠标，则可复制对象，如图 2-61 所示。

图2-59

图2-60

图2-61

小技巧：轻微移动

按下键盘中的 "→、←、↑、↓" 键，可以将所选对象朝相应方向轻微移动 1 个点的距离；如果按住 Shift 键再按方向键，则可移动 10 个点的距离。

2.5.2 调整图形的堆叠顺序

在 Illustrator 中绘图时，最先创建的图形被放置在最下层，以后创建的对象会依次堆叠在它上方，如图 2-62 所示。如果要调整图形的堆叠顺序，可以选择图形，如图 2-63 所示，然后执行 "对象 > 排列" 下拉菜单中的命令进行调整操作，如图 2-64 所示，图 2-65 所示为执行 "置于顶层" 命令后的排列效果。

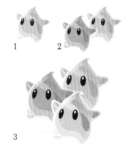

图2-62

图2-63

图2-64

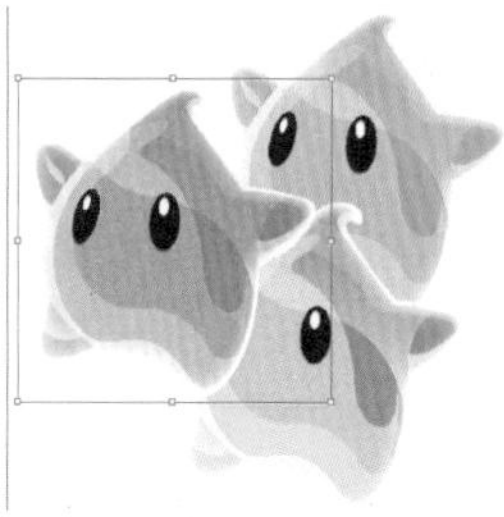

图2-65

2.5.3 编组

复杂的图稿往往由许多个图形组成，如图 2-66 所示。为了便于选择和管理图形，可以选择多个对象，如图 2-67 所示，执行 "对象 > 编组" 命令或按下 Ctrl+G 快捷键，将它们编为一组。进行移动和变换操作时，组中的对象会一同变化，例如图 2-68 所示是将牛头翻转后的效果。编组后对象还可以与其他对象再次编组，这样的组称为嵌套结构的组。

图2-66

图2-67

图2-68

如果要移动组中的对象，可以使用编组选择工具 在对象上单击并拖动鼠标。如果要取消编组，可以选择组对象，然后执行 "对象 > 取消编组" 命令或按下 Shift+Ctrl+G 快捷键。对于包含多个组的编组对象，则需要多次按下该快捷键才能解散所有的组。

小技巧：在隔离模式下编辑图形

使用选择工具 ↖ 双击编组的对象，可进入隔离模式。在隔离状态下，当前对象（称为"隔离对象"）以全色显示，其他内容则变暗，可轻松选择和编辑组中的对象，而不受其他图形的干扰。如果要退出隔离模式，可单击文档窗口左上角的 ◁ 按钮。

使用选择工具 ↖ 双击编组的对象　　　进入隔离模式

2.5.4 对齐与分布

如果要对齐多个图形，或者让它们按照一定的规则分布，可先将其选择，再单击"对齐"面板中的按钮，如图 2-69 所示。这些按钮分别是：水平左对齐 ▐，水平居中对齐 ▄，水平右对齐 ▐，垂直顶对齐 ▔，垂直居中对齐 ▄，垂直底对齐 ▄，垂直顶分布 ▀，垂直居中分布 ▄，垂直底分布 ▄，水平左分布 ▐▌，水平居中分布 ▐▌，水平右分布 ▐▌。如图 2-70 和图 2-71 所示分别为图形的对齐和分布效果。

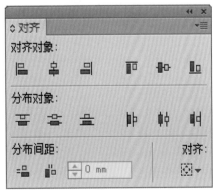

图2-69

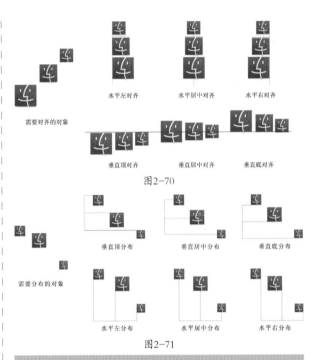

需要对齐的对象　　　水平左对齐　　　水平中对齐　　　水平右对齐

垂直顶对齐　　　垂直居中对齐　　　垂直底对齐

图2-70

垂直顶分布　　　垂直居中分布　　　垂直底分布

需要分布的对象

水平左分布　　　水平居中分布　　　水平右分布

图2-71

小技巧：按照设定的距离分布对象

选择多个对象，然后单击其中的一个图形，在"分布间距"选项中输入数值，此后单击垂直分布间距按钮 ▄▄ 或水平分布间距按钮 ▐▌，即可让所选图形按照设定的数值均匀分布。

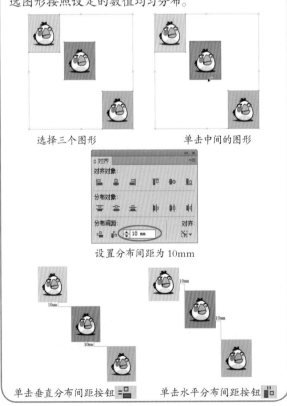

选择三个图形　　　　　　单击中间的图形

设置分布间距为10mm

单击垂直分布间距按钮 ▄▄　　　单击水平分布间距按钮 ▐▌

2.6　填色与描边

2.6.1　填色与描边设置方法

填色是指在图形内部填充颜色、渐变或图案，描边则是指将路径设置为可见的轮廓，使其呈现不同的外观。

要为对象设置填色或描边，首先应选择对象，然后单击工具箱底部的填色或描边图标，将其中的一项设置为当前编辑状态，此后便可在"色板"面板、"渐变"面板、"描边"面板等设置填充和描边内容，如图 2-72 所示。

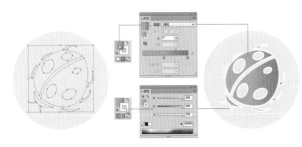

图2-72

单击默认填色和描边按钮 ，可以将填色和描边颜色设置为默认的颜色（黑色描边、白色填充），如图 2-73 所示；单击互换填色和描边按钮 ，可以互换填充和描边内容，如图 2-74 所示；单击颜色按钮 ，可以使用单色进行填充或描边；单击渐变按钮 ，可以用渐变色进行填充或描边；单击无按钮 ，可删除填充或描边的颜色。

图2-73

图2-74

<table>
<tr><td>

提示

按下X键可以将工具箱中的填色或描边切换为当前编辑状态；按下Shift+X键可以互换填色和描边，例如，如果填色为白色，描边为黑色，则按下Shift+X键后，填色变为黑色，描边变为白色。
</td></tr>
</table>

<table>
<tr><td>

小技巧：拾取其他图形的填色和描边

选择一个对象，使用吸管工具 在另外一个对象上单击，可拾取该对象的填色和描边属性并将其应用到所选对象上。如果没有选择任何对象，则使用吸管工具 在一个对象上单击（可拾取填色和描边属性），然后按住Alt键单击其他对象，可将拾取的属性应用到该对象中。

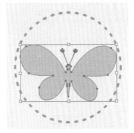

选择图形，拾取其他图形的填色和描边

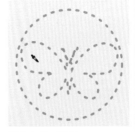

在图形上单击，按住Alt键单击另一图形
</td></tr>
</table>

2.6.2 色板面板

"色板"面板中包含了 Illustrator 预置的颜色（称为"色板"）、渐变和图案，如图 2-75 所示。选择对象后，单击一个色板，即可将其应用到对象的填充或描边中。也可以将自己调出的颜色、渐变或绘制的图案保存到该面板中。例如，创建一种图案后，如图 2-76 所示，单击新建色板按钮 ⬛，或将其拖动到"色板"面板上，即可保存该图案，如图 2-77 所示。

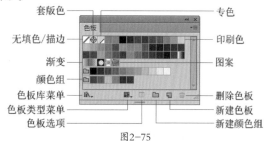

图2-75

图2-76

图2-77

Illustrator 还提供了大量的色板库、渐变库和图案库。单击面板底部的 ⬛ 按钮打开下拉菜单，即可找到它们，如图 2-78 所示。其中，"色标簿"下拉菜单中包含了印刷中常用的 PANTONE 颜色，如图 2-79 所示。打开一个色板库后，单击面板底部的 ◀ 或 ▶ 按钮，可切换到相邻的色板库中，如图 2-80 和图 2-81 所示。

图2-78

图2-79

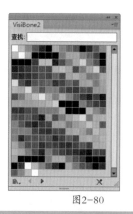

图2-80

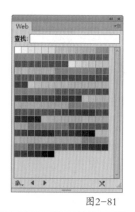

图2-81

小知识：颜色图标及名词

打开"色板"面板菜单，选择"小列表视图"或"大列表视图"命令，能够以列表和图标的形式显示不同类型的颜色。

- ●套版色色板：使用它填色或描边的对象可以从 PostScript 打印机进行分色打印。例如，套准标记使用"套版色"，印版就可以在印刷机上精确对齐。
- ●CMYK 符号：该符号代表了印刷色，它是使用四种标准的印刷色油墨组合成的颜色，这四种油墨是青色、洋红色、黄色和黑色。在默认情况下，Illustrator 会将新色板定义为印刷色。
- ●专色：多指 CMYK 四色油墨无法混合出一些特殊的油墨，如金属色、荧光色、霓虹色等。
- ●全局色：将一种颜色定义为全局色后，编辑该颜色时，所有使用它的对象都会自动更新。在 Illustrator 中，所有专色都是全局色。

2.6.3 颜色面板

在"颜色"面板中，单击填色或描边图标，将其设置为当前编辑状态，如图 2-82 所示，然后拖动滑块即可调整颜色，如图 2-83 所示。如果知道颜色的数值，则可以在文本框中输入颜色值并按下回车键来精确定义颜色。如果要将颜色调深或调浅，可以按住 Shift 键拖动一个颜色滑块，其他滑块会同时移动，如图 2-84 所示。

图2-82

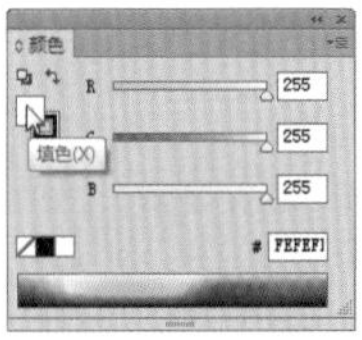

图2-83

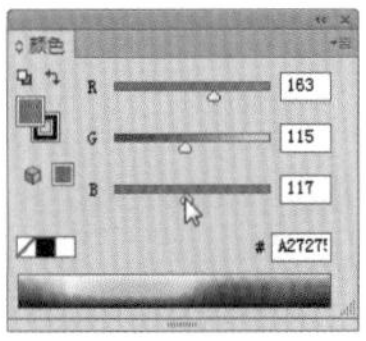

图2-84

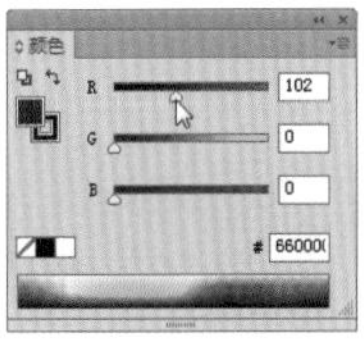

拖动面板底部可将面板拉长，如图 2-85 所示。在色谱上（光标变为 🖋 状）单击可以拾取颜色，如图 2-86 所示。如果要取消填色或描边，可以单击面板左下角的 ▨ 图标。

调整颜色时，如果出现溢色警告 ⚠，如图 2-87 所示，就表示当前颜色超出了 CMYK 色域范围，不能被准确打印。单击警告右侧的颜色块，Illustrator 会使用与其最为接近的 CMYK 颜色来替换溢色；如果出现超出 Web 颜色警告 ⬛，则表示当前颜色超出了 Web 安全色的颜色范围，不能在网上正确显示，单击它右侧的颜色块，Illustrator 会使用与其最为接近的 Web 安全色来替换溢色。

图2-85

图2-86

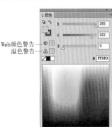
图2-87

2.6.4 颜色参考面板

在"色板"面板中选择一个色板，或使用"颜色"面板调出一种颜色后，"颜色参考"面板会自动生成一系列与之协调的颜色方案，可作为我们激发颜色灵感的工具。例如图 2-88 所示为当前设置的颜色，单击"颜色参考"面板右上角的 ▪ 按钮打开下拉菜单，选择"单色"选项，即可生成包含所有相同色相，但饱和度级别不同的颜色组，如图 2-89 所示；选择"高对比色"选项，则可生成一个包含对比色，视觉效果更加强烈的颜色组，如图 2-90 所示。

图2-88

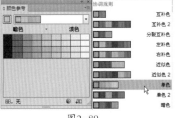
图2-89

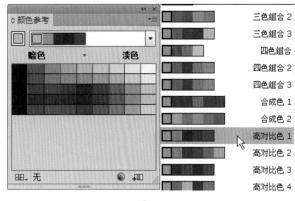
图2-90

2.6.5 描边面板

（1）基本选项

对图形应用描边之后，可以在"描边"面板中设置路径的宽度（粗细）、端点类型、斜角样式等属性，如图 2-91 所示。

● 粗细：用来设置描边线条的宽度，该值越高，描边越粗。

● 端点：可设置开放式路径两个端点的形状。按下平头端点按钮 ▣，路径会在终端锚点处结束，如图 2-92 所示，如果要准确对齐路径，该选项非常有用；按下圆头端点按钮 ▣，路径末端呈半圆形圆滑效果，如图 2-93 所示；按下方头端点按钮 ▣，会向外延长到描边"粗细"值一半的距离结束描边，如图 2-94 所示。

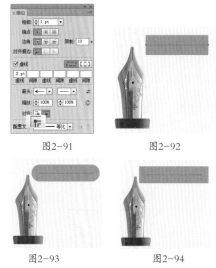
图2-91   图2-92

图2-93   图2-94

● 边角：用来设置直线路径中边角处的连接方式，包括斜接连接 ▣，圆角连接 ▣，斜角连接 ▣，如图 2-95 所示。

斜接连接　　圆角连接　　斜角连接

图2-95

● 限制：用来设置斜角的大小，范围为 1 ～ 500。

● 对齐描边：如果对象是封闭的路径，可按下相应的按钮来设置描边与路径对齐的方式，包括使描边居中对齐，使描边内侧对齐，使描边外侧对齐，如图 2-96 所示。

使描边居中对齐　　使描边内侧对齐　　使描边外侧对齐

图2-96

（2）设置虚线描边

● 虚线：选择图形，如图 2-97 所示，勾选“虚线”选项，然后在“虚线”文本框中设置虚线线段的长度，在“间隙”文本框中设置虚线线段的间距，即可用虚线描边路径，如图 2-98 和图 2-99 所示。

图2-97

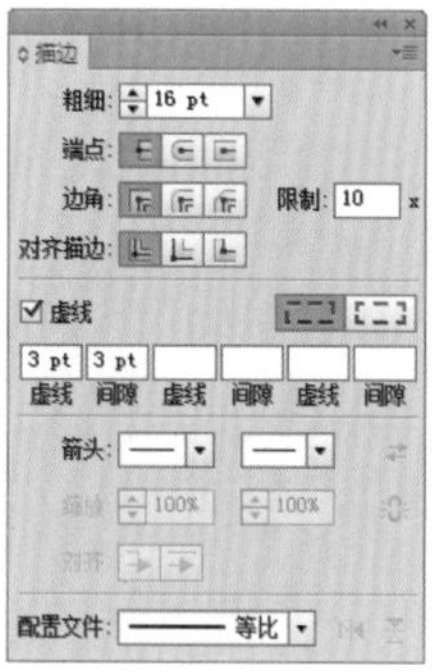

图2-98

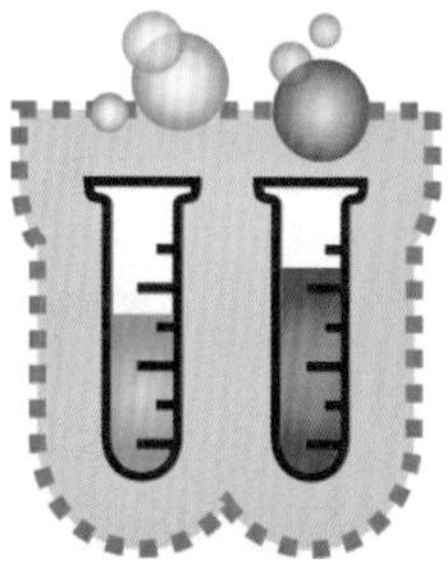

图2-99

● 按下按钮，可以保留虚线和间隙的精确长度，如图 2-100 所示；按下按钮，可以使虚线与边角和路径终端对齐，并调整到适合的长度，如图 2-101 所示。

图2-100

图2-101

小技巧：修改虚线的样式

创建虚线描边后，在“端点”选项中可以修改虚线的端点，使其呈现不同的外观。按下按钮，可创建具有方形端点的虚线；按下按钮，可创建具有圆形端点的虚线；按下按钮，可扩展虚线的端点。

方形端点　　圆形端点　　扩展虚线端点

（3）为路径起点和终点添加箭头

● 在“箭头”选项中可以为路径的起点和终点添加箭头，如图 2-102 和图 2-103 所示。单击按钮，可互换起点和终端箭头。如果要删除箭头，可在“箭头”下拉列表中选择“无”选项。

● 在“缩放”选项中可以调整箭头的缩放比例，按下按钮，可同时调整起点和终点箭头缩放比例。

● 按下按钮，箭头会超过到路径的末端，如图 2-104 所示；按下按钮，可将箭头放置于路径的终点处，如图 2-105 所示。

● 配置文件：选择一个配置文件，可以让描边的宽度发生变化。单击按钮，可进行纵向翻转；单击按钮，可进行横向翻转。

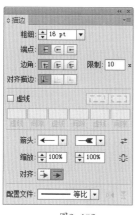

图2-102

图2-103

图2-104

图2-105

小技巧：自由调整描边宽度

使用宽度工具 可自由调整描边宽度，让描边呈现粗细变化。选择该工具后，将光标放在图形的轮廓上，单击并拖动鼠标即可将描边拉宽、拉窄，还可以移动描边的变化位置。

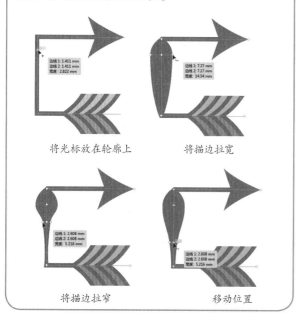

将光标放在轮廓上　　　将描边拉宽

将描边拉窄　　　移动位置

2.7 绘图实例：开心小贴士

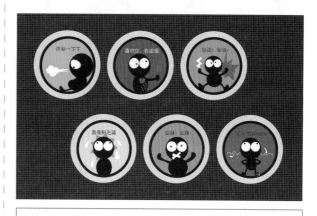

- 菜鸟级 ●玩家级 ●专业级
- 实例类型：平面设计类
- 难易程度：★ ★ ☆
- 实例描述：使用椭圆工具和铅笔工具绘制小卡通人，用极坐标网格工具和矩形网格工具制作卡片图形。

① 选择极坐标网格工具 ，在画面中拖动鼠标创建网格图形，在拖动过程中按下"←"键减少径向分隔线的数量，按下"↑"键增加同心圆分隔线数量，直至呈现如图 2-106 所示的外观；不要放开鼠标，按住 Shift 键使网格图形为圆形；放开鼠标，在控制面板中设置描边粗细为 0.525pt，如图 2-107 所示。

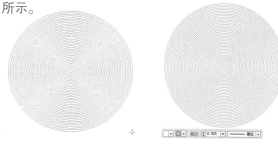

图2-106　　　　　　图2-107

② 使用椭圆工具 按住 Shift 键创建一个圆形，填充黄色，设置描边粗细为 7pt，颜色为黑色，如图 2-108 所示。按下 Ctrl+A 快捷键选取这两个图形，单击控制面板中的水平居中对齐按钮 、垂直居中对齐按钮 ，使两个图形居中对齐。使用文字工具 T 输入文字，再使用椭圆工具 、铅笔工具 根据主题绘制有趣的图形，效果如图 2-109 所示。

图2-108   图2-109

③ 采用同样方法制作出不同主题的小贴示，效果如图 2-110 所示。

④选择矩形网格工具▦，在画面中拖动鼠标创建网格，在拖动的过程中按下"↑"键增加水平分隔线，按下"→"键增加垂直分隔线，放开鼠标完成网格的创建，填充黑色，然后在"色板"中拾取深灰色作为描边颜色，如图 2-111 所示。按下 Shift+Ctrl+[快捷键将网格图形移至底层作为背景，效果如图 2-112 所示。

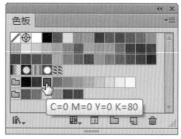

图2-111

图2-110

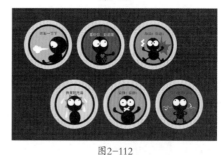

图2-112

2.8　填色与描边实例：12星座邮票

- ●菜鸟级
- ●玩家级
- ●专业级
- ●实例类型：平面设计类
- ●难易程度：★★
- ●实例描述：绘制一个矩形，将其复制,再粘贴到后方。通过"描边"面板为图形添加虚线描边，制作出邮票齿孔效果。

① 按下 Ctrl+O 快捷键，弹出"打开"对话框，选择光盘中的素材文件，将其打开，如图 2-113 所示。

② 单击"图层"面板底部的 □ 按钮，新建"图层 2"，如图 2-114 所示。将光标放在该图层上，单击并向下方拖动，将它移动到"图层 1"下方，如图 2-115 所示。

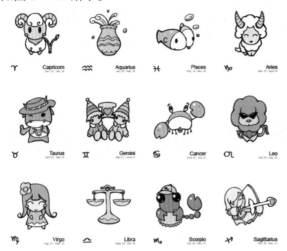

图2-113

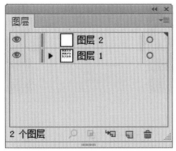

图2-114

图2-115

③ 使用矩形工具 ▣ 创建一个矩形，填充白色，无描边，如图 2-116 和图 2-117 所示。按下 Ctrl+C 快捷键复制，按下 Ctrl+B 快捷键将图形粘贴在后方，设置填充颜色为米黄色，描边颜色为白色，如图 2-118 所示。按住 Shift+Alt 键拖动控制点，将图形放大，如图 2-119 所示。

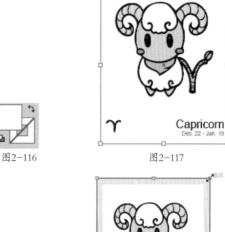

图2-116　　　　　　　　图2-117

图2-118　　　　　　　　图2-119

④ 在"描边"面板中设置描边"粗细"为 2.5pt，勾选"虚线"选项，设置"虚线"为 0.2pt，间隙为 4pt，生成邮票齿孔效果，如图 2-120 和图 2-121 所示。

⑤ 使用选择工具 ▶，按住 Shift 键单击先前创建的白色矩形，将它与齿孔矩形一同选取，如图 2-122 所示，按下 Ctrl+G 快捷键编组。按住 Alt 键向旁边拖动，将其复制到另一个图形下方，然后修改齿孔图形的填充颜色，如图 2-123 所示。采用同样方法为每一个星座图形都复制一个邮票背景。

图2-120　　　　　　　　图2-121

图2-122　　　　　　　　图2-123

2.9 色彩设计实例：怪物唱片

- 菜鸟级 ●玩家级 ●专业级
- 实例类型：平面设计类
- 难易程度：★★☆
- 实例描述：使用颜色和画笔描边路径，使用颜色和图案填充图形。

① 按下 Ctrl+O 快捷键，打开光盘中的素材文件，如图 2-124 所示。

② 使用编组选择工具 单击小怪兽的嘴巴，将其选中，如图 2-125 所示，设置填充颜色为黑色，描边颜色为洋红色，描边宽度为 5pt，如图 2-126 所示。

图2-124

图2-125

图2-126

③ 选择小怪兽的眼睛，设置描边和填充颜色，如图 2-127 ~ 图 2-131 所示。

图2-127　　　　图2-128　　　　图2-129

图2-130　　　　　　图2-131

④ 选择如图 2-132 所示的直线，单击"画笔"面板中的画笔样本，如图 2-133 所示，用画笔描边路径，制作出小怪兽的裙子，如图 2-134 所示。

图2-132　　　　图2-133　　　　图2-134

⑤ 选择光盘图形，如图 2-135 所示，执行"窗口 > 色板库 > 图案 > 装饰 >Vonster 装饰"命令，打开该面板，单击如图 2-136 所示的图案，为盘面填充该图案，如图 2-137 所示。

图2-135

图2-136

图2-137

⑥使用选择工具 将小怪兽拖动到光盘上方，如图 2-138 所示。在"图层"面板中将"小怪兽"层拖动到"盘芯"图层下方，如图 2-139 和图 2-140 所示，效果如图 2-141 所示。

图2-138

图2-139

图2-140

图2-141

2.10　拓展练习：为光盘添加投影

●菜鸟级　●玩家级　●专业级　●实例类型：技术提高型　●视频位置：光盘 > 视频 >2.10

使用椭圆工具 创建椭圆形，如图 2-142 所示，执行"效果 > 风格化 > 投影命令"添加投影效果，如图 2-143 和图 2-144 所示，将该图形放在光盘下方使之成为光盘的投影，如图 2-145 所示。

图2-142

图2-143

图2-144

图2-145

第03章

图形设计：图形编辑技巧

3.1 图形创意方法

3.1.1 同构图形

所谓同构图形，指的是两个或两个以上的图形组合在一起，共同构成一个新图形，这个新图形并不是原图形的简单相加，而是一种超越或升华，形成强烈的视觉冲击力，如图 3-1 ~ 图 3-4 所示。

西班牙剪影海报
图3-1

马提尼酒平面广告
图3-2

wella美发连锁店广告
图3-3

Silk Soymilk饮料广告
图3-4

3.1.2 异影同构图形

客观物体在光的作用下，会产生与之对应的投影，如果投影产生异常的变化，呈现出与原物不同的对应物就叫做异影图形，如图 3-5 所示。

3.1.3 肖形同构图形

所谓"肖"即为相像、相似的意思。肖形同构是以一种或几种物形的形态去模拟另一种物形的形态。它既可以是二维平面的物形组成的肖形图形，也可以是三维立体的肖形图形，即由生活中现成的对象组成，如图 3-6 所示。

3.1.4 置换同构图形

置换同构是将对象的某一特定元素与另一种本不属于其物质的元素进行非现实的构造（偷梁换柱），产生一个具有新意的、奇特的图形，如图 3-7 所示。这种对物形元素的置换会破坏事物正常的逻辑关系。

乐高玩具广告
图3-5

Orbit 口香糖广告
图3-6

Witte Molen 荷兰鸟食
图3-7

3.1.5 解构图形

解构图形是指将物象分割、拆解，使其化整为零，再进行重新排列组合，产生新的图形，如图 3-8 所示。解构并不添加新的视觉内容，而是仅以原形元素的重复或重构组合来创造图形。

3.1.6 减缺图形

减缺图形是指用单一的视觉形象去创作简化的图形，使图形在减缺形态下，仍能充分体现其造型特点，并利用图形的缺失、不完整，来强化想要突出的特征，如图 3-9 所示。

3.1.7 正负图形

正负图形是指正形与负形相互借用，造成在一个大图形结构中隐含着其他小图形的情况，如图 3-10 所示。

Scrabble 拼字游戏（2009 克里奥广告奖银奖）

图3-8

Cucky 糕点广告

图3-9

鲁宾之杯

图3-10

3.1.8 双关图形

双关图形是指一个图形可以解读为两种不同的物形，并通过这两种物形直接的联系产生意义，传递高度简化的视觉信息，如图 3-11 所示。

3.1.9 文字图形

文字图形是指分析文字的结构，进行形态的重组与变化，以点、线、面方式让文字构成抽象或具象的有某种意义的图形，使其产生新的含义，如图 3-12 所示。

3.1.10 叠加图形

将两个或多个图形以不同的形式进行叠加处理，产生不同效果的手法称为叠加，如图 3-13 所示。经过叠合后的图形能彻底打破现实视觉与想象图形间的沟通障碍，让人们在对图形的理性辨识中去理解图形所表现的含义。

双关图形：男人、女人   Folha de S. Paulo 报纸广告

图3-11   图3-12

Movistar 手机广告

图3-13

3.1.11 矛盾空间图形

矛盾空间是创作者刻意违背透视原理，利用平面的局限性以及视觉的错觉，制造出的实际空间中无法存在的空间形式。在矛盾空间中出现的、同视觉空间毫不相干的矛盾图形，称为矛盾空间图形，如图 3-14 ~ 图 3-19 所示。

相对性（作者：埃舍尔）

图3-14

大众汽车广告：到达别人不能到达的地方

图3-15

Treasury 赌场海报

图3-16

西联汇款广告

图3-17

电影《盗梦空间》海报

图3-18

松屋百货招贴（作者：福田繁雄）

图3-19

小知识：埃舍尔

埃舍尔：1898年出生于荷兰，专门从事木版画和平版画创作，他的《凸与凹》、《上和下》、《观景楼》、《瀑布》等作品以非常精巧考究的细节写实手法，生动地表达出各种荒谬的结果，其作品风格独树一帜。

小知识：矛盾空间构成的主要方法

● 共用面：将两个不同视点的立体形，以一个共用面紧紧的联系在一起。

● 矛盾连接：利用直线、曲线、折线在平面中空间方向的不定性，使形体矛盾连接起来。

● 交错式幻象图：将形体的空间位置进行错位处理，使后面的图形又处于前面，形成彼此的交错性图形。

● 边洛斯三角形：利用人的眼睛在观察形体时，不可能在一瞬间全部接受形体各个部分的刺激，需要有一个过程转移的现象，将形体的各个面逐步转变方向。

共用面

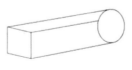

矛盾连接

交错式幻象图

边洛斯三角形

3.2 组合图形

3.2.1 路径查找器面板

在 Illustrator 中，很多看似复杂的图稿，往往是由多个简单的图形组合而成的，这要比直接绘制复杂对象简单得多。"路径查找器"面板可以组合对象，如图 3-20 所示。

●联集 🔲：将选中的多个图形合并为一个图形。合并后，轮廓线及其重叠的部分融合在一起，最前面对象的颜色决定了合并后的对象的颜色，如图 3-21 和图 3-22 所示。

图3-20

图3-21　　　　　　　图3-22

●减去顶层 🔲：用最后面的图形减去它前面的所有图形，可保留后面图形的填充和描边，如图 3-23 和图 3-24 所示。

图3-23　　　　　　　图3-24

●交集 🔲：只保留图形的重叠部分，删除其他部分，重叠部分显示为最前面图形的填充和描边，如图 3-25 和图 3-26 所示。

图3-25　　　　　　　图3-26

●差集 🔲：只保留图形的非重叠部分，重叠部分被挖空，最终的图形显示为最前面图形的填充和描边，如图 3-27 和图 3-28 所示。

图3-27　　　　　　　图3-28

> **提示**
>
> 创建复合形状后，单击"扩展"按钮，可以删除多余的路径。

●分割 🔲：对图形的重叠区域进行分割，使之成为单独的图形，分割后的图形可保留原图形的填充和描边，并自动编组。如图 3-29 所示为在图形上创建的多条路径，如图 3-30 所示为对图形进行分割后填充不同颜色的效果。

图3-29　　　　　　　图3-30

●修边 🔲：将后面图形与前面图形重叠的部分删除，保留对象的填充色，无描边，如图 3-31 和图 3-32 所示。

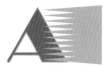 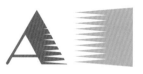

图3-31　　　　　　　图3-32

●合并 🔲：不同颜色的图形合并后，最前面的图形保持形状不变，与后面图形重叠的部分将被删除，如图 3-33 所示为原图形，如图 3-34 所示为合并后将图形移动开的效果。

图3-33　　　　　　　图3-34

●裁剪 ：只保留图形的重叠部分，最终的图形无描边，并显示为最后面图形的颜色，如图 3-35 和图 3-36 所示。

图3-35　　　　　图3-36

●轮廓 ：只保留图形的轮廓，轮廓的颜色为它自身的填充色，如图 3-37 和图 3-38 所示。

图3-37　　　　　图3-38

●减去后方对象 ：用最前面的图形减去它后面的所有图形，保留最前面图形的非重叠部分及描边和填充颜色，如图 3-39 和图 3-40 所示。

图3-39　　　　　图3-40

3.2.2 复合形状

在"路径查找器"面板中，最上面一排是"形状模式"按钮。打开一个文件，如图 3-41 所示，选择画面中的图形以后，单击这些按钮，即可组合对象并改变图形的结构，如图 3-42 和图 3-43 所示，可以看到两个图形已经合并为一个图形。如果按住 Alt 键单击按钮，则可以创建复合形状。复合形状能够保留原图形各自的轮廓，它对图形的处理是非破坏性的，如图 3-44 所示。可以看到，图形的外观虽然变为一个整体，但两个图形的轮廓都完好无损。

图3-41　　　　　　　　图3-42

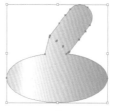
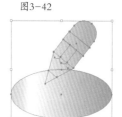

图3-43　　　　　　　　图3-44

如果要释放复合形状，将图形重新分离出来，可以选择对象，然后执行"路径查找器"面板菜单中的"释放复合形状"命令。

> **提示**
>
> "效果"菜单中包含各种"路径查找器"效果，使用它们组合对象以后，还可以选择和编辑原始对象，并且可通过"外观"面板修改或删除效果。但这些效果只能应用于组和图层和文本对象。

3.2.3 复合路径

复合路径是由一条或多条简单的路径组合而成的图形，它可以产生挖空效果，即路径的重叠处会呈现孔洞。如图 3-45 所示为两个图形，将它们选择，执行"对象 > 复合路径 > 建立"命令，即可创建复合路径，它们会自动编组，并应用最后面对象的填充内容和样式，如图 3-46 所示。

可以使用直接选择工具 或编组选择工具 选择部分对象进行移动，复合路径的孔洞也会随之变化，如图 3-47 所示。如果要释放复合路径，可以选择对象，然后执行"对象 > 复合路径 > 释放"命令。

图3-45　　　　图3-46　　　　图3-47

提示

　　创建复合路径时，所有对象都使用最后面的对象的填充内容和样式。我们不能改变单独一个对象的外观属性、图形样式和效果，也无法在"图层"面板中单独处理对象。

小知识：复合形状与复合路径的区别

- 复合形状是通过"路径查找器"面板组合的图形，可以生成相加、相减、相交等不同的运算结果，而复合路径只能创建挖空效果。
- 图形、路径、编组对象、混合、文本、封套、变形、复合路径，以及其他复合形状都可以用来创建复合形状，而复合路径则由一条或多条简单的路径组成。
- 由于要保留原始图形，复合形状要比复合路径的文件更大，并且，在显示包含复合形状的文件时，计算机要一层一层地从原始对象读到现有的结果，因此，屏幕的刷新速度就会变慢。如果要制作简单的挖空效果，可以用复合路径代替复合形状。
- 释放复合形状时，其中的各个对象可恢复为创建前的效果，释放复合路径时，所有对象可恢复为原来各自独立的状态，但它们不能恢复为创建复合路径前的填充内容和样式。

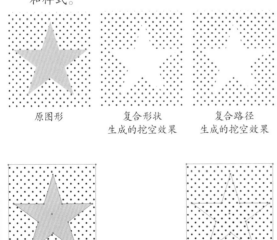

| 原图形 | 复合形状
生成的挖空效果 | 复合路径
生成的挖空效果 |

| 释放复合形状 | 释放复合路径 |

3.2.4 形状生成器工具

　　形状生成器工具 ⟳ 可以合并或删除图形。选择多个图形后，如图 3-48 所示，使用形状生成器工具 ⟳ 在一个图形上方单击，然后向另一个图形拖动鼠标，即可将这两个图形合并，如图 3-49 和图 3-50 所示。按住 Alt 键单击一个图形，则可将其删除，如图 3-51 所示。

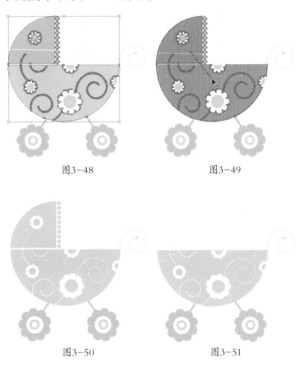

图3-48　　　　　　　　　　图3-49

图3-50　　　　　　　　　　图3-51

3.3　变换操作

　　变换操作是指对图形进行移动、旋转、缩放、镜像、倾斜等操作。拖动对象的定界框可进行自由变换，如果要精确变换，可以通过各种变换工具或"变换"面板来完成。

3.3.1 中心点和参考点

　　使用选择工具 ▸ 选择对象时，对象周围会出现一个定界框，如图 3-52 所示。定界框四周的小方块是控制点，中央的 ■ 状图标是中心点，拖动控制点时，对象会以中心点为基准产生旋转或缩放，如图 3-53 所示为旋转效果。

图3-52	图3-53

使用旋转工具 ↻、镜像工具 ▷◁、比例缩放工具 ⬚、倾斜工具 ⬀ 时，在窗口中单击并拖动鼠标，可将基于中心点变换对象。如果要让对象围绕其他参考点变换，则可在窗口中任意一点单击，重新定义参考点（✛状图标）的位置，如图 3-54 所示，再拖动鼠标进行相应的变换操作，如图 3-55 所示。此外，如果按住 Alt 键单击，则还会弹出一个对话框，在对话框中可以设置缩放比例、旋转角度等选项，从而实现精确变换操作。

图3-54	图3-55

提示

如果要将参考点重新恢复到对象的中心，可双击旋转等变换工具，在打开的对话框中单击"取消"按钮。

小知识：可以改变颜色的定界框

在Illustrator中，定界框可以为红色、黄色、蓝色等不同颜色，这取决于图形所在图层是什么样的颜色。因此，修改图层的颜色时，定界框的颜色也会随之改变。关于图层颜色的设置方法，请参阅"7.2.1图层面板"。如果要隐藏定界框，可以执行"视图>隐藏定界框"命令。

图层和定界框同为蓝色

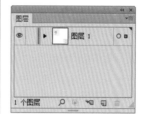

图层和定界框同为红色

3.3.2 移动对象

使用选择工具 ▶ 在对象上方单击并拖动鼠标即可移动对象。按住 Shift 可沿水平、垂直或对角线方向移动。如果要精确定义移动距离，可在选择对象以后，双击该工具，打开的"移动"对话框设置参数。

3.3.3 旋转对象

（1）使用选择工具操作

使用选择工具 ▶ 选择对象，如图 3-56 所示，将光标放在定界框外，当光标变为 ↻ 状时，单击并拖动鼠标即可旋转对象，如图 3-57 所示。

图3-56	图3-57

（2）使用旋转工具操作

选择对象后，使用旋转工具 在窗口中单击并拖动鼠标即可旋转对象。如果要精确定义旋转角度，可双击该工具，打开"旋转"对话框进行设置，如图 3-58 所示。

图3-58

小技巧：复位定界框

进行旋转操作后，对象的定界框也会发生旋转。如果要复位定界框，可执行"对象>变换>重置定界框"命令。

3.3.4 缩放对象

1. 使用选择工具操作

使用选择工具 选择对象，如图 3-59 所示，将光标放在定界框边角的控制点上，当光标变为↔、↕、↘、↗状时，单击并拖动鼠标可以拉伸对象；按住 Shift 键操作可进行等比缩放，如图 3-60 所示。

图3-59

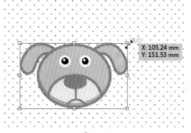

图3-60

2. 使用比例缩放工具操作

选择对象后，使用比例缩放工具 窗口中单击并拖动鼠标即可拉伸对象，按住 Shift 键操作可进行等比缩放。如果要精确定义缩放比例，可双击该工具，打开"比例缩放"对话框设置参数，如图 3-61 所示。

图3-61

3.3.5 镜像对象

1. 使用选择工具操作

使用选择工具 选择对象后，将光标放在定界框中央的控制点上，单击并向图形另一侧拖动鼠标即可翻转对象。

2. 使用镜像工具操作

选择对象后，使用镜像工具 在窗口中单击，指定镜像轴上的一点（不可见），如图 3-62 所示，放开鼠标按键，在另一处位置单击，确定镜像轴的第二个点，此时所选对象便会基于定义的轴进行翻转；按住 Alt 键操作可复制对象，制作出倒影效果，如图 3-63 所示；按住 Shift 键拖动鼠标，可限制角度保持 45°。要准确定义镜像轴或旋转角度，可双击该工具，打开"镜像"对话框设置参数，如图 3-64 所示。

图3-62

图3-63

图3-64

3.3.6 倾斜对象

选择对象，如图 3-65 所示，使用倾斜工具 ⬈ 在窗口中单击，向左、右拖动鼠标（按住 Shift 键可保持其原始高度）可沿水平轴倾斜对象，如图 3-66 所示；上、下拖动鼠标（按住 Shift 键可保持其原始宽度）可沿垂直轴倾斜对象，如图 3-67 所示；按住 Alt 键操作可以复制对象，这种方法特别适合制作投影效果，如图 3-68 所示。如果要精确定义倾斜方向和角度，可以双击该工具，打开"倾斜"对话框设置参数，如图 3-69 所示。

图3-65　　　　图3-66　　　　图3-67

图3-68　　　　　　图3-69

小技巧：使用自由变换工具进行变换操作

自由变换工具 ⊡ 可以灵活地对所选对象进行变换操作。在移动、旋转和缩放时，与通过定界框操作完全相同。该工具的特别之处是可以进行斜切、扭曲和透视变换。

● 斜切：在边角的控制点上单击，然后按住

Ctrl+Alt 键拖动鼠标即可进行斜切操作。

● 扭曲：在边角的控制点上单击，然后按住 Ctrl 键拖动鼠标即可进行扭曲操作。

● 透视扭曲：在边角的控制点上单击，然后按住 Shift+Alt+Ctrl 键拖动鼠标即可进行透视扭曲。

小技巧：单独变换图形、图案、描边和效果

如果对象设置了描边、填充了图案或添加了效果，则我们可以在"移动"、"旋转"、"比例缩放"和"镜像"对话框中设置选项，单独对描边、图案和效果应用变换而不影响图形，也可以单独变换图形，或者同时变换所有内容。

圆形添加了图案和描边　　　"比例缩放"对话框

● 比例缩放描边和效果：选择该选项后，描边和效果会与对象一同变换；取消选择时，仅变换对象。

● 变换对象 / 变换图案：选择"变换对象"选项时，仅变换对象，图案保持不变；选择"变换图案"选项时，仅变换图案，对象保持不变；两项都选择，则对象和图案会同时变换。

仅缩放圆形图形　　缩放描边和图案　　同时缩放所有内容

3.3.7 变换面板

"变换"面板可以进行精确的变换操作，如图 3-70 所示。选择对象后，只需在面板的选项中输入数值并按下回车键即可进行变换处理。此外，我

们还可以选择菜单中的命令，对图案、描边等单独应用变换，如图3-71所示。

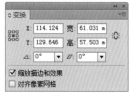

图3-70

图3-71

选择一个图形

用变形工具处理

- 参考点定位器 ▦：进行移动、旋转或缩放操作时，对象以参考点为基准进行变换。在默认情况下，参考点位于对象的中心，如果要改变它的位置，可单击参考点定位器上的空心小方块。
- X/Y：分别代表了对象在水平和垂直方向上的位置，在这两个选项中输入数值可精确定位对象在文档窗口中的位置。
- 宽 / 高：分别代表了对象的宽度和高度，在这两个选项中输入数值可以将对象缩放到指定的宽度和高度。如果按下选项右侧的 ▦ 按钮，则进行等比缩放。
- 旋转 △：可输入对象的旋转角度。
- 倾斜 ▱：可输入对象的倾斜角度。
- 缩放描边和效果：对描边和效果应用变换。
- 对齐像素网格：将对象对齐到像素网格上，使对齐效果更加精准。

用旋转扭曲工具处理

用缩拢工具理

用膨胀工具处理

用扇贝工具处理

3.4 变形操作

Illustrator 的工具箱中有 7 种液化工具，如图 3-72 所示，使用这些工具时，在对象上方单击或单击并拖动鼠标涂抹即可按照特定的方式扭曲对象，如图 3-73 所示。

用晶格化工具处理

用皱褶工具处理

图3-73

液化工具
图3-72

- 变形工具 ▨：可自由扭曲对象。
- 旋转扭曲工具 ▨：可以产生漩涡状的变形效果。
- 缩拢工具 ▨：可以使对象产生向内收缩效果。
- 膨胀工具 ▨：可以使对象产生向外膨胀效果。
- 扇贝工具 ▨：可以向对象的轮廓添加随机弯曲的细节，创建类似贝壳表面的纹路效果。

● 晶格化工具 ：可以向对象的轮廓添加随机锥化的细节。该工具与扇贝工具的作用相反，扇贝工具产生向内的弯曲，而晶格化工具产生向外的尖锐凸起。

● 皱褶工具 ：可以向对象的轮廓添加类似于皱褶的细节，产生不规则的起伏。

小技巧：液化工具使用注意事项

● 使用任意一个液化工具时，在文档窗口中按住 Alt 键拖动鼠标可以调整工具的大小。

● 使用各种液化工具时，不必选择对象便可直接进行处理。如果要将扭曲限定为一个或者多个对象，可以先选择这些对象，然后再对其进行扭曲。

● 使用除变形工具 以外的其他工具时，在对象上方单击时，按住鼠标按键的时间越长，扭曲效果越强烈。

● 液化工具不能扭曲链接的文件或包含文本、图形以及符号的对象。

小技巧：制作装饰纹样

创建一个黑色的椭圆形，用旋转扭曲工具 向下拖动鼠标对图形进行扭曲，用变形工具 改变形状，再用旋转扭曲工具 细致加工制作出装饰纹样，配合一些基本图形，即可完成一幅新锐的矢量风格插画。

3.5　图形组合实例：爱心

● 菜鸟级　● 玩家级　● 专业级
● 实例类型：软件功能学习型
● 难易程度：★★
● 实例描述：绘制两个圆形，通过"路径查找器"面板将它们合并，对锚点进行编辑，改变图形的结构和外观。

① 按下 Ctrl+N 快捷键新建一个文档。使用椭圆工具 ，按住 Shift 键创建一个圆形，填充粉色，无描边，如图 3-74 所示。使用选择工具 ，按住 Alt+Shift 沿水平方向拖动该图形进行复制，如图 3-75 所示。

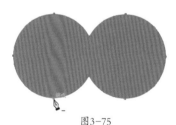

图3-74　　　　　　　　图3-75

② 使用选择工具 拖出一个选框，选取这两个图形，如图 3-76 所示，单击"路径查找器"面板中的 按钮，将这两个图形合并，如图 3-77 和图 3-78 所示。

图3-76

图3-77

图3-78

③选择钢笔工具 ✐，将光标放在如图3 79所示的锚点上，单击鼠标删除该锚点，如图3-80所示；将另一个锚点也删除，如图3-81和图3-82所示。

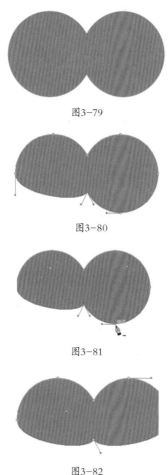

图3-79

图3-80

图3-81

图3-82

④选择转换锚点工具 ⌐，将光标放在如图3-83所示的锚点上，单击鼠标将锚点的方向线删除，如图3-84所示。选择直接选择工具 ▷，将光标放在锚点上，如图3-85所示，单击并按住 Shift 键向下方拖动鼠标移动锚点，如图3-86所示。

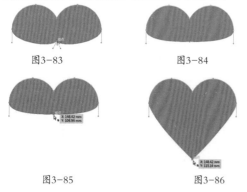

图3-83   图3-84

图3-85   图3-86

⑤将光标放在方向点上，如图3-87所示，单击并按住 Shift 键向下拖动鼠标，移动方向点，如图3-88所示；采用同样方法拖动另一侧的方向点，如图3-89和图3-90所示。

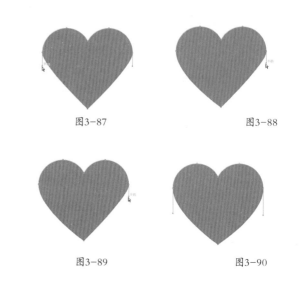

图3-87   图3-88

图3-89   图3-90

3.6 图形组合实例：眼镜

●菜鸟级 ●玩家级 ●专业级
●实例类型：软件功能学习型
●难易程度：★ ★ ★
●实例描述：为心形填充图案并单独缩放图案。用圆角矩形工具和直线段工具绘制眼镜图形，通过"路径查找器"面板进行图形运算。

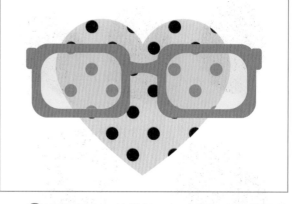

①按下 Ctrl+O 快捷键，打开上一个实例的效果文件。用选择工具 ▷ 选取心形，如图3-91所示，将它的填充颜色设置为黄色，如图3-92和图3-93所示。

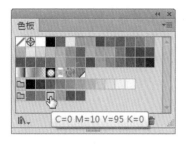

图3-91　　　　　　　　　　　　图3-92　　　　　　　　　　　　图3-93

②按下 Ctrl+C 快捷键复制图形，按下 Ctrl+F 快捷键粘贴到前面。执行"窗口 > 色板库 > 图案 > 基本图形 > 基本图形 _ 点"命令，打开该面板。单击如图 3-94 所示的图案，为图形填充该图案，如图 3-95 所示。

③双击比例缩放工具 ，打开"比例缩放"对话框，设置缩放数值并勾选"变换图案"选项，如图 3-96 所示，将图案放大，如图 3-97 所示。

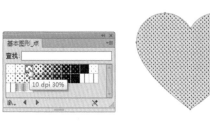

图3-94　　　　　　　　图3-95　　　　　　　　　　图3-96　　　　　　　　　　图3-97

④使用圆角矩形工具 创建一个圆角矩形，如图 3-98 所示，在它旁边再创建一个大一些的圆角矩形，如图 3-99 所示。使用选择工具 选取这两个图形，单击"路径查找器"面板中的 按钮，将它们合并，如图 3-100 和图 3-101 所示。

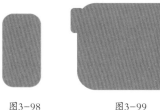

图3-98　　　　　　　　图3-99　　　　　　　　　　图3-100　　　　　　　　　　图3-101

⑤再创建一个圆角矩形，如图 3-102 所示，按下 Ctrl+C 快捷键复制该图形。用选择工具 选取图形，如图 3-103 所示。单击"路径查找器"面板中的 按钮，进行相减运算，如图 3-104 和图 3-105 所示。

图3-102　　　　　　　　图3-103　　　　　　　　图3-104　　　　　　　　图3-105

⑥按下 Ctrl+Г 快捷键粘贴图形，如图 3-106 所示。用选择工具 ▶ 选取图形，选择镜像工具 ⋈ ，将光标放在如图 3-107 所示的位置，按住 Alt 键单击鼠标，弹出"镜像"对话框，选择"垂直"选项，如图 3-108 所示，单击"复制"按钮，复制图形，如图 3-109 所示。

图3-106　　　　　图3-107　　　　　　　　图3-108　　　　　　　　　图3-109

⑦使用直线段工具 ╱ 按住 Shift 键创建一条直线，如图 3-110 所示。选择宽度工具 ⋈ ，将光标放在直线中央，如图 3-111 所示，单击并拖动鼠标，将直线中央的宽度调窄，如图 3-112 所示。

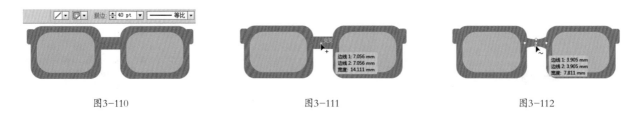

图3-110　　　　　　　　　图3-111　　　　　　　　　图3-112

⑧执行"对象 > 路径 > 轮廓化描边"命令，将路径创建为轮廓，如图 3-113 所示。使用选择工具 ▶ 按住 Shift 键单击两个眼镜框图形，将这两个图形与横梁同时选取，如图 3-114 所示，单击"路径查找器"面板中的 ⬚ 按钮，将它们合并，如图 3-115 所示。

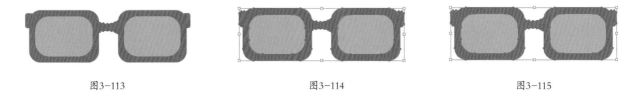

图3-113　　　　　　　　　图3-114　　　　　　　　　图3-115

⑨选取眼镜片图形，如图 3-116 所示，在"透明度"面板中设置不透明度为 40%，如图 3-117 所示，最后将眼镜拖动到心形图形上，如图 3-118 所示。

图3-116　　　　　　　　　图3-117　　　　　　　　　图3-118

3.7 图形组合实例：太极图

- ●菜鸟级 ●玩家级 ●专业级
- ●实例类型：软件功能学习型
- ●难易程度：★★☆
- ●实例描述：绘制圆形，通过删除锚点得到半
  圆形路径，将路径连接在一起并分割圆形。

① 使用椭圆工具 ◯ 按住 Shift 键创建一个圆形，如图 3-119 所示。用选择工具 ▶ 按住 Alt+Shift 键拖动图形进行复制，如图 3-120 所示。

② 在这两个圆形的外侧创建一个大圆，如图 3-121 所示。按下 Shift+Ctrl+[快捷键，将大圆移动到最底层，如图 3-122 所示。

图3-119　　　　　　　图3-120　　　　　　　图3-121　　　　　　　图3-122

③ 执行"视图 > 智能参考线"命令，启用智能参考线。选择直接选择工具 ▷，将光标放在路径上捕捉锚点，如图 3-123 所示，单击鼠标选取锚点，如图 3-124 所示，按下 Delete 键删除锚点，如图 3-125 所示。选取另一个圆形的锚点并删除，如图 3-126 和图 3-127 所示。

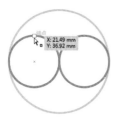

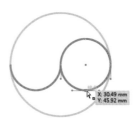

图3-123　　　　　　图3-124　　　　　　图3-125　　　　　　图3-126　　　　　　图3-127

④ 使用选择工具 ▶ 按住 Shift 键单击这两个半圆图形，将它们选择，如图 3-128 所示，按下 Ctrl+J 快捷键将路径连接在一起。按住 Shift 键单击外侧的大圆，将它同时选中，如图 3-129 所示，单击"路径查找器"面板中的 按钮，如图 3-130 所示，用线条分割圆形，如图 3-131 所示。

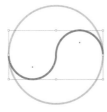
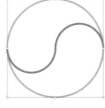

图3-128　　　　　　　图3-129　　　　　　　图3-130　　　　　　　图3-131

⑤使用编组选择工具 单击下方的图形，将其选择，如图3-132所示，修改它的填充颜色，如图3-133和图3-134所示。最后，将前一小节制作心形图形拖放到该文档中，完成太极图形的制作，如图3-135所示。

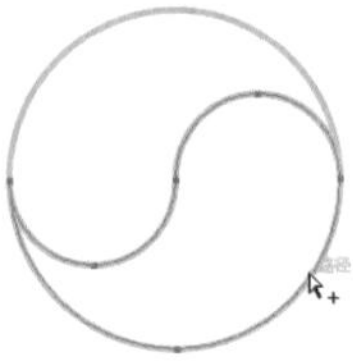

图3-132　　　　图3-133 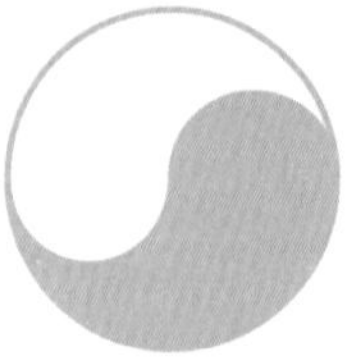　　　　图3-134 　　　　图3-135

3.8　快捷变换实例：随机纹样

- ●菜鸟级　●玩家级　●专业级
- ●实例类型：技术提高型
- ●难易程度：★★★
- ●实例描述：通过特殊的快捷键进行变换操作，生成随机变化的扭曲纹样。

①按下Ctrl+N快捷键新建一个文档。选择多边形工具，下面的操作要一气呵成，中间不能放开鼠标。先拖动鼠标创建一个六边形（可按下↑键增加边数，按下↓键减少边数），如图3-136所示；不要放开鼠标，按下～键，然后迅速向外、向下拖动鼠标形成一条弧线，随着鼠标的移动会产生更多的六边形，如图3-137所示；继续拖动鼠标，使鼠标的移动轨迹呈螺旋状向外延伸，这样就可以得到如图3-138所示的图形。按下Ctrl+G快捷键编组。

②将描边宽度设置为0.2pt，如图3-139所示。

图3-136　　　　　　　　图3-137

图3-138　　　　　　　　图3-139

③再用同样方法制作出另一种效果。所不同的是这次使用椭圆工具，鼠标的移动轨迹类似菱形。先创建一个椭圆形，如图3-140所示；按下～键向左上方拖动鼠标，产生如图3-141所示的图形，拖移鼠标的速度越慢，生成的图形越多；再向右上方拖移鼠标，如图3-142所示；向右下方拖移鼠标，如图3-143所示；向左下方拖移鼠标，回到起点处，如图3-144所示，效果如图3-145所示。可以尝试使用三角形、螺旋线等不同的对象来制作图案。

图3-140　　　图3-141 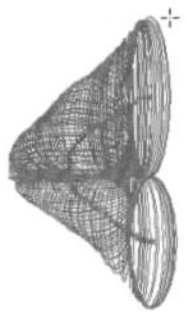　　　图3-142

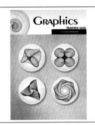

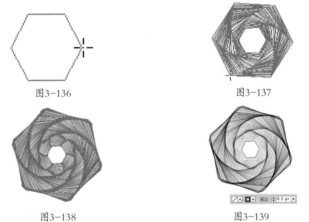

图3-143　　　图3-144 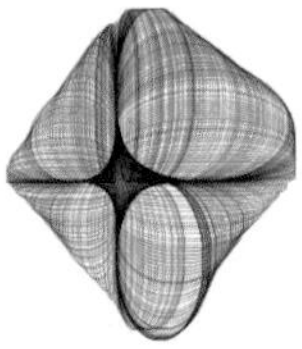　　　图3-145

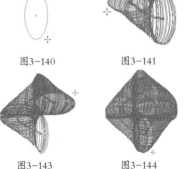

④打开光盘中的素材文件，如图 3-146 所示，将所制作的图案复制并粘贴到文件中，效果如图 3-147 所示。

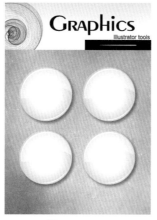

图3-146

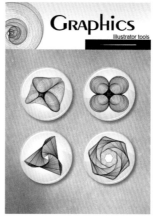

图3-147

3.9　变换构成实例：花花的笔记本

- ●菜鸟级 ●玩家级 ●专业级
- ●实例类型：技术提高型
- ●难易程度：★ ★ ★
- ●实例描述：使用符号库中的图号作为基本图形元素，通过变换复制的方式制作出花朵、花环。替换符号，让花朵呈现层次感。

①按下 Ctrl+N 快捷键新建一个文档。执行"窗口 > 符号库 >Web 按钮和条形"命令，打开该面板，单击"项目符号 1- 橙色"、"按钮 4- 绿色"、"按钮 4- 粉色"、"按钮 4- 蓝色"、"按钮 5- 橙色"符号，如图 3-148 所示，将它们添加到"符号"面板中，如图 3-149 所示。

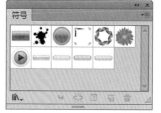

图3-148　　　　　　　图3-149

②将"按钮 4- 绿色"符号从面板中拖动到画板上，如图 3-150 所示，选择旋转工具，将光标放在如图 3-151 所示的位置，按住 Alt 键单击，弹出"旋转"对话框，设置旋转角度，如图 3-152 所示，单击"复制"按钮复制图形，如图 3-153 所示。

图3-150　　　　　　　图3-151

图3-152　　　　　　　图3-153

③ 连续按 Ctrl+D 快捷键复制图形，如图 3-154 所示。按下 Ctrl+A 快捷键选择所有图形，如图 3-155 所示，按下 Ctrl+G 快捷键编组。

图3-154　　　　　　图3-155

④ 按下 Ctrl+C 快捷键复制，按下 Ctrl+F 快捷键粘贴到前方。将光标放在定界框右上角的控制点上，按住 Shift+Alt 键拖动鼠标，基于中心点向内缩小图形，如图 3-156 所示。选择"按钮 4- 粉色"符号，执行面板菜单中的"替换符号"命令，用所选符号替换原有的符号，如图 3-157 和图 3-158 所示。

图3-156　　　　　　图3-157

图3-158

⑤ 采用同样方法粘贴符号并将其缩小，然后用其他符号将其替换，效果如图 3-159 所示。将"项目符号 1- 橙色"符号从面板中拖动到花朵图形上，如图 3-160 所示。

图3-159　　　　　　图3-160

⑥ 按下 Ctrl+A 快捷键选择所有图形，按下 Ctrl+G 快捷键编组，如图 3-161 所示。执行"效果 > 风格化 > 投影"命令，为图形添加"投影"效果，如图 3-162 和图 3-163 所示。

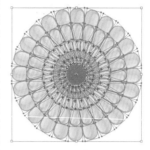

图3-161　　　　　　图3-162

图3-163

⑦ 执行"窗口 > 符号库 > 花朵"命令，打开该面板，将"雏菊"符号拖动到画板中，如图 3-164 所示。保持图形的选取状态，选择旋转工具，将光标放在如图 3-165 所示的位置，按住 Alt 键单击，弹出"旋转"对话框，设置旋转角度，单击"复制"按钮复制图形，如图 3-166 和图 3-167 所示。连续按 Ctrl+D 快捷键复制图形，如图 3-168 所示。

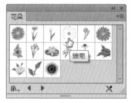

图3-164　　　　　　图3-165

图3-166　　　图3-167　　　图3-168

⑧ 选择"花朵"面板中的其他符号，将它们拖动到画板中，装饰在花环上，如图 3-169 所示。选择组成花环的所有图形，如图 3-170 所示，然后按下 Ctrl+G 快捷键编组。执行"效果 > 风格化 > 投影"命令，添加"投影"效果，如图 3-171 和图 3-172 所示。

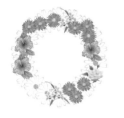

图3-169

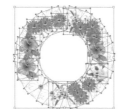

图3-170

图3-171

图3-172

⑨ 使用符号库中的其他符号可以制作出更多的花朵图形，如图 3-173 ～ 图 3-175 所示。打开光盘中的笔记本素材文件，将制作好的花朵和花环拖动到该文档中，如图 3-176 所示。

图3-173

图3-174

图3-175

图3-176

小技巧：制作纸钞纹样

使用极坐标网格工具 ⊕ 在画板中单击，弹出"极坐标网格工具选项"对话框，设置参数创建网格图形，选择旋转工具 ↻，将光标放在网格图形的底边上，按住Alt键单击弹出"旋转"对话框，设置"角度"为45°，单击"复制"按钮复制图形，关闭对话框后连续按下Ctrl+D快捷键变换并复制图形即可制作出纸钞纹样。

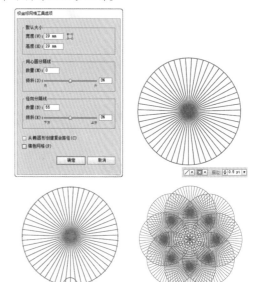

使用椭圆工具 ◯ 创建一个圆形，在"透明度"面板中调整它的不透明度和混合模式，采用同样方法复制图形，当图形堆叠在一起时，会呈现出特殊的花纹效果。我们也可以修改花朵颜色。

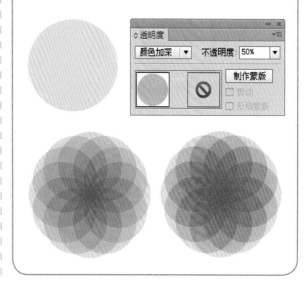

3.10 图形设计实例：小鸟Logo

●菜鸟级 ●玩家级 ●专业级
●实例类型：平面设计类
●难易程度：★★★
●实例描述：绘制图形，组成小鸟的眼睛；改变锚点的属性并分割路径，使其成为小鸟的嘴巴；通过旋转复制，完成小鸟羽毛的制作。

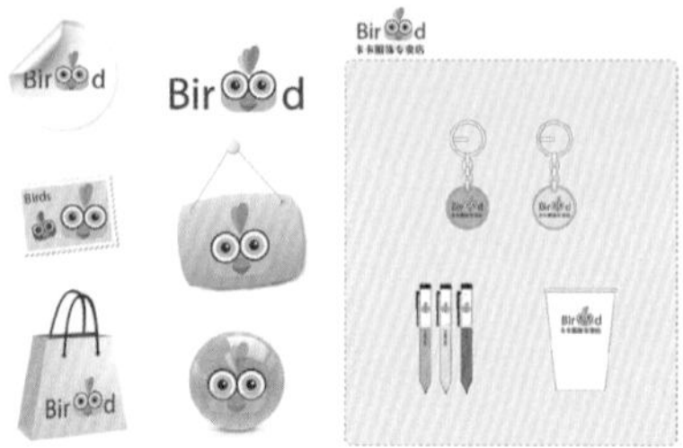

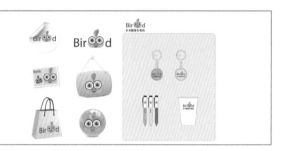

①首先制作小鸟的眼睛。使用椭圆工具按住 Shift 键创建 3 个圆形，如图 3–177 所示。按下 Ctrl+A 快捷键选择所有图形，单击“对齐”面板中的按钮和按钮，将图形对齐，如图 3–178 所示。

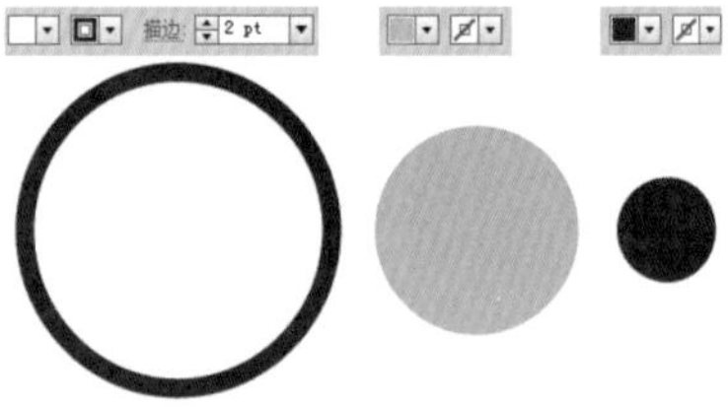

图3–177

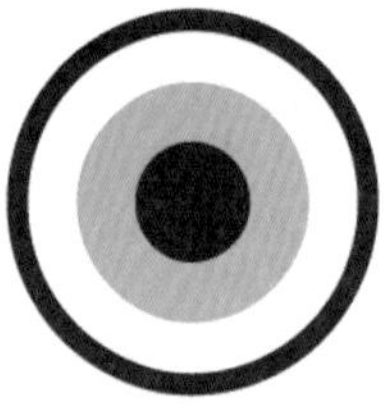

图3–178

②绘制一个白色的圆形作为小鸟的瞳孔，如图 3–179 所示。按下 Ctrl+A 快捷键选择所有图形，按下 Ctrl+G 快捷键编组。使用选择工具按住 Alt+Shift 键拖动鼠标，沿水平方向复制图形，如图 3–180 所示。

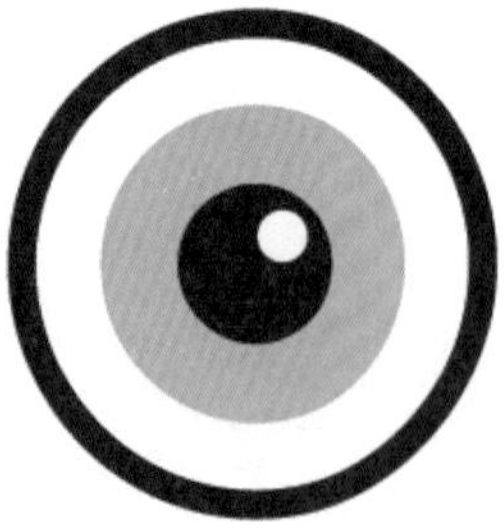

图3–179

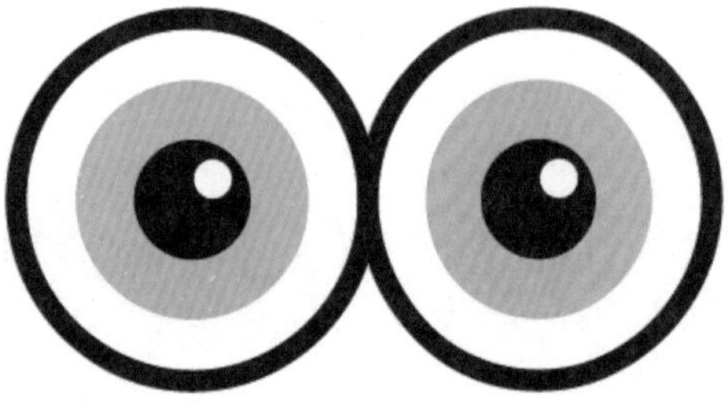

图3–180

③创建一个椭圆形，填充橙色，无描边，如图 3–181 所示。选择转换锚点工具，将光标放在椭圆上方捕捉锚点，如图 3–182 所示，单击鼠标，将其转换为角点，如图 3–183 所示。

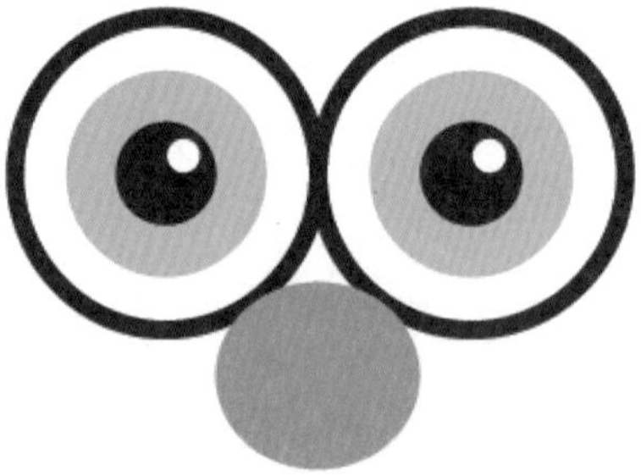

图3–181

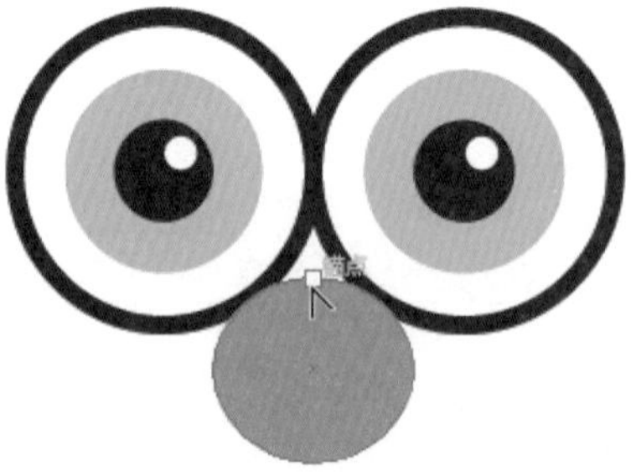

图3–182

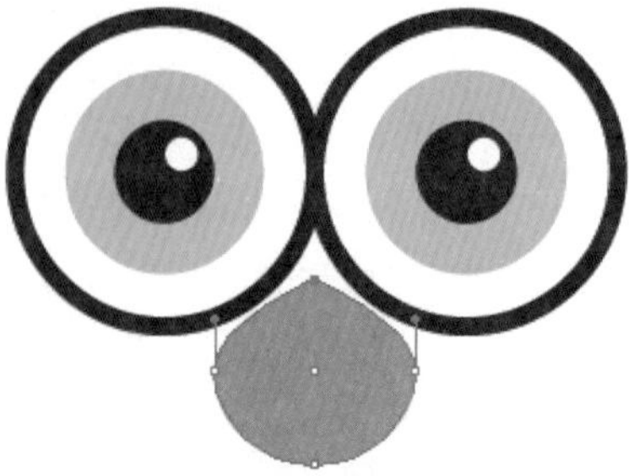

图3–183

④捕捉下方锚点，如图 3–184 所示，通过单击将其转换为角点，如图 3–185 所示。

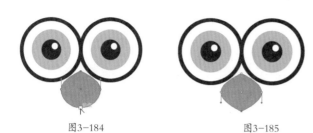

图3-184   图3-185

⑤选择刻刀工具 ✐ ，在图形上单击并拖动鼠标，将图形分割为两块，如图 3-186 所示。使用选择工具 ▶ 单击下面的图形，如图 3-187 所示，修改它的填充颜色，如图 3-188 所示。

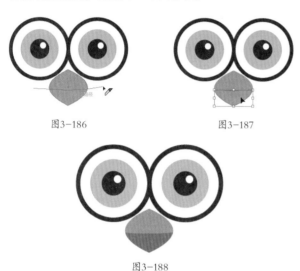

图3-186   图3-187

图3-188

⑥使用圆角矩形工具 ▢ 创建圆角矩形，如图 3-189 所示。按下 Shift+Ctrl+[快捷键，将它移动到最底层，如图 3-190 所示。

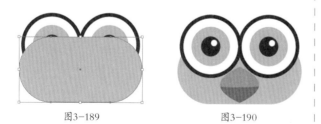

图3-189   图3-190

⑦使用椭圆工具 ⬭ 创建一个浅绿色的椭圆形，如图 3-191 所示。用转换锚点工具 卜 单击下方锚点，如图 3-192 和图 3-193 所示。用直接选择工具 ▷ 单击并拖出一个选框，选择中间的两个锚点，如图 3-194 所示，按下 "↑" 键将锚点向上移动，如图 3-195 所示。

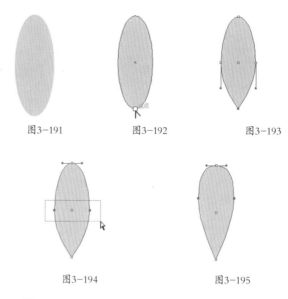

图3-191   图3-192   图3-193

图3-194   图3-195

⑧选择旋转工具 ↻ ，在图形底部单击，将参考点定位在此处，如图 3-196 所示，在其他位置单击并拖动鼠标旋转图形，如图 3-197 所示。再将参考点定位在图形底部，如图 3-198 所示，将光标移开，按住 Alt 键单击并拖动鼠标复制出一个图形，如图 3-199 所示。采用同样方法再复制出一个图形，如图 3-200 所示。

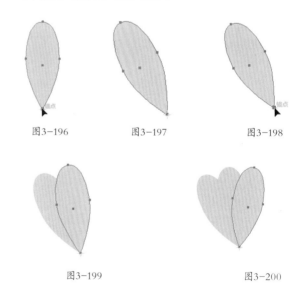

图3-196   图3-197   图3-198

图3-199   图3-200

⑨分别选择后复制的两个图形，调整它们的填充颜色，如图 3-201 所示。按住 Shift 键拖动控制点将它们放大，如图 3-202 所示。将这组图形放在小鸟头上，完成制作，如图 3-203 所示。如图 3-204 和图 3-205 所示为将小鸟 Logo 应用在不同商品上的效果。

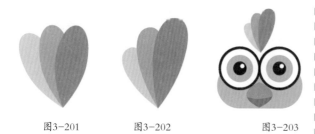

图3-201   图3-202   图3-203

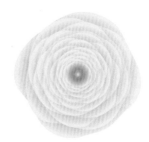

图3-207

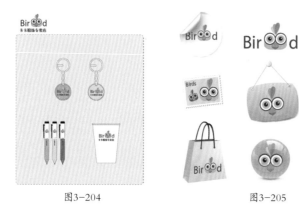

图3-204   图3-205

图3-208

3.11 拓展练习：妙手生花

- ● 菜鸟级 ● 玩家级 ● 专业级
- ● 实例类型：技术提高型
- ● 视频位置：光盘 > 视频 >3.11

打开光盘中的图形素材，如图 3-206 所示，将它选择，通过"分别变换"命令将图形旋转并缩小，如图 3-207 所示，然后连续按下 Ctrl+D 快捷键就可以得到一个完整的花朵图形，如图 3-208 所示。对它应用效果还可以制作出更多类型的花朵，如图 3-209 和图 3-210 所示。

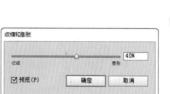

图3-209

图3-210

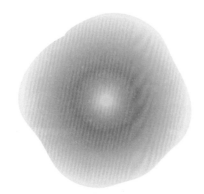

图3-206

第04章

版面设计：钢笔工具与路径

4.1 版面的视觉流程

人的视野受客观限制，不能同时接受所有事物，必须按照一定的流动顺序运动来感知外部世界。视觉接受外界信息时的流动过程，称为视觉流程。

4.1.1 视线流动

人们的阅读习惯是按照从上到下、从左向右的顺序进行的。这是受人们长期生活的习惯的影响。例如，绝大多数人书写文字的时候都是从左向右写，观察其他人的时候也是习惯从上往下看。视觉心理学家通过研究还发现，垂直线会引导视线做上下运动；水平线会引导视线做左右运动；斜线比垂直线和水平线有更强的引导力，它能将视线引向斜方；矩形的视线流动是向四方发射的；圆形的视线流动是呈辐射状的；三角形使视线沿顶角向三个方向扩散；各种大小的图形并置时，视线会先关注大图形，之后向小图形流动。如图 4-1 所示为 Purina 狗粮广告：让它们学会享受等待。通过一排小狗的引导，让观众的视线做线形运动。

Purina 狗粮广告
图4-1

4.1.2 视觉焦点

视觉焦点也称视觉震撼中心（Center for Visual Impact），它是版面中能够最先、最强烈地吸引观众目光的部分。一般情况下，"大"能成为视觉焦点，因此，大的图片、大的标题，以及大的说明文字放在版面的显著位置，可以迅速吸引观众的注意力。例如图 4-2 所示为佳能监控摄像机海报——现场抓住！对监控摄像机以及正在犯罪的手进行夸张的放大处理，形成视觉焦点。此外，特异的事物也容易引起人们的兴趣和关注。例如图 4-3 所示为皇冠伏特加广告，通过创造特异性形成视觉焦点，具有极强的趣味性。

佳能监控摄像机广告　　　皇冠伏特加广告
图4-2　　　　　　　　图4-3

4.1.3 错视现象

在视觉活动中，常常会出现看到的对象与客观事物不一致的现象，这种知觉称为错视。错视一般分为由图像本身构造而导致的几何学错视、由感觉器官引起的生理错视、以及心理原因导致的认知错视。如图 4-4 所示为几何学错视——弗雷泽图形，它是一个产生角度、方向错视的图形，被称作错视之王，漩涡状图形实际是同心圆。如图 4-5 所示为生理错视——赫曼方格，如果我们单看，这是一个个黑色的方块，而整张图一起看，则会发现方格与方格之间的对角出现了灰色的小点。如图 4-6 所示为认知错视——鸭兔错觉，它既可以看作是一只鸭子的头，也可以看作是一只兔子的头。

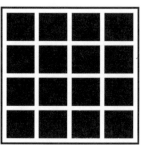

弗雷泽图形　　　　　赫曼方格
图4-4　　　　　　　　图4-5

鸭兔错觉
图4-6

4.2 版面编排的基本要素

4.2.1 点的形象

点是最基本的形，它可以是一个文字，也可以是一个商标或色块，因此，在画面中单独而细小的形象都可以称之为点，如图4-7所示。在版面中，大点与小点可以形成对比关系；重复排列的点可以给人一种机械的、冷静的感受；点的集散与疏密则会带给人空间感。

4.2.2 线的形象

线在构图中的作用在于表示方向、长短、重量，还能产生方向性、条理性，如图4-8所示。线有不同的形状，因此具有不同的含义，给人以不同的视觉感受。水平的线能表现平稳和宁静，是最静的形式；对角线很有活力，可以用来表现运动；曲线能表现柔和、婉转和优雅的女性美感；螺旋线能产生独特的导向效果，可以在第一时间内，更快地吸引观众的注意力；会聚的线适合表现深度和空间；占画面主导地位的垂直线条，能强调画面主体的坚实感，常被用来作为封锁画面的坚固屏障。

4.2.3 面的形象

面是各种基本形态和形式中最富于变化的，在版面编排中包容了点和线的所有性质，在视觉强度上要比点、线更加强烈，如图4-9所示。面的形象具有一定的长度和宽度，受线的界定而呈现一定的形状。圆形具有一种运动感；三角形具有稳定性、均衡感；正方形具有平衡感；规则的面具有简洁、明了、安定和秩序的感觉；自由面具有柔软、轻松、生动的感觉。

Brandt 冰箱广告
图4-7

Jatpat Digest 广告
图4-8

尊尼获加威士忌酒广告
图4-9

4.3 版面编排的构成模式

1. 标准型

标准型是一种基本的、简单而规则化的版面编排模式，如图4-10所示。图形在版面中上方，并占据大部分位置，其次是标题，然后是说明文字、图形等。观众的视线以自上而下的顺序流动，符合人们认识思维的逻辑顺序，但视觉冲击力较弱。

2. 标题型

标题位于中央或上方，占据版面的醒目位置，往下是图形、说明文字，如图4-11所示。这种编排形式首先让观众对标题引起注意，留下明确的印象，再通过图形获得感性形象认识。

3. 中轴型

中轴型是一种对称的构成形态，如图4-12所示。版面上的中轴线可以是有形的，也可以是隐形的。这种编排方式具有良好的平衡感，只有改变中轴线两侧各要素的大小、深浅、冷暖对比等，才能呈现出动感。

印度Metrozone房产广告
图4-10

Leroy Merlin（乐华梅兰）广告
图4-11

雷诺汽车广告
图4-12

Celcom 无线网卡广告
图4-14

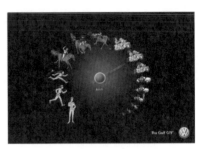

大众 Golf GTI 广告
图4-15

4. 斜置型

斜置型是一种强力而具有动感的构图模式，它使人感到轻松、活泼，如图 4-13 所示。倾斜时要注意方向和角度，通常从左边向右上方倾斜能增强易见度，且方便阅读。此外，倾斜角度一般保持30°左右为宜。

5. 放射型

将图形元素纳入到放射状结构中，使其向版面四周或某一明确方向作放射状发散，有利于统一视觉中心，可以产生强烈的动感和视觉冲击力，如图4-14 所示。放射型具有特殊的形式感，但极不稳定，因此，在版面上安排其他构成要素时，应作平衡处理。

6. 圆图型

在几何图形中，圆形是自然的、完整的、具有生命象征意义，在视觉上给人以庄重、完美的感受，并且具有向四周放射的动势。圆图型构成要素的排列顺序与标准型大致相同，这种模式以正圆形或半圆形图片构成版面的视觉中心，如图 4-15 所示。

7. 重复型

在版面编排时，将相同或相似的视觉要素多次重复排列，重复的内容可以是图形，也可以是文字，但通常在基本形和色彩方面会有一些变化，如图 4-16 所示。重复构图有利于着重说明某些问题，或是反复强调一个重点，很容易引起人们的兴趣。

8. 指示型

利用画面中的方向线、人物的视线、手指的方向、人物或物体的运动方向、指针、箭头等，指示出画面的主题，如图 4-17 所示。这种构图具有明显的指向性，简便而直接，是最有效的引导观众视线流动的方法。

9. 散点型

将构成要素在版面上作不规则的分散处理，看起来很随意，但其中包含着设计者的精心构置，如图 4-18 所示。这种构图版面的注意焦点分散，总体上却有一定的统一因素，如统一的色彩主调或图形具有相似性，在变化中寻求统一，在统一中又具有变化。

尼桑汽车广告

图4-13

散利痛药品广告：专治持续性头痛
图4-16

Mylanta胃药广告
图4-17

哈雷摩托广告
图4-18

 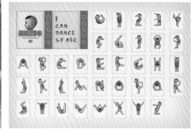

七喜广告
图4-20

体操识字卡广告
图4-21

10. 切入型

这是一种不规则的、富于创造性的构成方式，在编排时刻意将不同角度的图形从版面的上、下、左、右方向切入到版面中，而图形又不完全进入版面，如图4-19所示。这种编排方式可以突破版面的限制，在视觉心理上扩大版面空间，给人以空畅之感。

11. 交叉型

将版面上的两个构成要素重叠之后进行交叉状处理，交叉的形式可以成十字水平状，也可以根据图形的动态做一定的倾斜，如图4-20所示。

12. 网格型

将版面划分为若干网格形态，用网格来限定图、文信息位置，版面充实、规范、理性，如图4-21所示。这种划分方式综合了横、纵型分割的优点，使画面更富于变化，且保持条理性。

4.4　认识锚点和路径

4.4.1 锚点和路径

矢量图形是由称作矢量的数学对象定义的直线和曲线构成的，每一段直线和曲线都是一段路径，所有的路径通过来锚点连接，如图4-22所示。

路径是一个很宽泛的概念，它既可以是一条单独的路径段，也可以包含多个路径段；既可以是直线，也可以是曲线；既可以是开放式的路径段，如图4-23所示，也可以是闭合式的矢量图形，如图4-24所示。

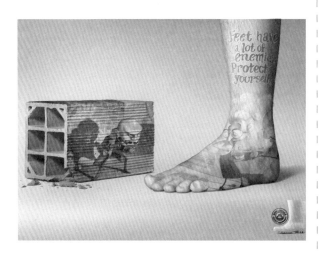

塞蒂拉莱瓜斯胶靴广告

图4-19

锚点和路径构成矢量图形
图4-22

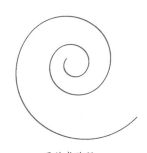

开放式路径
图4-23

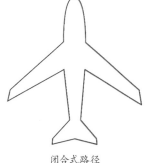

闭合式路径
图4-24

路径的形状由锚点控制。锚点分为两种，一种是平滑点，另外一种是角点。平滑的曲线由平滑点连接而成，如图 4-25 所示，直线和转角曲线由角点连接而成，如图 4-26 和图 4-27 所示。

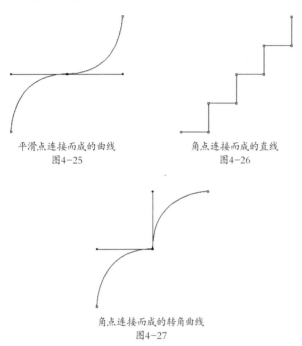

平滑点连接而成的曲线
图 4-25

角点连接而成的直线
图 4-26

角点连接而成的转角曲线
图 4-27

4.4.2 贝塞尔曲线

在 Illustrator 中绘制的曲线也称作贝塞尔曲线（Bézier 曲线），它是由法国工程师皮埃尔·贝塞尔（Pierre Bézier）于 1962 年开发的。

这种曲线的锚点上有一到两根方向线，方向线的端点处是方向点（也称手柄），如图 4-28 所示，拖动该点可以调整方向线的角度，进而影响曲线的形状，如图 4-29 和图 4-30 所示。

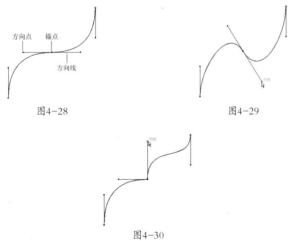

方向点　锚点

方向线

图 4-28

图 4-29

图 4-30

> **提示**
>
> 贝塞尔曲线是电脑图形学中重要的参数曲线，它使得无论是直线还是曲线都能够在数学上予以描述，从而奠定了矢量图形学的基础。贝塞尔曲线具有精确和易于修改的特点，被广泛地应用在计算机图形领域。像 Photoshop、CorelDraw、FreeHand、Flash、3ds max 等软件中都有可以绘制贝塞尔曲线的工具。

4.5　使用铅笔工具绘图

4.5.1 用铅笔工具徒手绘制路径

使用铅笔工具 ✏ 可以直接绘制路径，就像用铅笔在纸上画画一样。它适合绘制比较随意的路径，不能创建精确的直线和曲线。

选择该工具后，在画板中单击并拖动鼠标即可绘制路径，如图 4-31 所示；如果拖动鼠标时按下 Alt 键（光标会变为 ✎ 状），放开鼠标按键，再放开 Alt 键，路径的两个端点就会连接在一起，成为闭合式路径，如图 4-32 所示。

图 4-31

图 4-32

4.5.2 用铅笔工具编辑路径

双击铅笔工具 ✏，打开"铅笔工具首选项"对话框，勾选"编辑所选路径"选项，此后便可用铅笔工具修改路径。

● 改变路径形状：选择一条开放式路径，将铅笔工具放在路径上（光标中的小"×"消失时，表示工具与路径非常接近），如图 4-33 所示，单击并拖动鼠标可以改变路径的形状，如图 4-34 和图 4-35 所示。

图4-33

图4-34

图4-35

● 延长与封闭路径：将光标放在路径的端点上，光标会变为 🖉 状，单击并拖动鼠标，可延长该段路径，如图 4-36 和图 4-37 所示；如果拖至路径的另一个端点上，则可封闭路径。

图4-36　　　　　图4-37

● 连接路径：选择两条开放式路径，使用铅笔工具单击一条路径上的端点，然后拖动鼠标至另一条路径的端点上，在拖动的过程中按住 Ctrl 键（光标变为 🖉。状），放开鼠标和 Ctrl 键后，可将两条路径连接在一起，如图 4-38 ～图 4-40 所示。

图4-38

图4-39

图4-40

小技巧：改变光标形态

使用铅笔、画笔、钢笔等绘图工具时，大部分工具的光标在画板中都有两种显示状态，一是显示为工具的形状，另外则显示为"×"状。按下键盘中的 Caps Lock 键，可在这两种显示状态间切换。

工具状光标　　　　　"×"状光标

4.6　使用钢笔工具绘图

钢笔工具是 Illustrator 最核心的工具，它可以绘制直线、曲线和各种形状的图形。尽管初学者开始学习时会遇到些困难，但能够灵活、熟练地使用钢笔工具绘图，是每一个 Illustrator 用户必须跨越的门槛。

4.6.1　绘制直线

选择钢笔工具 ，在画面中单击创建锚点，如图 4-41 所示；将光标移至其他位置单击，即可创建由角点连接的直线路径，如图 4-42 所示；按住 Shift 键单击，可绘制出水平、垂直或以 45° 角为增量的直线，如图 4-43 所示；如果要结束开放式路径的绘制，可按住 Ctrl 键（切换为直接选择工具 ）在远离对象的位置单击，或者选择工具箱中的其他工具；如果要封闭路径，可将光标放在第一个锚点上（光标变为 状），如图 4-44 所示，单击鼠标闭合路径，如图 4-45 所示。

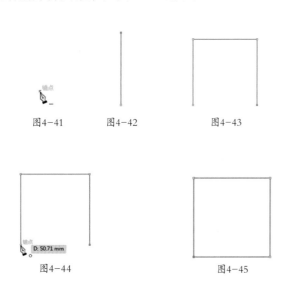

图4-41　　　　　图4-42　　　　　图4-43

图4-44　　　　　　　　　图4-45

4.6.2　绘制曲线

使用钢笔工具 单击并拖动鼠标创建平滑点，如图 4-46 所示；在另一处单击并拖动鼠标即可创建曲线，在拖动鼠标同时还可以调整曲线的斜度。如果向前一条方向线的相反方向拖动鼠标，可创建 "C" 形曲线，如图 4-47 所示；如果按照与前一条

方向线相同的方向拖动鼠标，则可创建 "S" 形曲线，如图 4-48 所示。绘制曲线时，锚点越少，曲线越平滑。

图4-46　　　　　图4-47　　　　　图4-48

4.6.3　绘制转角曲线

如果要绘制与上一段曲线之间出现转折的曲线（即转角曲线），就需要在创建新的锚点前改变方向线的方向。

用钢笔工具 绘制一段曲线，然后将光标放在方向点上，单击并按住 Alt 键向相反方向拖动，如图 4-49 和图 4-50 所示，通过拆分方向线的方式将平滑点转换成角点（方向线的长度决定了下一条曲线的斜度）；放开 Alt 键和鼠标按键，在其他位置单击并拖动鼠标创建一个新的平滑点，即可绘制出转角曲线，如图 4-51 所示。

图4-49　　　　　图4-50　　　　　图4-51

4.6.4　在直线后面绘制曲线

用钢笔工具 绘制一段直线路径，将光标放在最后一个锚点上（光标会变为 状），如图 4-52 所示，单击并拖出一条方向线，如图 4-53 所示；在其他位置单击并拖动鼠标，即可在直线后面绘制曲线，如图 4-54 和图 4-55 所示。

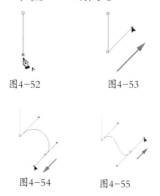

图4-52　　　　　图4-53

图4-54　　　　　图4-55

4.6.5 在曲线后面绘制直线

用钢笔工具 绘制一段曲线路径，将光标放在最后一个锚点上（光标会变为 状），如图 4-56 所示，单击鼠标，将该平滑点转换为角点，如图 4-57 所示；在其他位置单击（不要拖动鼠标），即可在曲线后面绘制直线，如图 4-58 所示。

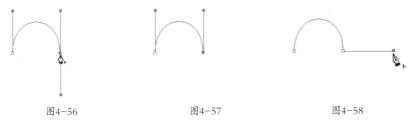

图4-56　　　　　　　　　　图4-57　　　　　　　　　图4-58

4.7 高级技巧：关注光标形态

使用钢笔工具 绘图时，光标在画板、路径和锚点上会呈现出不同的显示状态，通过对光标的观察我们可以判断出钢笔工具此时具有何种功能。

图4-59　　　　　　　　　图4-60

- 光标为 状：选择钢笔工具后，光标在画板中会显示为 状，此时单击可创建一个角点，单击并拖动鼠标可创建一个平滑点。
- 光标为 + / 状：将光标放在当前选择的路径上，光标会变为 状，此时单击可添加锚点。将光标放在锚点上，光标会变为 状，此时单击可删除锚点。
- 光标为 状：绘制路径的过程中，将光标放在起始位置的锚点上，光标变为 状时单击可闭合路径。
- 光标为 状：绘制路径的过程中，将光标放在另外一条开放式路径的端点上，光标会变为 状，如图 4-59 所示，单击可连接这两条路径，如图 4-60 所示。

- 光标为 状：将光标放在一条开放式路径的端点上，光标会变为 状，如图 4-61 所示，单击鼠标，然后便可以继续绘制该路径，如图 4-62 所示。

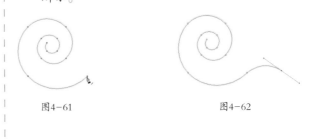

图4-61　　　　　　　　　图4-62

4.8 高级技巧：钢笔工具常用快捷键

- 使用钢笔工具 绘图时，按住 Alt 键可切换为转换锚点工具 ，此时在平滑点上单击，可将其转换为角点，如图 4-63 和图 4-64 所示；在角点上单击并拖动鼠标，可将它转换为平滑点，如图 4-65 和图 4-66 所示。

图4-63　　　　　　图4-64　　　　　　图4-65　　　　　　图4-66

●按住Alt键（切换为转换锚点工具 ↖，）拖动曲线的方向点，可以调整方向线一侧的曲线的形状，如图4-67和图4-68所示；按住Ctrl键（切换为直接选择工具 ↖ ）拖动方向点，可同时调整方向线两侧的曲线，如图4-69所示；放开Alt或Ctrl键后，可恢复为钢笔工具 ✍ 继续绘制图形。

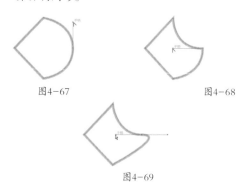

图4-67   图4-68

图4-69

●按住 Ctrl 键（切换为直接选择工具 ↖ ）单击锚点可以选择锚点；按住 Ctrl 键单击并拖动锚点可以移动其位置。

●绘制直线时，可按住Shift键创建水平、垂直或以45°角为增量的直线。

●选择一条开放式路径，使用钢笔工具 ✍ 在它的两个端点上单击，即可封闭路径。

●如果要结束开放式路径的绘制，可按住 Ctrl 键（切换为直接选择工具 ↖ ）在远离对象的位置单击。

小技巧：创建锚点的同时移动锚点

使用钢笔工具在画板上单击后，按住鼠标按键不放，然后按住键盘中的空格键并同时拖动鼠标，可以重新定位锚点的位置。

4.9 编辑路径

4.9.1 选择与移动锚点和路径

1. 选择与移动锚点

直接选择工具 ↖ 用于选择锚点，将该工具放在锚点上方，光标会变为 ◣ 状，如图 4-70 所示，单击鼠标即可选择锚点（选中的锚点为实心方块，未选中的为空心方块），如图 4-71 所示；单击并

拖出一个矩形选框，可以将选框内的所有锚点选中。在锚点上单击以后，按住鼠标按键拖动，即可移动锚点，如图 4-72 所示。

如果需要选择的锚点不在一个矩形区域内，可以使用套索工具 ◉ 单击并拖动出一个不规则选框，将选框内的锚点选中，如图 4-73 所示。

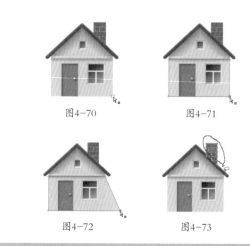

图4-70   图4-71

图4-72   图4-73

提示

使用直接选择工具 ↖ 和套索工具 ◉ 时，如果要添加选择其他锚点，可以按住Shift键单击它们（套索工具 ◉ 为绘制选框）。按住Shift键单击（绘制选框）选中的锚点，则可取消对其的选择。

2. 选择与移动路径段

使用直接选择工具 ↖ 在路径上单击，即可选择路径段，如图 4-74 所示。在路径上单击以后，按住鼠标按键拖动，可以移动路径，如图 4-75 所示。

图4-74    图4-75

提示

如果路径进行了填充，使用直接选择工具 ↖ 在路径内部单击，可以选中所有锚点。选择锚点或路径后，按下"→、←、↑、↓"键可以轻移所选对象；如果同时按下方向键和Shift键，会以原来的10倍距离轻移对象；按下Delete键，则可将它们删除。

小技巧：用整形工具移动锚点

使用直接选择工具 ▶ 选择锚点后，用整形工具 ▶ 调整锚点的位置，可以最大程度地保持路径的原有形状。

选择锚点　　用整形工具移动锚点　　用直接选择工具移动锚点

调整曲线路径时，整形工具 ▶ 与直接选择工具 ▶ 也有很大的区别。例如，用直接选择工具 ▶ 移动曲线的端点时，只影响该锚点一侧的路径段；如果用选择工具 ▶ 选择图形，再用整形工具 ▶ 移动锚点，就可以拉伸曲线。

原图形　　用整形工具移动锚点　　用直接选择工具移动锚点

4.9.2　添加与删除锚点

选择一条路径，如图 4-76 所示，使用钢笔工具 ✎ 在路径上单击即可添加一个锚点。如果这是一段直线路径，则添加的锚点就是角点，如图 4-77 所示；如果是曲线路径，则可添加平滑点，如图 4-78 所示。使用钢笔工具 ✎ 单击锚点可删除锚点。

图4-76　　　　　　图4-77

图4-78

提示

使用添加锚点工具 ✎ 在路径上单击可添加锚点；使用删除锚点工具 ✎ 单击锚点，可删除锚点。如果要在所有路径段的中间位置添加锚点，可以执行"对象>路径>添加锚点"命令。

小技巧：清除游离点

在绘图时，由于操作不当会产生一些没有用的独立的锚点，这样的锚点称为游离点。例如，使用钢笔工具在画面中单击，然后又切换为其他工具，就会生成单个锚点；另外，在删除路径和锚点时，没有完全删除对象，也会残留一些锚点。游离点会影响我们对图形的编辑，它们很难选择，执行"对象>路径>清理"命令可以将它们清除。

画面中存在游离点　　"清理"对话框　　清除游离点

4.9.3　平均分布锚点

选择多个锚点，如图 4-79 所示，执行"对象 > 路径 > 平均"命令，打开"平均"对话框，如图 4-80 所示。

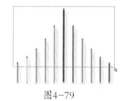

图4-79　　　　　　图4-80

- 水平：选择该项，锚点会沿同一水平轴均匀分布，如图 4-81 所示。
- 垂直：选择该项，锚点会沿同一垂直轴均匀分布，如图 4-82 所示。
- 两者兼有：选择该项，锚点会集中到同一个点上，如图 4-83 所示。

图4-81

图4-82　　　　　　图4-83

4.9.4 改变路径形状

选择曲线上的锚点时，会显示出方向线和方向点，拖动方向点可以调整方向线的方向和长度。方向线的方向决定了曲线的形状，如图4-84和图4-85所示；方向线的长度决定了曲线的弧度。当方向线较短时，曲线的弧度较小，如图4-86所示；方向线越长，曲线的弧度越大，如图4-87所示。

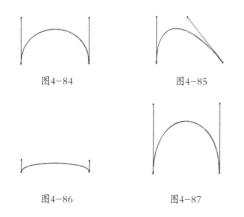

图4-84　　　　　　图4-85

图4-86　　　　　　图4-87

使用直接选择工具 移动平滑点中的一条方向线时，会同时调整该点两侧的路径段，如图4-88和图4-89所示；使用转换锚点工具 移动方向线时，则只调整与该方向线同侧的路径段，如图4-90所示。

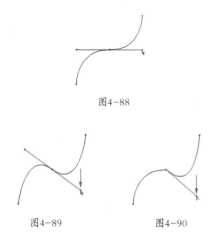

图4-88

图4-89　　　　　　图4-90

平滑点始终有两条方向线，而角点可以有一条、两条或者没有方向线，具体取决于它分别连接一条、两条还是没有连接曲线段。角点的方向线无论是用直接选择工具 还是转换锚点工具 调整，

都只影响与该方向线同侧的路径段，如图4-91～图4-93所示。

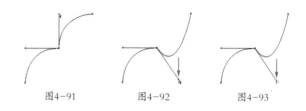

图4-91　　　　图4-92　　　　图4-93

4.9.5 偏移路径

选择一条路径，执行"对象 > 路径 > 偏移路径"命令，可基于它偏移出一条新的路径。当要创建同心圆或制作相互之间保持固定间距的多个对象时，偏移路径特别有用。

图4-94所示为"偏移路径"对话框，"连接"选项用来设置拐角的连接方式，如图4-95～图4-97所示。"尖角限度"用来设置拐角的变化范围。

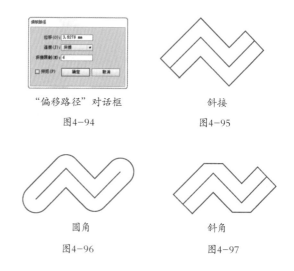

"偏移路径"对话框　　　　　斜接
图4-94　　　　　　　图4-95

圆角　　　　　　　斜角
图4-96　　　　　　　图4-97

4.9.6 平滑路径

选择一条路径，使用平滑工具 在路径上单击并反复拖动鼠标，即可对路径进行平滑处理，Illustrator会删除部分锚点，并且尽可能地保持路径原有的形状，如图4-98和图4-99所示。

双击该工具，打开"平滑工具首选项"对话框，如图4-100所示，在对话框中可以设置工具的"保真度"和"平滑度"，这两个数值越大，平滑效果越明显，但路径的形状的改变也就越大。

 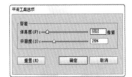

图4-98　　　　　　图4-99

图4-100

4.9.7　简化路径

当锚点数量过多时，曲线会变得不够光滑，也会给选择与编辑带来不便。选择此类路径，如图4-101所示，执行"对象 > 路径 > 简化"命令，打开"简化"对话框，调整"曲线精确度"值，可以对锚点进行简化，如图4-102和图4-103所示。调整时，可勾选"显示原路径"选项，在简化的路径背后显示原始路径，以便于观察图形的变化幅度。

图4-101

图4-102　　　　　　图4-103

4.9.8　裁剪路径

使用剪刀工具 ✂ 在路径上单击可以剪断路径，如图4-104所示。用直接选择工具 ▷ 将锚点移开，可观察到路径的分割效果，如图4-105所示。

图4-104　　　　　　图4-105

使用刻刀工具 🖊 在图形上单击并拖动鼠标，可以将图形裁切开。如果是开放式的路径，经该裁切后会成为闭合式路径，如图4-106和图4-107所示。

图4-106　　　　　　图4-107

小技巧：在所选锚点处剪切路径

使用直接选择工具 ▷ 选择锚点，单击控制面板中的 按钮，可在当前锚点处剪断路径，原锚点会变为两个，其中的一个位于另一个的正上方。

小技巧：有机玻璃的裂痕

用刻刀工具 🖊 裁剪填充了渐变颜色的对象时，如果渐变的角度为0°，则每裁切一次，Illustrator就会自动调整渐变角度，使之始终保持0°，因此，裁切后对象的颜色会发生变化，进而生成碎玻璃般的效果。

图形素材　　　　　　渐变角度为0°

裁剪图形　　　　　　裁剪效果

4.9.9 分割下方对象

选择一个图形，如图 4-108 所示，执行"对象 > 路径 > 分割下方对象"命令，可以用该图形分割它下方的图形，如图 4-109 所示。这种方法与刻刀工具 ✏ 产生的效果相同，但要比刻刀工具 ✏ 更容易控制形状。

图4-108   图4-109

小技巧：将图形分割为网格

选择一个图形，执行"对象>路径>分割为网格"命令，打开"分割为网格"对话框设定矩形网格的大小和间距，可将其分割为网格。

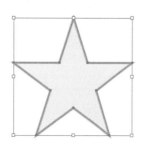

4.9.10 擦除路径

选择一个图形，如图 4-110 所示，使用路径橡皮擦工具 ✏ 在路径上涂抹即可擦除路径，如图 4-111 和图 4-112 所示。如果要将擦除的部分限定为一个路径段，可以先选择该路径段，然后再使用路径橡皮擦工具 ✏ 擦除。

图4-110

图4-111   图4-112

使用橡皮擦工具 ✏ 在图形上涂抹可擦除对象，如图 4-113 所示；按住 Shift 键操作，可以将擦除方向限制为水平、垂直或对角线方向；按住 Alt 键操作，可以绘制一个矩形区域，并擦除该区域内的图形，如图 4-114 和图 4-115 所示。

图4-113

图4-114   图4-115

4.10 钢笔绘图实例：戴围脖的小企鹅

●菜鸟级 ●玩家级 ●专业级
●实例类型：技术提高型
●难易程度：★★★
●实例描述：通过该实例进一步学习如何使用
  钢笔工具绘图、如何编辑锚点，并且还要用
  铅笔工具修改闭合式路径的形状。

①选择钢笔工具 ，在画板中单击并拖动鼠标创建平滑点，绘制一个闭合式路径图形，填充黑色，无描边，如图 4-116 所示。按住 Ctrl 键在空白处单击，取消选择，再绘制三个图形，填充白色，如图 4-117 所示。

②用钢笔工具 和椭圆工具 绘制小企鹅的眼睛，如图 4-118 所示。

| 图4-116 | 图4-117 | 图4-118 |

③按住 Ctrl 键单击企鹅的身体图形，将它选择，用钢笔工具 在图 4-119 所示的路径上单击，添加锚点。用直接选择工具 向左侧拖动锚点，改变路径形状，如图 4-120 所示。

| 图4-119 | 图4-120 |

④选择铅笔工具 ，在图 4-120 所示的路径上单击并拖动鼠标，改变原路径的形状，绘制出小企鹅的头发，如图 4-121 所示。在放开鼠标前，一定要沿小企鹅身体的路径拖动鼠标，使新绘制的路径与原路径重合，以便路径能更好地对接在一起，效果如图 4-123 所示。

| 图4-121 | 图4-122 | 图4-123 |

⑤绘制 条路径，设置描边颜色为白色，无填充，如图 4-124 所示。然后绘制一个图形，作为围巾，如图 4-125 所示。

图4-124　　　　　　　　图4-125

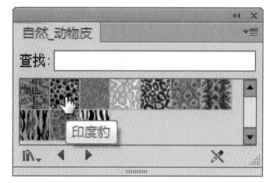

图4-126

⑥执行"窗口 > 色板库 > 图案 > 自然 > 自然 _ 动物皮"命令，打开该色板库，单击如图 4-126 所示的图案，围巾效果如图 4-127 所示。用椭圆工具 ◯ 绘制两个椭圆形作为投影，填充浅灰色。将这两个椭圆形选择，按下 Shift+Ctrl+[快捷键，将它们移动到企鹅的后面，如图 4-128 所示。

图4-127　　　　　　　　图4-128

4.11　编辑路径实例：条码生活

- ●菜鸟级　●玩家级　●专业级
- ●实例类型：平面设计
- ●难易程度：★★☆
- ●实例描述：在本案例中，我们将使用倾斜工具通过自动和手动两种方式对图形进行倾斜变换，通过删除锚点得到需要的路径。将两种或两种以上形象按照一定的内在联系与逻辑相互重合，产生新的形象。这种创作方法一般以外形或结构的相似性为创造因素，使图形之间相互借用，互为载体，共生出新的意义。

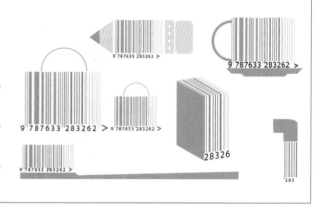

①使用矩形工具 ▢ 创建一个矩形。使用选择工具 ▸ 按住 Alt+Shift 键将创建的矩形沿水平方向复制，调整复制后的矩形的宽度和高度，如图 4-129 所示。可根据自己的喜好将矩形填充为不同的颜色，如图 4-130 所示。使用文字工具 **T** 在矩形下方输入一组数字，如图 4-131 所示。

图4-129

图4-130　　　　　　　　图4-131

②选择椭圆工具 ◯ 1 按住 Shift 键创建一个圆形，设置描边粗细为 1pt，如图 4-132 所示。用直接工具 ▸ 单击圆形底部的锚点，如图 4-133 所示，按下 Delete 键删除，将剩下的半圆形放在条码上方，制作成手提袋，如图 4-134 所示。

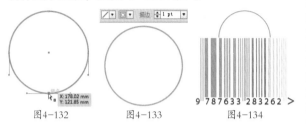

图4-132　　　　图4-133　　　　图4-134

③下面来制作咖啡杯。使用选择工具 ▸ 选择手提袋，按住 Alt+Shift 拖动进行复制。选择拎手，设置描边粗细为 3pt，如图 4-135 所示。选择旋转工具 ↻，按住 Shift 键拖动图形，将其旋转 90°，然后移动到条码左侧，如图 4-136 所示。用钢笔工具 ✎ 绘制咖啡杯底座，如图 4-137 所示。

图4-135　　　　图4-136　　　　图4-137

④使用矩形工具 ▭ 创建一个矩形，如图 4-138 所示。双击倾斜工具 ╱，打开"倾斜"对话框，设置"倾斜角度"为 29°，选择"垂直"选项，对图形进行倾斜变换，如图 4-139 和图 4-140 所示。

图4-138　　　　图4-139　　　　图4-140

⑤使用选择工具 ▸ 复制一组条码和数字。单击并拖出矩形选框选择部分条码图形，按下 Delete 键删除，如图 4-141 和图 4-142 所示。使用文字工具 T 在文字上单击并拖动鼠标，选择部分文字，如图 4-143 所示，按下 Delete 键删除。再选择后面的几个数字也删除，如图 4-144 所示。

图4-141　　　　　　　　图4-142

图4-143　　　　　　　　图4-144

⑥将条码与矩形排列在一起，通过定界框调整条码的大小使其与矩形对齐，如图 4-145 所示。选择条码和文字，选择倾斜工具 ╱，条码左侧的边界框处单击，将参考点 ◇ 定位在此处（对图形进行倾斜时该边会保持不变），如图 4-146 所示；向上拖动鼠标对条码图形进行倾斜处理，如图 4-147 所示。条码书顶部的书页部分也是使用同样方法，即将复制后的条码图形倾斜制作的，效果如图 4-148 所示。

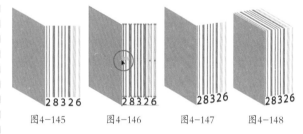

图4-145　　图4-146　　图4-147　　图4-148

提示

　　使用倾斜工具手动进行倾斜时，由于该工具过于灵活，图形的变换较难控制，这种情况下，可以将中心点定位在图形的一条边界处，再按住 Shift 键拖动图形进行变换。

⑦铅笔是由多边形工具 ⬡、矩形工具 ▭ 和圆角矩形工具 ▢ 共同绘制完成的，牙刷与水龙头则是由钢笔工具 ✎ 绘制成的，如图 4-149 所示。

图4-149

4.12 路径运算实例：小猫咪

- 菜鸟级 ● 玩家级 ● 专业级
- 实例类型：技术提高型
- 难易程度：★★☆
- 实例描述：用钢笔绘制小猫图形，在其上方绘制圆形，通过"路径查找器"面板分割图形，制作出小猫的眼睛和身上的花纹。

① 使用钢笔工具 ✑ 绘制小猫图形，如图 4-150 所示。选择椭圆工具 ⬭ ，创建一个椭圆形，如图 4-151 所示。使用选择工具 ▶ 按住 Alt+Shift 键拖动椭圆进行复制，制作出小猫的眼睛，如图 4-152 所示。

图4-150

图4-151

图4-152

② 再创建几个椭圆形，如图 4-153 所示。使用选择工具 ▶ 按住 Shift 键单击小猫和这几个图形将它们选择（不要选择眼睛），如图 4-154 所示，单击面板中的 ⬒ 按钮，对图形进行运算，如图 4-155 和图 4-156 所示。

图4-153

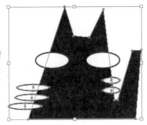
图4-154

图4-155

图4-156

③ 按下 Ctrl+A 快捷键选择所有图形，如图 4-157 所示，单击 ⬓ 按钮对图形进行分割，如图 4-158 和图 4-159 所示。

图4-157

图4-158

图4-159

④ 使用编组选择工具 ▶⁺ 选择如图 4-160 所示的图形，按下 Delete 键删除，如图 4-161 所示。将另一侧的图形也删除，如图 4-162 所示。

图4-160

图4-161

图4-162

⑤ 选择剩余的两个图形，设置填充颜色为黑色，无描边，如图 4-163 所示。按住 Ctrl 键切换为选择工具 ▶ ，拖动控制点缩小图形，如图 4-164 所示。放开 Ctrl 键恢复为编组选择工具 ▶⁺ ，移动图形的位置，如图 4-165 所示。

图4-163

图4-164

图4-165

⑥用钢笔工具 ✐ 绘制一个云朵图形，如图4-166所示。使用选择工具 ▶ 按住 Alt 键拖动图形进行复制，如图4-167所示。调整前方云朵的填充颜色，再绘制出小猫的眼珠，如图4-168所示。

⑦用椭圆工具 ⬭ 在云朵上绘制几个白色的圆形，如图4-169所示。绘制一个圆形作为猫咪的鼻子，如图4-170所示。最后用钢笔工具 ✐ 绘制两条路径，作为猫咪的嘴巴，如图4-171所示。

图4-166

图4-169

图4-167　　　　　　　　图4-168

图4-170　　　　　　　　图4-171

4.13　编辑路径实例：交错式幻象图

- ●菜鸟级 ●玩家级 ●专业级
- ●实例类型：平面设计
- ●难易程度：★★★☆
- ●实例描述：绘制圆角矩形，在路径上添加几组锚点，再删除多余的锚点，通过移动路径位置，制作出所需图形。

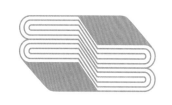

①使用圆角矩形工具 ▭ 创建3个圆角矩形，如图4-172所示。选择这几个图形，单击"对齐"面板中的 ⊟ 按钮和 ⫟ 按钮，将它们对齐。

图4-172

②保持图形的选取状态，执行"对象 > 路径 > 添加锚点"命令，在路径的中央添加锚点，如图4-173所示。再执行两遍该命令，继续添加锚点，如图4-174和图4-175所示。

图4-173　　　　　图4-174　　　　　图4-175

③选择删除锚点工具 ✐，将光标放在路径中间的锚点上，如图4-176所示，单击鼠标删除锚点，如图4-177所示。

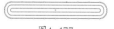

图4-176　　　　　　　　图4-177

④按住 Ctrl 键单击中间的圆角矩形，将其选择，如图4-178所示，放开 Ctrl 键单击中间的锚点，删除该锚点，如图4-179所示。采用同样方法将下面几条路径中央的锚点也删除，如图4-180所示。

图4-178　　　　　图4-179　　　　　图4-180

⑤使用直接选择工具 ▷ 单击并拖出一个选框，选择图形右半边的锚点，如图 4-181 所示，将光标放在路径上，如图 4-182 所示，按住 Shift 键向下拖动鼠标移动锚点，如图 4-183 所示。

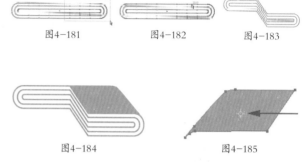

图4-181　　　　图4-182　　　　图4-183

⑥使用钢笔工具 ✐ 绘制一个图形，如图 4-184 所示。使用选择工具 ▷ 按住 Alt 键拖动该图形进行复制。选择镜像工具 ⋈，按住 Shift 键单击并向左侧拖动图形，将其沿水平方向翻转，如图 4-185 所示；放开鼠标，然后重新按住 Shift 键单击并向下方拖动图形，将其垂直翻转，如图 4-186 所示。将该图形移动到幻象图上，如图 4-187 所示。

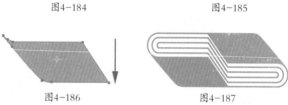

图4-184　　　　　　　　图4-185

图4-186　　　　　　　图4-187

4.14　版面设计实例：海报版面

●菜鸟级　●玩家级　●专业级
●实例类型：平面设计
●难易程度：★ ★ ★
●实例描述：绘制一个圆形，在路径上添加锚点，移动锚点和方向线改变路径形状，制作出逗号图形。复制图形，并以该图形为基准，在它上方铺满小逗号。

①按下Ctrl+N快捷键，打开"新建文档"对话框，在"大小"下拉列表中选择"A4"，单击"取向"选项中的按钮，如图4-188所示，创建一个A4大小（海报尺寸）的文档。使用矩形工具 ▭ 创建一个与画板大小相同的矩形，填充米黄色，如图4-189所示。

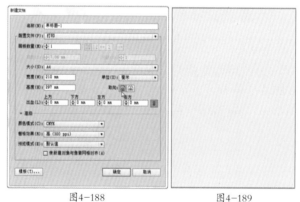

图4-188　　　　　　　　图4-189

②使用椭圆工具 ◯ 按住 Shift 键创建一个圆形，如图 4-190 所示。选择添加锚点工具 ⋈，将光标放在路径上，如图 4-191 所示，单击鼠标添加一个锚点，如图 4-192 所示。

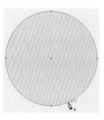

图4-190　　　　　　图4-191　　　　　　图4-192

③使用直接选择工具 ▷ 移动锚点，如图4-193所示。拖动方向点调整路径形状，如图4-194所示。按下Ctrl+C快捷键复制图形。在"图层1"前方单击，将该图层锁定，如图4-195所示。单击"图层"面板底部的 ⬚ 按钮，新建一个图层，如图4-196所示。

图4-193

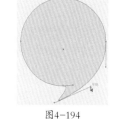

图4-194

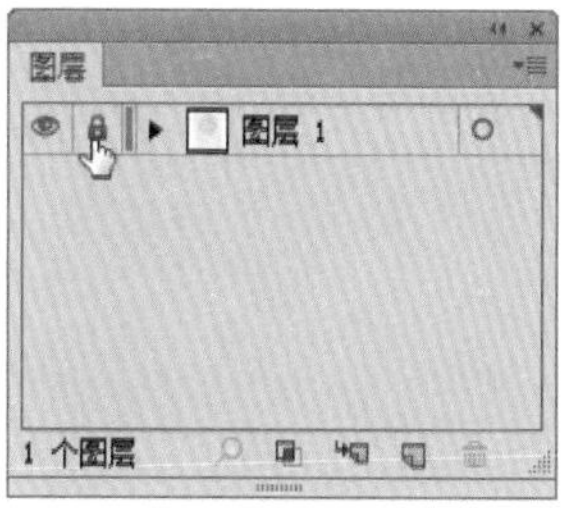

图4-195

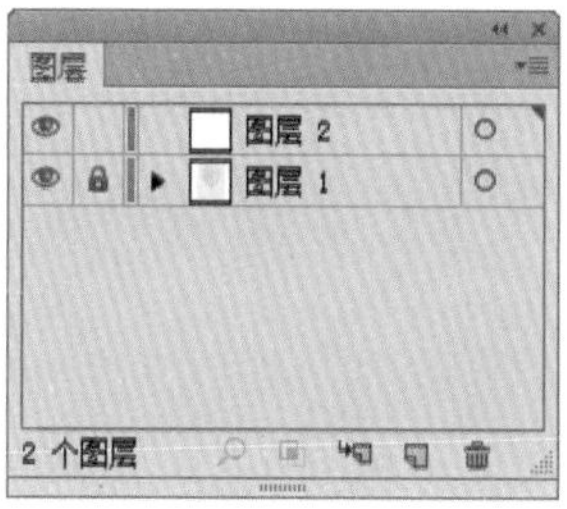

图4-196

④按下Ctrl+V快捷键粘贴图形，按住Shift+Alt键拖动控制点将图形缩小并修改填充颜色，如图4-197所示。使用选择工具 ▶ 按住Alt键拖动图形进行复制，如图4-198所示。将图形压扁，如图4-200所示，填充颜色设置为洋红色，用直接选择工具 ▷ 移动锚点，如图4-201所示。

图4-197　　图4-198　　图4-199　　图4-200

⑤再复制一个蓝色的图形，如图4-201所示。将光标放在定界框外，单击并拖动鼠标旋转图形，如图4-202所示。将图形缩小并修改填充颜色，如图4-203所示。用直接选择工具 ▷ 移动最上方的锚点，如图4-204所示。

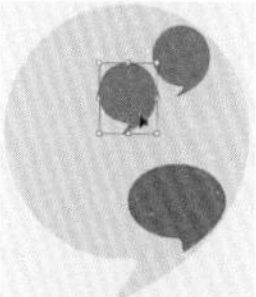

图4-201

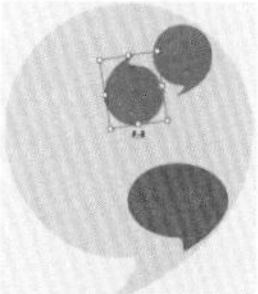

图4-202

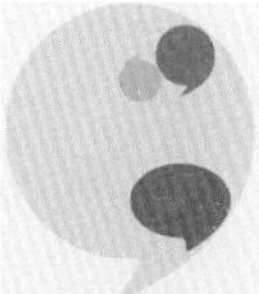

图4-203

图4-204

⑥继续复制图形，修改填充颜色、调整大小并适当旋转，以"图层1"中的大逗号图形为基准，在整个图形范围内铺满小逗号图形，如图4-205所示。在"图层1"的锁状图标 🔒 上单击，解除该图层的锁定，如图4-206所示。在大逗号的眼睛图标 👁 上单击，将该图形隐藏，如图4-207和图4-208所示。

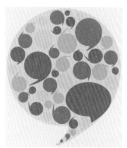

图4-205

图4-206

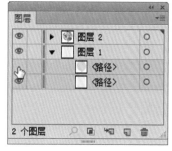

图4-207

图4-208

⑦最后，用文字工具 T 输入几行文字，如图4-209和图4-210所示。

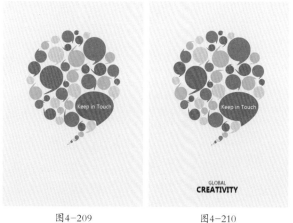

图4-209　　　　　　　　图4-210

4.15 拓展练习：基于网格绘制图形

●菜鸟级 ●玩家级 ●专业级 ●实例类型：技术提高型 ●视频位置：光盘 > 视频 >4.15

使用钢笔工具 绘制一个心形图形，如图 4-211 所示，并为其填充图案，如图 4-212 和图 4-213 所示。

图4-211

图4-212

图4-213

绘制心形时，为了使图形左右两侧能够对称，可以执行"视图 > 智能参考线"命令和"视图 > 显示网格"命令，以网格线为参考进行绘制，当光标靠近网格线时，智能参考线会帮助我们将锚点定位到网格点上。图 4-214 所示为网格上的图形，图 4-215 所示为它的锚点及方向线状态。

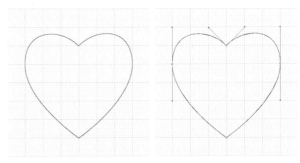

图4-214   图4-215

第05章

工业产品设计：渐变与渐变网格

5.1 关于产品设计

工业设计（Industrial Design）起源于包豪斯，它是指以工学、美学、经济学为基础对工业产品进行设计，分为产品设计、环境设计、传播设计、设计管理4类。

产品设计即工业产品的艺术设计，通过产品造型的设计可以将功能、结构、材料和生成手段、使用方式等统一起来，实现具有较高质量和审美的产品的目的，如图5-1～图5-4所示。

怪兽洗脸盆
图5-1

米奇灯
图5-2

Tad Carpenter玩具公仔设计
图5-3

大众Nils电动概念车
图5-4

产品的功能、造型和产品生产的物质基础条件是产品设计的基本要素。在这三个要素中，功能起着决定性的作用，它决定了产品的结构和形式，体现了产品与人之间的关系；造型是功能的体现媒介，并具有一定的多样性；物质条件则是实现功能与造型的根本条件，是构成产品功能与造型的媒介。

小知识：包豪斯

包豪斯（Bauhaus，1919.4.1—1933.7）——德国魏玛市"公立包豪斯学校"（Staatliches Bauhaus)的简称。包豪斯是世界上第一所完全为发展现代设计教育而建立的学院，它的成立标志着现代设计的诞生，对世界现代设计的发展产生了深远的影响。

5.2 渐变

5.2.1 渐变面板

渐变是指两种或多种颜色之间的平滑过渡的填色效果。选择一个图形对象，单击工具箱底部的渐变按钮 ▦，即可为它填充默认的黑白线性渐变，如图5-5所示，同时还会弹出"渐变"面板，如图5-6所示。

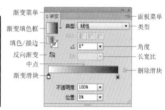

图5-5 　　　　　　　　　图5-6

● 渐变填色框：显示了当前渐变的颜色。单击它可以用渐变填充当前选择的对象。

● 渐变菜单：单击▾按钮，可在打开的下拉菜单中选择一个预设的渐变。

● 类型：在该选项的下拉列表中可以选择渐变类型，包括线性渐变"径向"渐变，如图5-7所示。

● 反向渐变 ▤：单击按钮，可以反转渐变颜色的填充顺序，如图5-8所示。

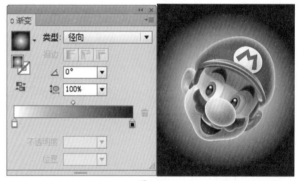

图5-7

图5-8

● 描边：如果使用渐变色对路径进行描边，则按下 ▦ 按钮，可在描边中应用渐变，如图5-9所示；按下 ▦ 按钮，可沿描边应用渐变，如图5-10所示；按下 ▦ 按钮，可跨描边应用渐变，如图5-11所示。

图5-9　　　　　　图5-10　　　　　　图5-11

- 角度 ⧄ ：用来设置线性渐变的角度，如图5-12所示。
- 长宽比 ⬚ ：填充径向渐变时，可在该选项中输入数值创建椭圆渐变，如图5-13所示，也可以修改椭圆渐变的角度来使其倾斜。

图5-12

图5-13

- 中点/渐变滑块/删除滑块：渐变滑块用来设置渐变颜色和颜色的位置，中点用来定义两个滑块中颜色的混合位置。如果要删除滑块，可单击它将其选择，然后按下 🗑 按钮。
- 不透明度：单击一个渐变滑块，调整不透明度值，可以使其颜色呈现透明效果。
- 位置：选择中点或渐变滑块后，可在该文本框中输入 0 到 100 之间的数值来定位其位置。

5.2.2 调整渐变颜色

在线性渐变中，渐变颜色条最左侧的颜色为渐变色的起始颜色，最右侧的颜色为渐变色的终止颜色。在径向渐变中，最左侧的渐变滑块定义了颜色填充的中心点，它呈辐射状向外逐渐过渡到最右侧的渐变滑块颜色。

- 用"颜色"面板调整渐变颜色：单击一个渐变

滑块将它选择，如图5-14所示，拖动"颜色"面板中的滑块即可调整它的颜色，如图5-15和图5-16所示。

图5-14　　　　　　图5-15　　　　　　图5-16

- 用"色板"面板调整渐变颜色：选择一个渐变滑块，按住 Alt 键单击"色板"面板中的色板，可以将该色板应用到所选滑块上，如图5-17所示；也可以直接将一个色板拖动到滑块上来改变它的颜色，如图5-18所示。

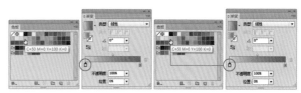

图5-17　　　　　　　　　　图5-18

- 添加渐变滑块：如果要增加渐变颜色的数量，可在渐变色条下单击，添加新的滑块，如图5-19所示。将"色板"面板中的色板直接拖至"渐变"面板中的渐变色条上，可以添加一个该色板颜色的渐变滑块，如图5-20所示。

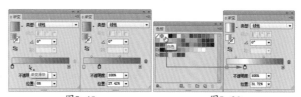

图5-19　　　　　　　　　　图5-20

- 调整颜色混合位置：拖动滑块可以调整渐变中各个颜色的混合位置，如图5-21所示。在渐变色条上，每两个渐变滑块的中间（50%处）都有一个菱形的中点滑块，移动中点可以改变它两侧渐变滑块的颜色混合位置，如图5-22所示。

图5-21 　　　　　　　　　　图5-22

● 复制与交换滑块：按住 Alt 键拖动一个滑块，可以复制它。如果按住 Alt 键将一个滑块拖动到另一个滑块上，则可以让这两个滑块交换位置。

● 删除渐变滑块：如果要减少颜色数量，可单击一个滑块，然后按下 🗑 按钮进行删除，也可直接将其拖动到面板外。

提示

编辑渐变颜色后，可单击"色板"面板中的 🔲 按钮，将它保存在该面板中。以后需要使用时，就可以通过"色板"面板来应用该渐变，省去了重新设定的麻烦。

小技巧：扩展"渐变"面板

在默认情况下，"渐变"面板的编辑区域比较小，滑块数量一多，就不太容易添加新滑块，也很难准确调整颜色的混合位置。如遇到这种情况，可以将光标放在面板右下角的图标上，单击并拖动鼠标将面板拉宽。

 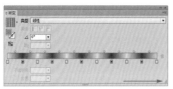

渐变滑块非常紧密 　　　　　将面板拉宽

5.2.3 使用渐变工具

（1）调整线性渐变

渐变工具 ▨ 可以自由控制渐变颜色的起点、终点和填充方向。

用选择工具 ▶ 选择填充了渐变的对象（光盘 > 素材 >5.2.3），如图 5-23 所示。选择渐变工具 ▨ ，图形上会显示渐变批注者，如图 5-24 所示。

图5-23 　　　　　　　　　　图5-24

● 原点：左侧的圆形图标是渐变的原点，拖动它可以水平移动渐变，如图 5-25 所示。

● 半径：拖动右侧的圆形图标可以调整渐变的半径，如图 5-26 所示。

● 旋转：如果要旋转渐变，可以将光标放在右侧的圆形图标外（光标变为 ↻ 状），此时单击并拖动鼠标即可旋转渐变，如图 5-27 所示。

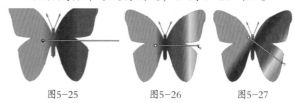

图5-25 　　　　图5-26 　　　　图5-27

● 编辑渐变滑块：将光标放在渐变批注者下方，即可显示渐变滑块，如图 5-28 所示。将滑块拖动到图形外侧，可将其删除，如图 5-29 所示。移动滑块，可以调整渐变颜色的混合位置，如图 5-30 所示。

图5-28 　　　　图5-29 　　　　图5-30

（2）调整径向渐变

图 5-31 所示为填充了径向渐变的图形。我们来看一下怎样修改径向渐变。

● 覆盖范围：拖动左侧的圆形图标可以调整渐变的覆盖范围，如图 5-32 所示。

● 移动：拖动中间的圆形图标可以水平移动渐变，如图 5-33 所示。

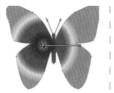

图5-31　　　　　图5-32　　　　　图5-33

- 原点和方向：拖动左侧的空心圆可同时调整渐变的原点和方向，如图 5-34 所示。
- 椭圆渐变：将光标放在如图 5-35 所示的图标上，单击并向下拖动即可调整渐变半径，生成椭圆形渐变，如图 5-36 所示。

图5-34　　　　　图5-35　　　　　图5-36

小技巧：多图形渐变填充技巧

选择多个图形后，单击"色板"面板中预设的渐变，每一个图形都会填充相应的渐变。如果再使用渐变工具 在这些图形上方单击并拖动鼠标，重新为它们填充渐变，则这些图形将作为一个整体应用渐变。

单击渐变色板　　　　每个图形都填充渐变　用渐变工具修改后的效果

5.3　高级技巧：将渐变扩展为图形

选择一个填充了渐变色的对象，如图 5-37 所示，执行"对象>扩展"命令，打开"扩展"对话框，选择"填充"选项，在"指定"文本框中输入数值，即可按照该值将渐变填充扩展为相应数量的图形，如图 5-38 和图 5-39 所示。所有的对象会自动编为一组，并通过剪切蒙版控制显示区域。

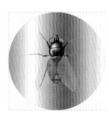

图5-37　　　　　图5-38　　　　　图5-39

小技巧：通过渐变表现金属质感

渐变可以创建多色过渡效果，各种颜色之间的衔接自然、流畅，特别适合表现金属质感。此外，Illustrator还提供了专门的渐变色板库（执行"窗口>色板库>渐变>金属"命令可将其打开）。

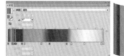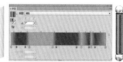

用渐变表现不锈钢杯的杯体　　　用渐变表现把手

不锈钢杯效果图　　　　Illustrator金属色板库

5.4　渐变网格

5.4.1　认识渐变网格

渐变网格是由网格点、网格线和网格片面构成的多色填充对象，如图 5-40 所示，各种颜色之间能够平滑地过渡。使用这项功能可以绘制出照片级写实效果的作品，如图 5-41 和图 5-42 所示。

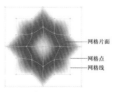

渐变网格组成对象　　机器人网格结构图　　机器人效果图
图5-40　　　　　图5-41　　　　　图5-42

渐变网格与渐变填充都可以在对象内部创建各种颜色的平滑过渡效果。不同之处在于，渐变填充可以应用于一个或者多个对象，但渐变的方向只能是单一的，不能分别调整，如图 5-43 和图 5-44 所示；渐变网格只能应用于一个图形，但可以在图形内产生多个渐变，渐变可以沿不同的方向分布，从一点平滑地过渡到另一点，如图 5-45 所示。

 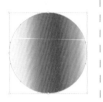

| 线性渐变 | 径向渐变 | 渐变网格 |
| 图5-43 | 图5-44 | 图5-45 |

5.4.2 创建网格对象

选择网格工具 ，将光标放在图形上（光标会变为 状），如图 5-46 所示，单击鼠标即可将图形转换为渐变网格对象，同时，单击处会生成网格点、网格线和网格片面，如图 5-47 所示。

如果要按照指定数量的网格线创建渐变网格，可以选择图形，然后执行"对象 > 创建渐变网格"命令，在打开的"创建渐变网格"对话框中设置参数，如图 5-48 所示。

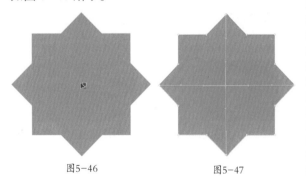

图5-46   图5-47

图5-48

- 行数 / 列数：用来设置水平和垂直网格线的数量，范围为 1 ~ 50。
- 外观：用来设置高光的位置和创建方式。选择"平淡色"，不会创建高光，如图 5-49 所示；选择"至中心"，可在对象中心创建高光，如图 5-50 所示；选择"至边缘"，可在对象边缘创建高光，如图 5-51 所示。

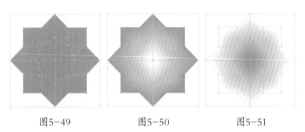

图5-49   图5-50   图5-51

- 高光：用来设置高光的强度，该值为 100% 时，可以将最大的白色高光应用于对象，该值为 0% 时，不会应用白色高光。

提示

位图图像、复合路径和文本对象不能创建为网格对象。此外，复杂的网格会使系统性能大大降低，因此，最好创建若干小且简单的网格对象，而不要创建单个复杂的网格。

5.4.3 为网格点着色

在对网格点或者网格区域着色前，需要先单击工具箱中的填色按钮 ，切换到填充编辑状态（可按下"X"键切换填充和描边状态）。

选择网格工具 ，在网格点上单击，将其选择，如图 5-52 所示，单击"色板"面板中的一个色板，即可为其着色，如图 5-53 所示。拖动"颜色"面板中的滑块，可以调整所选网格点的颜色，如图 5-54 所示。

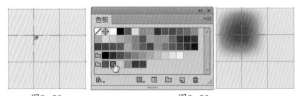

图5-52   图5-53

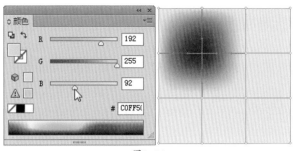

图5-54

5.4.4　为网格片面着色

使用直接选择工具 ![] 在网格片面上单击，将其选择，如图 5-55 所示，单击"色板"面板中的色板即可为其着色，如图 5-56 所示。拖动"颜色"面板中的滑块，可以调整所选网格片面的颜色，如图 5-57 所示。

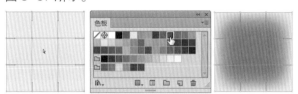

图5-55　　　　　　　　图5-56

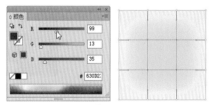

图5-57

此外，将"色板"面板中的一个色板拖到网格点或网格面片上，也可为其着色。在网格点上应用颜色时，颜色以该点为中心向外扩散，如图 5-58 所示；在网格片面中应用颜色时，则以该区域为中心向外扩散，如图 5-59 所示。

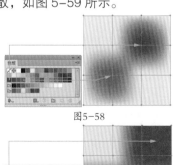

图5-58

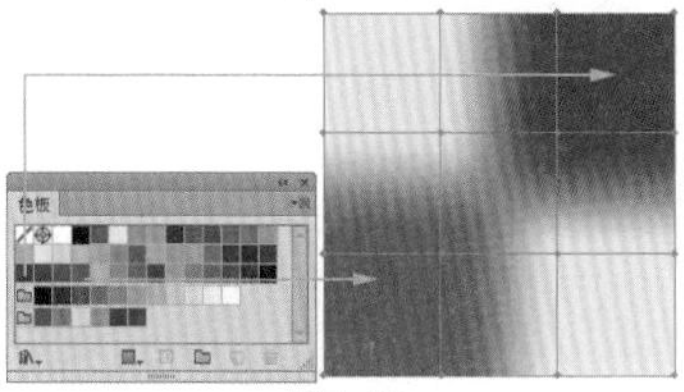

图5-59

5.4.5　编辑网格点

渐变网格的网格点具有与锚点相同的属性，只是增加了接受颜色的功能，可以为网格点着色、移动网格点、增加和删除网格点，或者调整网格点的方向线，从而实现对颜色变化范围的精确控制。

●选择网格点：选择网格工具 ![]，将光标放在网格点上（光标变为 ![] 状），单击即可选择网格点，选中的网格点为实心方块，未选中的为空心方块，如图 5-60 所示；使用直接选择工具 ![] 在网格点上单击，也可以选择网格点，按住 Shift 单击其他网格点，可选择多个网格点，如图 5-61 所示，如果单击并拖出一个矩形框，则可以选择矩形框范围内的所有网格点，如图 5-62 所示；使用套索工具 ![] 在网格对象上绘制选区，也可以选择网格点，如图 5-63 所示。

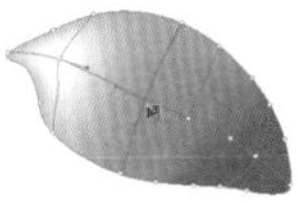

图5-60 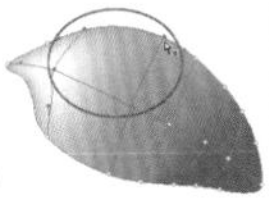　　　图5-61 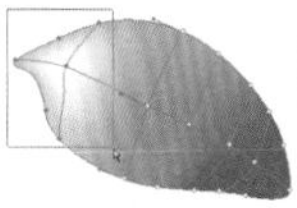　　　图5-62 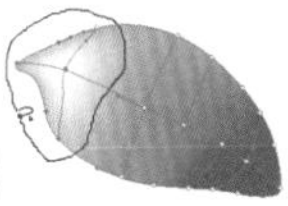　　　图5-63

●移动网格点和网格片面：选择网格点后，按住鼠标按键拖动即可移动网格点，如图 5-64 所示；如果按住 Shift 拖动，则可将该网格点的移动范围限制在网格线上，如图 5-65 所示。采用这种方法沿一条弯曲的网格线移动网格点时，不会扭曲网格线。使用直接选择工具 ![] 在网格片面上单击并拖动鼠标，可以移动该网格片面，如图 5-66 所示。

图5-64 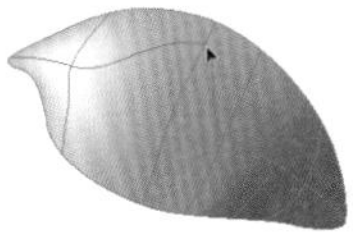　　　　　图5-65 　　　　　图5-66

●调整方向线：网格点的方向线与锚点的方向线完全相同，使用网格工具 ![] 和直接选择工具 ![] 都可以移动方向线，调整方向线可以改变网格线的形状，如图 5-67 所示；如果按住 Shift 键拖动方向线，则可同时移动该网格点的所有方向线，如图 5-68 所示。

图5-67　　　　　　　　　　　图5-68

●添加与删除网格点：使用网格工具 在网格线或网格片面上单击，都可以添加网格点，如图 5-69 所示。如果按住 Alt 键，光标会变为凹状，如图 5-70 所示，单击网格点可将其删除，由该点连接的网格线也会同时删除，如图 5-71 所示。

图5-69　　　　　图5-70　　　　　图5-71

小技巧：网格点添加技巧

为网格点着色后，如果使用网格工具 在网格区域单击，新生成的网格点将与上一个网格点使用相同的颜色。如果按住 Shift 键单击，则可添加网格点，但不改变其填充颜色。

小知识：网格点与锚点的区别

在两网格线相交处有一种特殊的锚点，称为网格点。网格点以菱形显示，它具有锚点的所有属性，而且可以接受颜色。网格中也同样会出现锚点（区别在于其形状为正方形而非菱形），锚点不能着色，它只能起到编辑网格线形状的作用，并且添加锚点时不会生成网格线，删除锚点时也不会删除网格线。

5.5　高级技巧：将渐变图形扩展为网格

使用网格工具 单击渐变图形时，可将其转换为网格对象，但该图形原有的渐变颜色也会丢失，如图 5-72 和图 5-73 所示。如果要保留渐变颜色，可以选择对象，然后执行"对象 > 扩展"命令，在打开的对话框中选择"填充"和"渐变网格"两个选项即可，如图 5-74 所示，此后，使用网格工具 在图形上单击，渐变颜色不会有任何改变，如图 5-75 所示。

图5-72

图5-73

图5-74

图5-75

5.6　高级技巧：从网格对象中提取路径

将图形转换为渐变网格对象后，该对象将不再具有路径的某些属性，如不能创建混合、剪切蒙版和复合路径等。如果要保留以上属性，可以采用从网格对象中提取对象的原始路径的方法来操作。

选择网格对象，如图 5-76 所示，执行"对象 > 路径 > 偏移路径"命令，打开"位移路径"对话框，将"位移"值设置为 0，如图 5-77 所示，单击"确定"按钮，便可以得到与网格图形相同的路径。新路径与网格对象重叠在一起，使用选择工具 将网格对象移开，便能够看到它，如图 5-78 所示。

图5-76

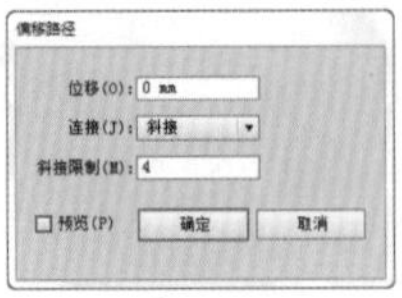

图5-77

图5-78

5.7　渐变实例：时尚书签

● 菜鸟级　●玩家级　●专业级
● 实例类型：平面设计类
● 难易程度：★ ★ ★ ☆
● 实例描述：通过矩形、圆角矩形、极坐标网
　格和星形等工具制作一个时尚书签。以上基
　本图形工具在操作时，需要配合相应的快捷键。

① 用矩形工具 创建一个深灰色的矩形，用
圆角矩形工具 在它上面创建一个白色的圆角矩
形（可按下"↑"和"↓"键调整圆角），如图5-79
所示。用矩形网格工具 创建一个矩形网格，在绘
制时按住"←"键删除垂直网格线，按下"↑"键，
增加水平网格线，在控制面板中修改它的描边粗细
和颜色，如图5-80所示。

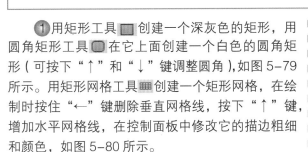

图5-79　　　　　图5-80

② 用极坐标网格工具 创建一个极坐标网格，
在绘制时按住"↓"键删除同心圆，按下"→"键
增加分隔线的数量，如图5-81所示。在它下面再
创建一个极坐标网格（可按下方向键调整同心圆的
数量），如图5-82所示。

图5-81　　　　　图5-82

③ 用钢笔工具 绘制一个水滴状图形，填充
线性渐变，用椭圆工具 按住Shift键创建两个圆形，
如图5-83所示。用选择工具 按住Shift键单击
这三个图形，将它们选择，按下Ctrl+G快捷键编组，

然后按住Alt键拖动鼠标进行复制。用直接选择工
具 选择水滴状图形，在"渐变"面板中修改它
的渐变颜色，如图5-84所示，然后按住Shift键拖
动定界框中的控制点，对图形进行缩放，如图5-85
所示。

图5-83　　　　图5-84　　　　图5-85

④ 用圆角矩形工具 创建一个圆角矩形，如
图5-86所示，用星形工具 在它上面创建一个五
角星，填充线性渐变，如图5-87所示。然后绘制
几个圆形作为卡通人的头和眼睛，如图5-88所示。
用直线段工具 创建两条直线作为卡通人的眼眉，
如图5-89所示。

图5-86　　　　　　　　图5-87

图5-88　　　　　　　　图5-89

⑤用极坐标网格工具 ⊕ 在画面的下方创建一个网格，如图 5-90 所示。在其上面创建一个白色的矩形，选择文字工具 **T**，在矩形上单击，然后输入文字，设置文字的描边为 1px，颜色为绿色，如图 5-91 所示。选择这三个对象，按下 Ctrl+G 快捷键编组。

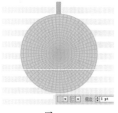

图5-92　　　　　　　图5-93

图5-90　　　　　　　图5-91

⑥用极坐标网格工具 ⊕ 创建几组不同颜色的同心圆，如图 5-92 所示。用星形工具 ☆ 在卡通人的头顶创建两个星形，填充线性渐变，如图 5-93 所示。再用极坐标网格工具 ⊕ 创建几个网格极坐标网格，在绘制时按下"↓"键和"→"键，删除同心圆、增加分隔线，如图 5-94 所示。如图 5-95 所示为采用同样方法制作的另一种效果的书签。

图5-94　　　　　　　图5-95

5.8　渐变实例：玉玲珑

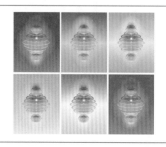

● 菜鸟级　● 玩家级　● 专业级
● 实例类型：特效类
● 难易程度：★★★
● 实例描述：使用渐变表现玲珑剔透的美玉质感效果。制作如色谱一样的颜色渐变效果。

①使用椭圆工具 ◯ 按住 Shift 键创建一个圆形，单击工具箱底部的渐变按钮 ▣ 填充渐变，如图 5-96 所示。双击渐变工具 ▣，打开"渐变"面板，在类型下拉列表中选择"径向"，单击左侧的渐变滑块，按住 Alt 键单击"色板"面板中的蓝色，用这种方法来修改滑块的颜色，将右侧滑块也改为蓝色，并将右侧滑块的不透明度设置为 60%，如图 5-97 和图 5-98 所示。

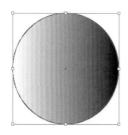 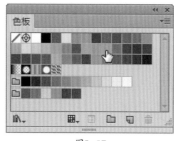 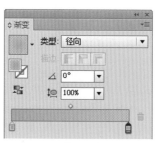

图5-96　　　　　　　图5-97　　　　　　　图5-98

②按住 Alt 键拖动右侧滑块进行复制，在面板下方将不透明度设置为 10%，位置设置为 90%，如图 5-99 和图 5-100 所示。

图5-99　　　　　　　　图5-100

③切换为选择工具 ，将光标放在定界框上边，向下拖动鼠标将图形压扁，如图 5-101 所示。按下 Ctrl+C 快捷键复制，连续按两次 Ctrl+F 快捷键粘贴图形，按一下键盘中的"↑"键，将位于最上方的椭圆向上轻移。在定界框右侧按住 Alt 键拖动鼠标，将图形适当调宽，如图 5-102 所示。

图5-101　　　　　　　　图5-102

④打开"图层"面板，单击 ▶ 按钮展开图层列表，按住 Ctrl 在第二个"路径"子图层后面单击，显示 ■ 图标，表示该图层中的对象也被选取，如图 5-103 所示。单击"路径查找器"面板中的 按钮，让两个图形相减，形成一个细细的月牙形状，如图 5-104 所示，将填充颜色设置为白色，并将图形略向上移动，如图 5-105 所示。按下 Ctrl+A 快捷键全选，按下 Ctrl+G 快捷键编组。

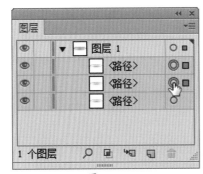

图5-103

图5-104　　　　　　　　图5-105

提示

　　选取图形后，其所在图层的后面会有一个呈高亮显示的色块，将该色块拖动到其他图层，就可以将所选图形移动到目标层。如果在一个图层的后面单击，则会选取该层中的所有对象（被锁定的对象除外）。当某些图形被其他图形遮挡无法选取时，可以通过这种方法在"图层"面板中找到它。

⑤使用选择工具 按住 Alt 键向上拖动编组后的图形，拖动过程中按住 Shift 键可保持垂直方向，复制出一个图形后，按下 Ctrl+D 快捷键进行再次变换，复制出新的图形，如图 5-106 所示。

⑥使用编组选择工具 在最上面的蓝色渐变图形上单击，将其选取，修改渐变颜色，不用改变其他参数，如图 5-107 和图 5-108 所示。

图5-106　　　　图5-107　　　　图5-108

⑦依次修改椭圆形的颜色，形成如色谱一样的颜色过渡效果，如图 5-109 所示。使用选择工具 选取第三个图形，按住 Shift 键在第五个图形上单击，将这中间的图形一同选取，将光标放在定界框右侧，按住 Alt 键向左拖动鼠标，在不改变高度的情况下将两个图形的宽度同时缩小，如图 5-110 所示。

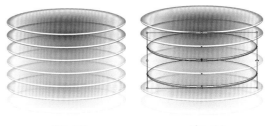

图5-109　　　　　　　　图5-110

⑧用同样方法调整其他图形的大小，效果如图 5-111 所示。按下 Ctrl+A 快捷键将图形全部选取，按下 Ctrl+C 快捷键复制，按下 Ctrl+F 快捷键粘贴到前面，使图形色彩变得浓重，如图 5-112 所示。

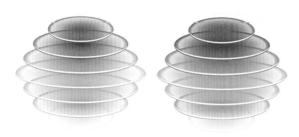

图5-111　　　　　　　　　图5-112

⑨白色高光边缘有些过于明显，使用魔棒工具 在其中一个图形上单击，即可选取画面中所有白色图形，如图 5-113 所示，在控制面板中修改不透明度为 60%，如图 5-114 所示。

图5-113　　　　　　　　　图5-114

⑩玉玲珑制作完了，再复制出两个，缩小后分别放在上面和下面，放在下面的小灯要移动到后面（可按下快捷键 Shift+Ctrl+[ )，如图 5-115 所示。使用光晕工具 创建一个光晕图形作为点缀，如图 5-116 所示。

图5-115　　　　　　　　　图5-116

⑪使用椭圆工具 创建一个圆形，填充渐变，将右侧滑块的不透明度设置为 0%，如图 5-117 所示，效果如图 5-118 所示。按下 Shift+Ctrl+[快捷键将圆形移动到最底层，如图 5-119 所示。

图5-117　　　　　　　　　图5-118

图5-119

⑫使用选择工具 按住 Alt 键拖动圆形复制出两个，再拖动定界框上的控制点将圆形适当缩小，将这两个图形调整到最底层，如图 5-120 所示。使用矩形工具 创建一个矩形，按下 Shift+Ctrl+[快捷键调整到最底层作为背景，为它填充渐变色，如图 5-121 和图 5-122 所示。

图5-120　　　　图5-121　　　　图5-122

5.9　渐变网格实例：创意蘑菇灯

- ●菜鸟级 ●玩家级 ●专业级
- ●实例类型：工业设计类
- ●难易程度：★★★☆
- ●实例描述：学习渐变网格工具的使用方法，表现细腻的颜色过渡和均匀的发光效果。

① 执行"文件 > 置入"命令，置入光盘中的素材作为背景，如图 5-123 所示。锁定"图层 1"，单击"图层"面板底部的 ▣ 按钮，新建一个图层，如图 5-124 所示。

图5-123　　　　　　　图5-124

② 使用钢笔工具 ✐ 绘制蘑菇图形，如图 5-125 所示。上面的蘑菇图形用橙色填充，无描边颜色，如图 5-126 所示。

图5-125　　　　　　　图5-126

③ 按下"X"键切换为填色编辑状态。选择渐变网格工具 ▦，在图形上单击添加网格点，打开"颜色"面板，将填充颜色调整为浅黄色，如图 5-127 和图 5-128 所示。

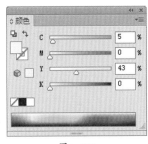 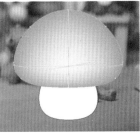

图5-127　　　　　　　图5-128

提示

添加网格点后，在"颜色"面板中怎样调整颜色，都无法改变网格点的颜色，遇到这种情况时要看一下当前的编辑状态，如果在描边编辑状态，那么网格点的颜色将无法编辑，必须切换为填充编辑状态才可以。

④ 在该网格点下方单击，继续添加网格点，将颜色调整为橙色，如图 5-129 和图 5-130 所示。

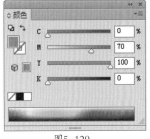 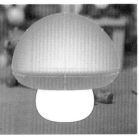

图5-129　　　　　　　图5-130

⑤ 在该点下方轮廓线上的网格点上单击，将其选取，调整颜色为浅黄色，如图 5-131 和图 5-132 所示。

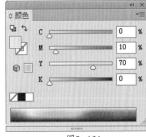 

图5-131　　　　　　　图5-132

⑥ 再选取蘑菇轮廓线上方的网格点并调整颜色，如图 5-133 和图 5-134 所示。

图5-133　　　　　　　图5-134

⑦ 使用选择工具 ▸ 选取另一个图形，填充浅黄色，无描边，如图 5-135 所示。使用渐变网格工具 ▦ 在图形中间位置单击，添加网格点，将网格点设置为白色，如图 5-136 所示。

图5-135　　　　　　　图5-136

⑧使用椭圆工具绘制一个椭圆形，填充线性渐变，如图 5-137 所示。设置图形的混合模式为"叠加"，使它与底层图形的颜色融合在一起，如图 5-138 和图 5-139 所示。使用选择工具按住 Alt 键拖动图形进行复制，调整大小和角度，如图 5-140 所示。

图5-137　　　　图5-138

图5-141

图5-142

⑩再绘制一个圆形，填充相同的渐变颜色，按下 Shift+Ctrl+[快捷键将其移至底层，如图 5-143 所示。按下 Ctrl+A 快捷键全选，按下 Ctrl+G 快捷键编组。复制蘑菇灯，再适当缩小，放在画面左侧。在画面中添加文字，配上可爱的图形做装饰，完成后的效果如图 5-144 所示。

图5-139　　　　图5-140

⑨再绘制一个大一点的椭圆形，填充径向渐变，设置其中一个渐变滑块的不透明度为 0%，使渐变的边缘呈现透明的状态，更好地表现发光效果，如图 5-141 和图 5-142 所示。

图5-143　　　　图5-144

5.10　拓展练习：甜橙广告

●菜鸟级　●玩家级　●专业级　●实例类型：平面设计类　●视频位置：光盘 > 视频 >5.10

图 5-145 所示为一幅甜橙广告，画面中晶莹剔透的橙汁是使用渐变表现出来的，如图 5-146 所示。

图5-145　　　　图5-146

首先创建一个圆形，填充径向渐变，如图 5-147 所示。使用渐变工具在圆形的右下方按住鼠标，向右上方拖动鼠标，重新设置渐变在图形上的位置，如图 5-148 所示。复制圆形，在它上面再放置一个圆形，使两个圆形相减得到月牙状图形，如图 5-149 所示。调整渐变位置，如图 5-150 所示，将月牙图形移动到圆形下方。绘制一个椭圆形，

填充径向渐变，如图 5-151 所示。使用铅笔工具和椭圆工具绘制高光图形，填充白色，如图 5-152 所示。

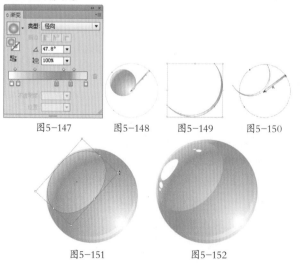

图5-147　　图5-148　　图5-149　　图5-150

图5-151　　　　图5-152

第06章

服装设计：图案与纹理

6.1 服装设计的绘画形式

6.1.1 时装画

时装画是时装设计师表达设计思想的重要手段，它是一种理念的传达，强调绘画技巧，突出整体的艺术气氛与视觉效果，主要用于宣传和推广。如图6-1和图6-2所示为时装插画大师 David Downton 的作品。

时装画以其特殊的美感形式成为了一个专门的画种，如时装广告画、时装插画等。图6-3所示为苏格兰设计师 Nikki Farquharson 的时装插画，绚烂的色彩有如风雨过后的彩虹一样美丽。

图6-1 　　　　　图6-2 　　　　　图6-3

小知识：知名的时装画家

服装界有许多知名的时装画家，如法国的安东尼·鲁匹兹、埃尔代、埃里克、勒内·布歇，意大利的威拉蒙蒂，美国的史蒂文·斯蒂波曼、罗伯特·扬，日本的矢岛功等，他们深厚的艺术造诣，以及在时装画中创造出来的曼妙意境，令人深深折服。

6.1.2 服装设计效果图

服装设计效果图是服装设计师用来预测服装流行趋势，表达设计意图的工具，如图6-4所示。它不同于艺术欣赏性极强的时装画，而更强调设计的新意，注重着装的具体形态及细节的描写，以便于在制作中准确把握，保证成衣在艺术和工艺上都能完美地体现设计意图。

服装设计效果图表现的是模特穿着服装所体现出来的着装状态。人体是设计效果图构成中的基础因素，通常，我们把人体中头高（从头顶到下颌骨）同身高的比值称为"头身"，标准的人体比例为1：8，如图6-5所示。服装设计效果图中的人体可以在写实人体的基础上略夸张，使其更加完美，8.5至10

个头身的比例都比较合适，如图6 6所示。即使是写实的时装画，其人物的比例通常也是夸张的，即头小身长。

图6-4

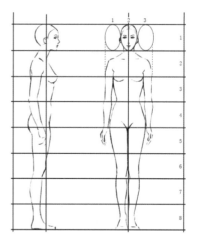

图6-5

图6-6

- 伦敦圣马丁艺术和设计学院，爱丁堡艺术学院，纽约 FIT 学院（又译为纽约时装学院），纽约和巴黎的帕森斯设计学院，里昂国立时装设计大学，巴黎高等时装学院，日本文化服装学院。

- 高级时装周：巴黎高级时装周（www.modeaparis.com），罗马高级时装周（www.cameramoda.it）。

- 成衣周：米兰女装成衣周（www.cameramoda.it），巴黎女装成衣周（www.modeaparis.com）。

- 时装周：伦敦时装周（www.londonfashionweek.co.uk），纽约时装周（info@7thonsixth.com），多伦多时装周（www.torontofashionweek.com），柏林服装展（www.breadandbutter.com），东京国际服装展（www.senken.co.jp/iff）。

6.2 图案基本操作

6.2.1 填充图案

选择一个对象，如图 6-7 所示，在工具箱中将填色或者描边设置为当前编辑状态（可按下 X 键切换），单击"色板"面板中的一个图案，如图 6-8 所示，即可将其应用到所选对象上。如图 6-9 和图 6-10 所示分别为对描边和填色应用图案后的效果。

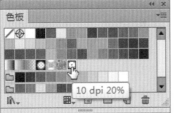

图6-7　　　　　　图6-8

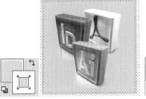

图6-9　　　　　　图6-10

6.2.2 创建自定义图案

选择一个对象，如图 6-11 所示，执行"编辑 > 图案 > 建立"命令，弹出"图案选项"面板，如图 6-12 所示。在面板中设置参数后，单击画板左上角的"完成"按钮，即可创建图案，并将其保存到"色板"面板中。

图6-11　　　　　　图6-12

- 名称：用来输入图案的名称。
- 拼贴类型：在该选项下拉列表中可以选择图案的拼贴方式，效果如图 6-13 所示。如果选择"砖形"，则可在"砖形位移"选项中设置图形的位移距离。

拼贴类型　　　网格　　　砖形（按行）

砖形（按列）　十六进制（按列）　十六进制（按行）

图6-13

- 宽度 / 高度：可以设置拼贴图案的宽度和高度。按下 按钮可进行等比缩放。
- 图案拼贴工具 ：选择该工具后，画板中央的基本图案周围会出现定界框，如图 6-14 所示，拖动控制点可以调整拼贴间距，如图 6-15 所示。

图6-14　　　　　　　　图6-15

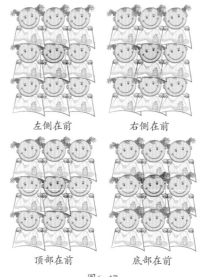

左侧在前　　　　右侧在前

顶部在前　　　　底部在前

图6-17

- 将拼贴调整为图稿大小：勾选该项后，可以将
拼贴调整到与所选图形相同的大小。如果要设
置拼贴间距的精确数值，可勾选该项，然后在
"水平间距"和"垂直间距"选项中输入数值。
- 重叠：如果将"水平间距"和"垂直间距"设
置为负值，如图 6-16 所示，则图形会产生重叠，
按下该选项中的按钮，可以设置重叠方式，包
括左侧在前 ◈，右侧在前 ◈，顶部在前 ◈，
底部在前 ◈，效果如图 6-17 所示。

- 份数：可设置拼贴数量，包括 3×3、5×5、
7×7 等选项。图 6-18 所示是选择 1×3 选项的
拼贴效果。
- 副本变暗至：可设置图案副本的显示程度，例
如图 6-19 所示是设置该值为 30% 的图案拼贴
效果。
- 显示拼贴边缘：勾选该项，可以显示基本图案
的边界框；取消勾选，则隐藏边界框，如图 6-20
所示。

间距为负值
图6-16

图6-18　　　　　图6-19　　　图6-20

提示

将任意一个图形或位图图像拖动到"色板"面板
中，即可保存为图案样本。

6.3　高级技巧：图案的变换操作技巧

我们使用选择、旋转、比例缩放等工具对图形进行变换操作时，如果对象填充了图案，则图案也会
一同变换。如果想要单独变换图案，可以选择一个变换工具，在画板中单击，然后按住"~"键拖动鼠标。
图 6-21 所示为原图形，图 6-22 所示为单独旋转图案的效果。

如果要精确变换图案，可以选择对象，双击任意变换工具，在打开的对话框中设置参数，并且只选择
"图案"选项即可，图 6-23 和图 6-24 所示是将图案缩小 50% 的效果。

图6-21　　　　　　　　图6-22　　　　　　　　图6-23　　　　　　　　图6-24

6.4　图案库实例：使用图案库

- ●菜鸟级　●玩家级　●专业级
- ●实例类型：软件功能学习型
- ●难易程度：★★
- ●实例描述：Illustrator 提供了许多预设的图案，如基本图形、装饰图形和动物毛皮等，可以直接用来制作各种纹理。本实例将使用其中的部分图案模特的裙子添加纹理效果。

①按下 Ctrl+O 快捷键，打开光盘中的素材文件，如图 6-25 所示。使用选择工具 选择一个女孩的裙子，如图 6-26 所示。

图6-25　　　　　　　　　　图6-26

②在"窗口 > 色板库 > 图案 > 自然"下拉菜单中选择一个图案库（自然 _ 动物皮），将其打开，单击"美洲虎"图案，为图形填充该图案，如图 6-27 所示。

③再选取其他图形，填充不同的图案，效果如图 6-28 所示。

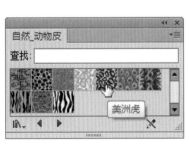

图6-27　　　　　　　　　　　　　　　　图6-28

6.5 图案特效实例：分形图案

- ●菜鸟级 ●玩家级 ●专业级
- ●实例类型：特效类
- ●难易程度：★★★☆
- ●实例描述：分形图案是纯计算机艺术，也称分形艺术（Fractal Art）。它是数学、计算机与艺术的完美结合，可以展现数学世界的瑰丽景象，被广泛地应用于服装面料、工艺品装饰、外观包装等领域。本实例通过 Illustrator 的效果来制作分形图案。

①按下 Ctrl+O 快捷键，打开光盘中的素材文件，如图 6-29 所示。

②使用选择工具 ▶ 选中小蜘蛛人，执行"效果 > 风格化 > 投影"命令，打开"投影"对话框，为对象添加投影，如图 6-30 和图 6-31 所示。

图6-29

图6-30

图6-31

③执行"效果 > 扭曲和变换 > 变换"命令，打开"变换效果"对话框，设置缩放、移动和旋转角度，副本份数设置为30，单击参考点定位器 ▦ 右侧中间的小方块，将变换参考点定位在定界框右侧边缘的中间处，如图 6-32 所示；单击"确定"按钮，复制出 40 个小蜘蛛人，它们每一个都较前

一个缩小 90%、旋转 -15 度并移动一定的距离，这样就生成了如图 6-33 所示的分形特效。

④使用选择工具 ▶ 将小蜘蛛人移动到右侧的画板上，这里有一个背景素材，最终效果如图 6-34 所示。

图6-32

图6-33

图6-34

小知识：分形

分形（fractal）这个词是由分形创始人曼德尔布诺特于20世纪70年代提来的，他给分形下的定义是：一个集合形状，可以细分为若干部分，而每一部分都是整体的精确或不精确的相似形。

6.6 图案特效实例：图案字

- 菜鸟级 ● 玩家级 ● 专业级
- 实例类型：特效类
- 难易程度：★ ★ ★ ★
- 实例描述：绘制小圆形，通过复制的方式将其层层排布在大圆周围，再将图形定义为图案，用图案填充文字。通过变换工具调整图案位置。

① 打开光盘中的素材文件，如图 6-35 所示。选择椭圆工具 ，在画板中单击，弹出"椭圆"对话框，设置参数如图 6-36 所示，创建一个圆形，如图 6-37 所示。

图6-35　　　　图6-36　　　　图6-37

② 在画板中单击鼠标，弹出"椭圆"对话框设置参数，如图 6-38 所示，创建一个小圆，设置它的填充颜色为黄色，无描边。执行"视图 > 智能参考线"命令，启用智能参考线。使用选择工具 将小圆拖动到大圆上方，圆心对齐到大圆的锚点上，如图 6-39 所示。

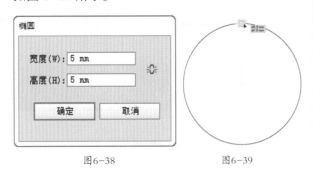

图6-38　　　　　　　图6-39

③ 保持小圆的选取状态。选择旋转工具 ，将光标放在大圆的圆心处，画面中会出现"中心点"3个字，如图 6-40 所示，按住 Alt 键单击，弹出"旋转"对话框，设置角度如图 6-41 所示，单击"复制"按钮，复制图形，如图 6-42 所示。连续按下 Ctrl+D 快捷键复制图形，令其绕圆形一周，如图 6-43 所示。选择大圆，按下 Delete 键删除。

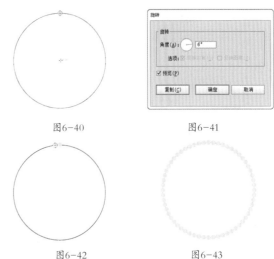

图6-40　　　　　　　图6-41

图6-42　　　　　　　图6-43

④ 选择所有圆形，按下 Ctrl+G 快捷键编组。按下 Ctrl+C 快捷键复制，按下 Ctrl+F 快捷键粘贴，按住 Shift+Alt 键拖动控制点，基于图形中心点向内缩小，如图 6-44 所示。设置图形的填充颜色为粉色，如图 6-45 所示。

⑤ 按下 Ctrl+F 快捷键粘贴图形，按住 Shift+Alt 键拖动控制点将图形缩小，设置填充颜色为天蓝色，如图 6-46 所示。再粘贴两组图形并缩小，设置填充颜色为紫色、洋红色，如图 6-47 所示。

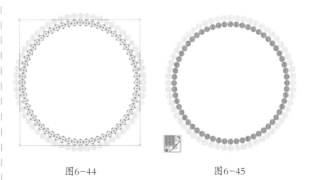

图6-44　　　　　　　图6-45

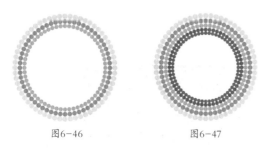

图6-46 图6-47

 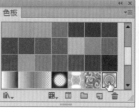 

图6-53 图6-54 图6-55

⑥ 选择这几组图形，如图 6-48 所示，按下 Ctrl+G 快捷键编组。按下 Ctrl+C 快捷键复制，按下 Ctrl+F 快捷键粘贴，按住 Shift+Alt 键拖动控制点将图形缩小，如图 6-49 所示。重复粘贴和缩小操作，在圆形内部铺满图案，如图 6-50 所示。

⑨ 按住 "～" 键，在画板中单击并拖动鼠标移动图案，如图 6-56 所示。双击比例缩放工具，打开 "比例缩放" 对话框，设置缩放参数为 150%，选择 "变换图案" 选项，如图 6-57 和图 6-58 所示。采用同样方法，为其他文字填充图案，然后用选择工具 （"～" 键）移动图案，用比例缩放工具缩放图案，最终效果如图 6-59 所示。

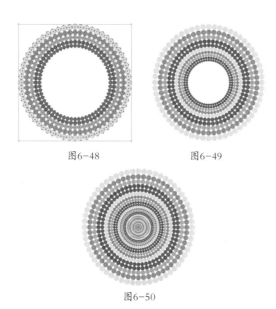

图6-48 图6-49

图6-50

图6-56 图6-57

⑦ 选择所有圆形，如图 6-51 所示，将其拖动到 "色板" 面板中，创建为图案，如图 6-52 所示。

 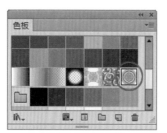

图6-51 图6-52

⑧ 使用选择工具 选择文字 "S"，如图 6-53 所示，单击新建的图案，为文字填充该图案，如图 6-54 和图 6-55 所示。

图6-58 图6-59

6.7 纹理实例：丝织蝴蝶结

● 菜鸟级 ● 玩家级 ● 专业级

● 实例类型：特效类

● 难易程度：★★★

● 实例描述：通过封套扭曲制作蝴蝶结。修改封套选项，使填充的纹理也产生扭曲，呈现立体效果和真实的丝织质感。

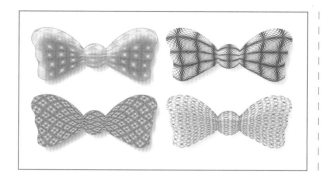

① 打开光盘中的素材，这是一个蝴蝶结图形，如图 6-60 所示。使用选择工具 ▶ 将它选择，按下 Ctrl+C 快捷键复制，后面的操作中会用到。

② 使用矩形工具 ▢ 绘制一个矩形，设置描边为洋红色。单击如图 6-61 所示的色板，用该图案填充矩形。按下 Ctrl+[快捷键，将矩形移动到蝴蝶结后面，如图 6-62 所示。

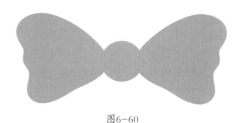

图6-60

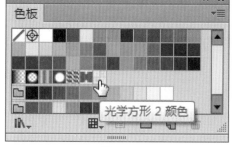

图6-61

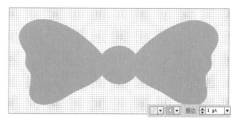

图6-62

③ 按下 Ctrl+A 快捷键全选，按下 Alt+Ctrl+C 快捷键创建封套扭曲，如图 6-63 所示。现在蝴蝶结内的纹理没有立体感，我们来修改纹理。单击控制面板中的 ▤ 按钮，打开"封套选项"对话框，勾选"扭曲图案填充"选项，让纹理产生扭曲，如图 6-64 和图 6-65 所示。

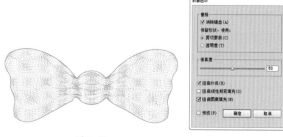

图6-63

图6-64

图6-65

④ 按下 Ctrl+B 快捷键将第一步中复制的图形粘贴到蝴蝶结后面，填充洋红色，无描边。按下键盘中的方向键（→↓）将其向下移动，使投影与蝴蝶结保持一段距离，如图 6-66 所示。执行"效果 > 风格化 > 羽化"命令，添加羽化效果，如图 6-67 和图 6-68 所示。

图6-66

图6-67

图6-68

⑤执行"窗口 > 色板库 > 图案 > 自然 > 自然_叶子"命令，打开该图案库。使用选择工具 ▶ 按住 Alt 键拖动蝴蝶结和投影进行复制。选择封套扭曲对象，如图 6-69 所示，单击控制面板中的编辑内容按钮 ☒ ，单击面板中的一个图案，用它替换原有的纹理，如图 6-70 和图 6-71 所示。修改内容后，单击编辑封套按钮 ☒ ，重新恢复为封套扭曲状态。采用同样方法，可以制作出更多纹理样式的蝴蝶结，此外需要注意的是，投影颜色应该与图案的主色相匹配，以便效果更加真实。

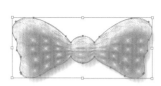

图6-69

图6-70

图6-71

小技巧：制作不同材质的蝴蝶结

使用"装饰_旧版"图案库中的样本，可以制作出布纹效果的蝴蝶结；使用"自然_动物皮"图案库中的样本，可以制作出兽皮效果的蝴蝶结。

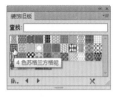

布纹效果蝴蝶结

兽皮效果蝴蝶结

6.8 时装画实例：布贴画

● 菜鸟级 ● 玩家级 ● 专业级
● 实例类型：服装设计类
● 难易程度：★ ★ ★
● 实例描述：绘制牧羊小女孩和小绵羊，添加"投影"效果，使用图案库中的布纹图案填充图形。

①新建一个文件。使用椭圆工具 ◯ 按住 Shift 键创建几个圆形，如图 6-72 所示。用钢笔工具 ✎ 绘制路径，组成小女孩的脸部图形，如图 6-73 所示。

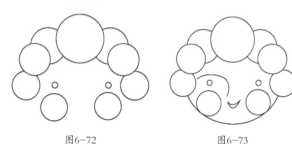

图6-72　　　　　图6-73

②继续绘制小女孩的身体和手里拿的鞭子，如图 6-74 所示。在小女孩旁边绘制一只绵羊，如图 6-75 所示。绘制一块草地，按下 Shift+Ctrl+[快捷键移动到最底层，如图 6-76 所示。

图6-74　　　　图6-75　　　　图6-76

③切换到选择工具 ▶。按下 Ctrl+A 快捷键选择所有图形，如图 6-77 所示，按住 Shift 键单击眼睛和鼻子，取消对它们的选择，如图 6-78 所示。执行"效果 > 风格化 > 投影"命令，为图形添加"投影"效果，如图 6-79 和图 6-80 所示。

图6-77

图6-78

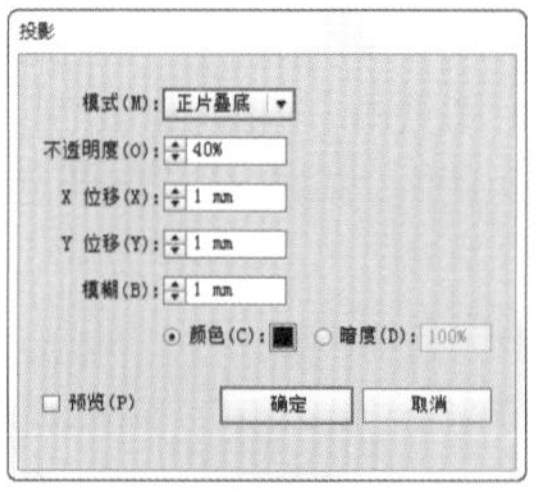

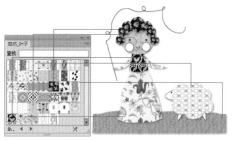

图6-81

图6-79

图6-80

④执行"窗口 > 色板库 > 图案 > 自然 > 自然_叶子"命令，打开该图案库，选择图形，为其添加图案，如图 6-81 所示。执行"窗口 > 色板库 > 图案 > 装饰 > 旧版_装饰"命令，打开该图案库，为图形填充图案，最后使用文字工具 T 输入"草原牧歌"4 个字，效果如图 6-82 所示。

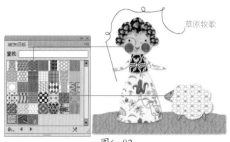

草原牧歌

图6-82

小知识：服装CAD软件

服装CAD全名是服装计算机辅助设计，是服装Computer Aided Design的缩写。服装CAD是从20世纪70年代才起步发展的，比较知名的有富怡服装CAD系统、丝绸之路、至尊宝纺、日升、PGM、全顶针服装设计大师、盛装打版系统等。它们主要用于服装的结构设计，并进行排版、放码和推版等。

6.9 服装设计实例：潮流女装

- ●菜鸟级 ●玩家级 ●专业级
- ●实例类型：服装设计类
- ●难易程度：★★★☆
- ●实例描述：绘制模特和服装图形，通过线的虚实、转折、顿挫变化使人物生动、传神，准确传递出服装的款式和结构特征。打开光盘中的图案库，为衣服填充不同的图案，完美地表现面料的质感和效果。

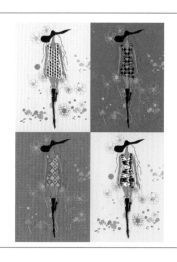

①新建一个文档。使用钢笔工具 ✐ 绘制模特，用"5点椭圆形"画笔进行描边，设置描边颜色为黑色，宽度为0.25pt，无填充，如图6-83所示。

④在背心和裙了上绘制图形，如图6-87所示。选择这两个图形，按下Ctrl+G快捷键编组，如图6-88所示。

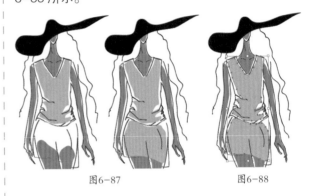

图6-87　　　　　　　　　图6-88

图6-83

②单击"图层"面板中的 按钮，新建一个图层，如图6-84所示，将它拖动到"图层1"下方，然后在"图层1"前方单击，将该图层锁定，如图6-85所示。

⑤执行"窗口 > 色板库 > 其他库"命令，弹出"打开"对话框，选择光盘中的色板文件，如图6-89所示，将其打开，如图6-90所示。

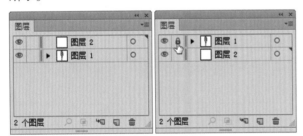

图6-84　　　　　　　　　图6-85

图6-89

③绘制人物面部、胳膊、腿、帽子和靴子，如图6-86所示。

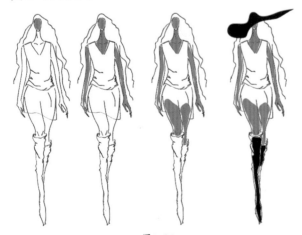

图6-86

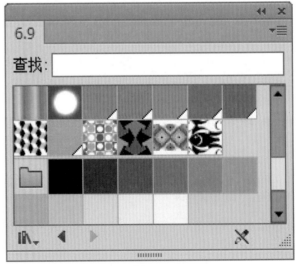

图6-90

⑥单击面板中的图案，如图 6-91 所示，为所选图形填充图案，如图 6-92 所示。打开光盘中的背景文件，将它拖入到模特文档中，放在最下层作为背景，如图 6-93 所示。

6-97 所示，在"透明度"面板中将上方图形的混合模式为"正片叠底"，让两个的颜色和纹理叠加，如图 6-98 所示。使用铅笔工具 ✎ 绘制一些随意的图形，如图 6-99 所示。创建一个浅绿色矩形，执行"效果 > 纹理 > 纹理化"命令，为它添加纹理效果，如图 6-100 所示，最后将它的混合模式为"正片叠底"，效果如图 6-101 所示。

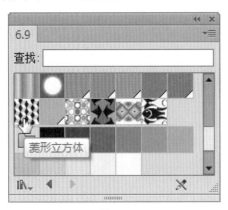

图6-91

图6-94

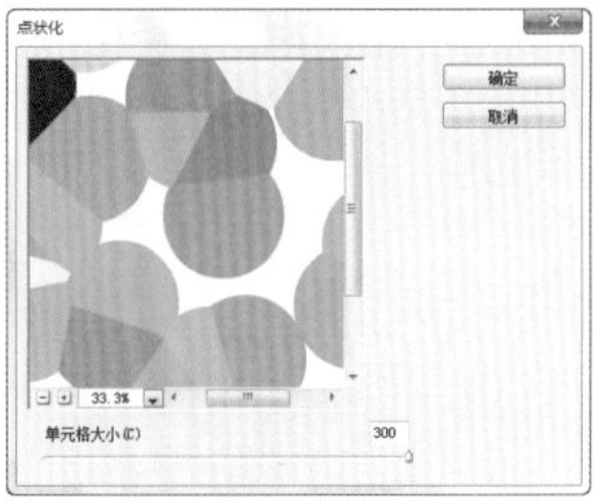

图6-95

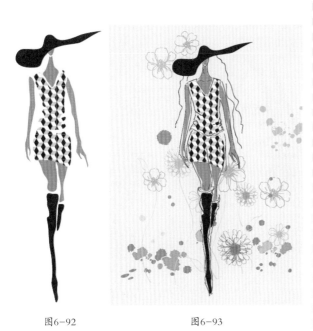

图6-92　　　　图6-93

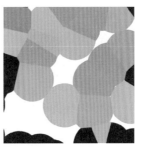

图6-96

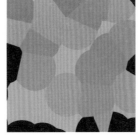

图6-97

6.10 拓展练习：迷彩面料

●菜鸟级 ●玩家级 ●专业级 ●实例类型：特效类 ●视频位置：光盘 > 视频 >6.10

创建一个矩形，填充为绿色，描边为黑色，如图 6-94 所示，执行"效果 > 像素化 > 点状化"命令，将图形处理为彩色的圆点，如图 6-95 和图 6-96 所示。在该图形下方创建一个浅绿色矩形，如图

图6-98

图6-99

图6-100

图6-101

第07章

书籍装帧设计：图层与蒙版

7.1　关于书籍装帧设计

书籍装帧设计是指从书籍文稿到成书出版的整个设计过程，包括书籍的开本、装帧形式、封面、腰封、字体、版面、色彩、插图，以及纸张材料、印刷、装订及工艺等各个环节的艺术设计。图7-1和图7-2所示为书籍各部分的名称。

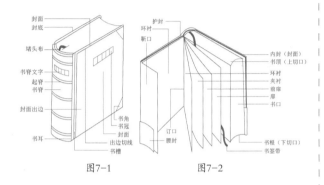

图7-1　　　　　　　图7-2

- ●封套：外包装，保护书册的作用。
- ●护封：装饰与保护封面。
- ●封面：书的面子，分封面和封底。
- ●书脊：封面和封底当中书的脊柱。
- ●环衬：连接封面与书心的衬页。
- ●空白页：签名页、装饰页。
- ●资料页：与书籍有关的图形资料，文字资料。
- ●扉页：书名页，正文从此开始。
- ●前言：包括序、编者的话、出版说明。
- ●后语：跋、编后记。
- ●目录页：具有索引功能，大多安排在前言之后正文之前包括篇、章、节的标题和页码等文字。
- ●版权页：包括书名、出版单位、编著者、开本、印刷数量、价格等有关版权的页面。
- ●书心：包括环衬、扉页、内页、插图页、目录页、版权页等。

书籍装帧设计是完成从书籍形式的平面化到立体化的过程，包含了艺术思维、构思创意和技术手法的系统设计。图7-3～图7-5所示为几种矢量风格的书籍封面。

图7-3　　　　　　　图7-4

图7-5

小知识：书籍的开本

书籍的开本是指书籍的幅面大小，也就是书籍的面积。开本一般以整张纸的规格为基础，采用对叠方式进行裁切，整张纸称为整开，其1/2为对开，1/4为4开，其余的以此类推。一般的书籍采用的是大、小32开和大、小16开，在某些特殊情况下，也有采用非几何级数开本的。

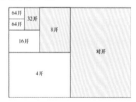

书籍开本

全开纸：787毫米×1092毫米	全开纸：850毫米×1168毫米
8开：260毫米×376毫米	大8开：280毫米×406毫米
16开：185毫米×260毫米	大16开：203毫米×280毫米
32开：130毫米×184毫米	大32开：140毫米×203毫米
64开：92毫米×126毫米	大64开：101毫米×137毫米

787毫米×1092毫米的纸张　　　850毫米×1168毫米纸张

大多数国家使用的是ISO 216国际标准来定义纸张的尺寸，它按照纸张幅面的基本面积，把幅面规格分A、B、C三组，A组主要用于书籍杂志；B组主要用于海报；C组多用于信封文件。

7.2 图层

7.2.1 图层面板

图层用来管理组成图稿的所有对象，它就像结构清晰的文件夹，我们可以将图形放置于不同的文件夹（图层）中，以便于选择和查找。绘制复杂的图形时，灵活地使用图层能够有效地管理对象、提高工作效率。

"图层"面板列出了当前文档中包含的所有图层，如图7-6和图7-7所示。新创建的文件只有一个图层，开始绘图之后，便会在当前选择的图层中添加子图层。单击图层前面的 ▶ 图标展开图层列表，可以查看其中包含的子图层。

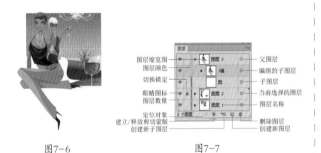

图7-6　　　　　　　　　图7-7

- 定位对象 🔍：选择选择一个对象后，如图7-8所示，单击该按钮，即可选择对象所在的图层或子图层，如图7-9所示。当文档中图层、子图层、组的数量较多时，通过这种方法可以快速找到所需图层。

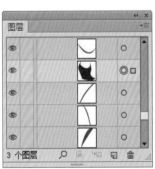

图7-8　　　　　　　　　图7-9

- 建立/释放剪切蒙版 🔳：单击该按钮，可以创建或释放剪切蒙版。

- 父图层：单击创建新图层按钮 🔳，可以创建一

个图层（即父图层），新建的图层总是位于当前选择的图层之上；如果要在所有图层的最上面创建一个图层，可按住 Ctrl 键单击 🔳 按钮；将一个图层或者子图层拖动到 🔳 按钮上，可以复制该图层。

- 子图层：单击创建新子图层按钮 🔳，可以在当前选择的父图层内创建一个子图层。

- 图层名称/颜色：按住 Alt 键单击 🔳 按钮，或双击一个图层，可以打开"图层选项"对话框设置图层的名称和颜色，如图 7-10 所示。当图层数量较多时，给图层命名可以更加方便地查找和管理对象；为图层选择一种颜色后，当选择该图层中的对象时，对象的定界框、路径、锚点和中心点都会显示与图层相同的颜色，如图 7-11 和图 7-12 所示，这有助于我们在选择时区分不同图层上的对象。

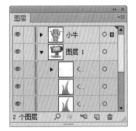

图7-10　　　　　　　　　图7-11

图7-12

- 眼睛图标 👁：单击该图标可进行图层显示与隐藏的切换。有该图标的图层为显示的图层，如图 7-13 所示，无该图标的图层为隐藏的图层，如图 7-14 所示。被隐藏的图层不能进行编辑，也不能打印出来。

图7-13　　　　　　　　　图7-14

- 切换锁定：在一个图层的眼睛图标右侧单击 ，可以锁定该图层。被锁定的图层不能再做任何编辑，并且会显示出一个 🔒 状图标。如果要解除锁定，可单击 🔒 图标。
- 删除图层 🗑：按住 Alt 键单击该 🗑 按钮，或者将图层拖动到该按钮上，可直接删除图层。如果图层中包含参考线，则参考线也会同时删除。删除父图层时，会同时删除它的子图层。

小技巧：锁定对象

编辑复杂的对象、尤其是处理锚点时，为避免因操作不当而影响其他对象，可以将需要保护的对象锁定，以下是用于锁定对象的命令和方法。

- 如果要锁定当前选择的对象，可执行"对象 > 锁定 > 所选对象"命令（快捷键为 Ctrl+2）。
- 如果要锁定与所选对象重叠、且位于同一图层中的所有对象，可执行"对象 > 锁定 > 上方所有图稿"命令。
- 如果要锁定除所选对象所在图层以外的所有图层，可执行"对象 > 锁定 > 其他图层"命令。
- 如果要锁定所有图层，可在"图层"面板中选择所有图层，然后从面板菜单中选择"锁定所有图层"命令。
- 如果要解锁文档中的所有对象，可执行"对象 > 解锁全部对象"命令。

7.2.2 通过图层选择对象

我们在 Illustrator 中绘图时，先绘制的小图形经常会被后绘制大的图形遮盖，使得选择它们变得非常麻烦。"图层"面板可以帮助我们解决这个难题。

- 选择一个对象：在一个图形的对象选择列（ ◎ 状图标处）单击，即可选择该图形，◎ 图标会变为 ◎■ 状，如图 7-15 所示。如果要添加选择其他对象，可按住 Shift 单击其他选择列。
- 选择图层或组中的所有对象：可在图层或组的选择列单击，如图 7-16 所示。

图7-15

图7-16

- 基于所选对象选择其所在图层中的所有对象：可执行"选择 > 对象 > 同一图层上的所有对象"命令。
- 移动对象：选择对象后，将 ■ 状图标拖动到其他图层，如图 7-17 所示，可以将所选图形移动到目标图层。由于 Illustrator 会为各个图层设置不同的颜色，因此，将对象调整到其他图层后，■ 状图标以及定界框的颜色也会变为目标图层的颜色，如图 7-18 所示。

图7-17

图7-18

提示

当图层的选择列显示 ◎■ 状图标时，表示该图层中所有的子图层、组都被选择；如果图标显示为 ◎■ 状，则表示只有部分子图层或组被选择。

7.2.3 移动图层

单击"图层"面板中的一个图层，即可选择该图层。单击并将一个图层、子图层或图层中的对象拖动到其他图层（或对象）的上面或下面，可以调整它们的堆叠顺序，如图 7-19 和图 7-20 所示。

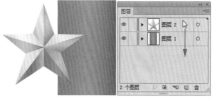
图7-19

图7-20

提示

如果要同时选择多个图层，可按住 Ctrl 键单击它们；如果要同时选择多个相邻的图层，按住 Shift 键单击最上面的图层，然后再单击最下面的图层。

7.2.4 合并图层

在"图层"面板中，相同层级上的图层和子图层可以合并。操作方法是先选择图层，如图 7-21 所示，再执行面板菜单中的"合并所选图层"命令，如图 7-22 所示。如果要将所有的图层拼合到某一个图层中，可以先单击该图层，如图 7-23 所示，再执行面板菜单中的"拼合图稿"命令，如图 7-24 所示。

   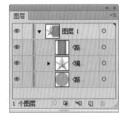

图7-21　　　　　图7-22　　　　　图7-23　　　　　图7-24

7.3　高级技巧：巧用预览模式和轮廓模式

默认情况下，Illustrator 中的图稿采用彩色的预览模式显示，如图 7-25 所示。在这种模式下编辑复杂的图形，屏幕的刷新速度会变慢，而且图形互相堆叠也不便于选择。我们可以执行"视图>轮廓"命令（快捷键为 Ctrl+Y），切换为轮廓模式，画面中就会显示对象的轮廓框，如图 7-26 所示。编辑渐变网格和复杂的图形时，这种方法非常有用。

如果按住 Ctrl 键单击一个图层前的眼睛图标，则可以将该图层中的对象切换为轮廓模式（眼睛图标会变为 状），如图 7-27 和图 7-28 所示。需要重新切换为预览模式时，按住 Ctrl 键单击 图标即可。

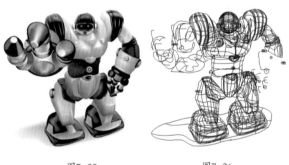

图7-25　　　　　图7-26

图7-27　　　　　图7-28

7.4　混合模式与不透明度

7.4.1 混合模式

混合模式可以让相互堆叠的图形产生相互混合的效果。选择一个对象，单击"透明度"面板中的 ▼ 按钮打开下拉菜单，如图 7-29 所示，选择一种混合模式后，它就会采用这种模式与下面的对象混合，图 7-30 所示为各种模式的具体混合效果。

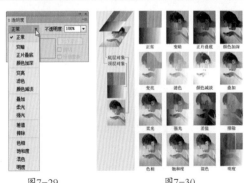

图7-29　　　　　图7-30

- 正常：默认的模式，对象之间不会产生混合效果。
- 变暗：在混合过程中对比底层对象和当前对象的颜色，使用较暗的颜色作为结果色。比当前对象亮的颜色将被取代，暗的颜色保持不变。
- 正片叠底：将当前对象和底层对象中的深色相互混合，结果色通常比原来的颜色深。
- 颜色加深：对比底层对象与当前对象的颜色，使用低明度显示。
- 变亮：对比底层对象和当前对象的颜色，使用较亮的颜色作为结果色。比当前对象暗的颜色被取代，亮的颜色保持不变。
- 滤色：当前对象与底层对象的明亮颜色相互融合，效果通常比原来的颜色浅。
- 颜色减淡：在底层对象与当前对象中选择明度高的颜色来显示混合效果。
- 叠加：以混合色显示对象，并保持底层对象的明暗对比。
- 柔光：当混合色大于50%灰度时，图形变亮；小于50%灰度时，对象变暗。
- 强光：与柔光模式相反，当混合色大于50%灰度时，对象变暗；小于50%灰度时，对象变亮。
- 差值：以混合颜色中较亮颜色的亮度减去较暗颜色的亮度，如果当前对象为白色，可以使底层颜色呈现反相，与黑色混合时可保持不变。
- 排除：与差值的混合方式相同，但产生的效果要比差值模式柔和。
- 色相：混合后对象的亮度和饱和度由底层对象决定，而色相由当前对象决定。

- 饱和度：混合后对象的亮度和色相由底层对象决定，而饱和度由当前对象决定。
- 混色：混合后对象的亮度由底层对象决定，而色相和饱和度由当前对象决定。
- 明度：混合后对象的色相和饱和度由底层对象决定，而亮度由当前对象决定。

7.4.2 不透明度

在默认情况下，Illustrator 中的对象的不透明度为100%，如图 7-31 所示。选择对象后，在"透明度"面板中调整它的不透明度值，可以使其呈现透明效果。如图 7-32 和图 7-33 所示是将小太阳的不透明度设置为50%后的效果。

图7-31

图7-32　　　　　　　　　图7-33

7.5 高级技巧：单独调整填色和描边的不透明度

调整对象的不透明度时，它的填色和描边的不透明度会同时被修改，如图 7-34 和图 7-35 所示。如果要单独调整其中的一项，可以选择对象，然后在"外观"面板中选择"填色"或"描边"选项，再通过"透明度"面板调整其不透明度，如图 7-36 和图 7-37 所示。

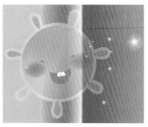

原图形　　　　　　　调整图形的整体不透明度　　　调整填色的不透明度　　　调整描边的不透明度

图7-34　　　　　　　　图7-35　　　　　　　　图7-36　　　　　　　　图7-37

7.6 高级技巧：编组对象不透明度设置技巧

调整编组对象的不透明度时，会因设置方法的不同而产生不同的效果。例如图 7-38 所示的三个圆形为一个编组对象，此时它的不透明度为 100%。图 7-39 所示为单独选择黄色圆形并设置它的不透明度为 50% 的效果；图 7-40 所示为使用编组选择工具 ▷⁺ 分别选择每一个图形，再分别设置其不透明度为 50% 的效果，此时所选对象重叠区域的透明度将相对于其他对象改变，同时会显示出累积的不透明度；图 7-41 所示为使用选择工具 ▷ 选择组对象，然后设置它的不透明度为 50% 的效果，此时组中的所有对象都会被视为单一对象来处理。

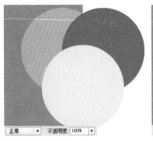

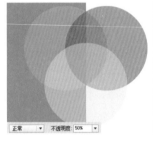

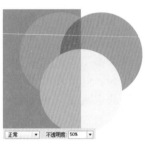

图7-38   图7-39   图7-40   图7-41

7.7 蒙版

蒙版用于遮盖对象，使其不可见或呈现透明效果，但不会删除对象。Illustrator 中可以创建两种蒙版，即剪切蒙版和不透明蒙版。它们的区别在于，剪切蒙版主要用于控制对象的显示区域，不透明度蒙版主要用于控制对象的显示程度。路径、复合路径、组对象或文字都可以用来创建蒙版。

7.7.1 创建不透明度蒙版

创建不透明蒙版时，首先要将蒙版图形放在被遮盖的对象上面，如图 7-42 和图 7-43 所示，然后将它们选择，如图 7-44 所示，单击"透明度"面板中的"制作蒙版"按钮即可，如图 7-45 所示。

图7-44   图7-45

蒙版对象（上面的对象）中的黑色会遮盖下方对象，使其完全透明；灰色会使对象呈现半透明效果；白色不会遮盖对象。如果用作蒙版的对象是彩色的，则 Illustrator 会将它转换为灰度模式，再来遮盖对象。

图7-42   图7-43

> **提示**
>
> 着色的图形或者位图图像都可以用来遮盖下面的对象。如果选择的是一个单一的对象或编组对象，则会创建一个空的蒙版。

7.7.2 编辑不透明度蒙版

创建不透明度蒙版后，"透明度"面板中会出现两个缩览图，左侧是被遮盖的对象的缩览图，右侧是蒙版缩览图，如图 7-46 所示。如果要编辑对象，应单击对象缩览图，如图 7-47 所示；如果要编辑蒙版，则应单击蒙版缩览图，如图 7-48 所示。此外，在"透明度"面板中还可以设置以下选项。

图7-46

图7-47　　　　　　　图7-48

- 链接按钮⧉：两个缩览图中间的⧉按钮表示对象与蒙版处于链接状态，此时移动或旋转对象时，蒙版将同时变换，遮盖位置不会变化。单击⧉按钮可以取消链接，此后可以单独移动对象或者蒙版，也可对其执行其他操作。
- 剪切：在默认情况下，该选项处于勾选状态，此时位于蒙版对象以外的图稿都被剪切掉，如果取消该选项的勾选，则蒙版以外的对象会显示出来，如图 7-49 所示。
- 反相蒙版：勾选该项选项，可以反转蒙版的遮盖范围，如图 7-50 所示。

图7-49　　　　　　　图7-50

- 隔离混合：在"图层"面板中选择一个图层或组，然后勾选该选项，可以将混合模式与所选图层或组隔离，使它们下方的对象不受混合模式的影响。
- 挖空组：选择该选项后，可以保证编组对象中单独的对象或图层在相互重叠的地方不能透过彼此而显示。
- 不透明度和蒙版用来定义挖空形状：用来创建与对象不透明度成比例的挖空效果。挖空是指透过当前的对象显示出下面的对象，要创建挖空，对象应使用除"正常"模式以外的混合模式。

小技巧：不透明度蒙版编辑技巧

按住Alt键单击蒙版缩览图，文档窗口中就会单独显示蒙版对象；按住Shift单击蒙版缩览图，可以暂时停用蒙版，缩览图上会出现一个红色的"×"；按住相应按键再次单击缩览图，可恢复不透明度蒙版。

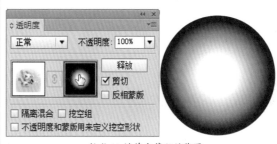

按住Alt键单击蒙版缩览图

按住Shift键单击蒙版缩览图

7.7.3 释放不透明度蒙版

如果要释放不透明度蒙版，可以选择对象，然后单击"透明度"中的"释放"按钮，对象就会恢复到蒙版前的状态。

7.7.4 创建剪切蒙版

在对象上放置一个图形，如图 7-51 所示，将它们选择，单击"图层"面板中的建立 / 释放剪切蒙版按钮，或执行"对象 > 剪切蒙版 > 建立"命令，即可创建剪切蒙版，将该图形（称为"剪贴路径"）以外的对象隐藏，如图 7-52 和图 7-53 所示。如果对象位于不同的图层，则创建剪切蒙版后，它们会调整到位于蒙版对象最上面的图层中。

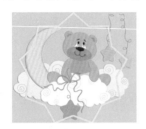

图7-51

图7-52　　　　　　　　　图7-53

提示

只有矢量对象可以作为剪切蒙版，但任何对象都可以作为被隐藏的对象，包括位图图像、文字或其他对象。

7.7.5 编辑剪切蒙版

创建剪切蒙版后，剪贴路径和被遮盖的对象都可编辑。例如可以使用编组选择工具移动剪贴路径或被遮盖的对象，如图 7-54 所示；用直接选择工具调整剪贴路径的锚点，如图 7-55 所示。

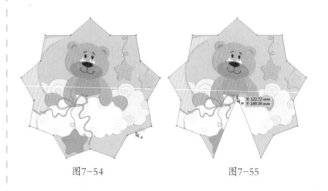

图7-54　　　　　　　　　图7-55

在"图层"面板中，将其他对象拖入剪切路径组时，蒙版会对该对象进行遮盖；如果将剪切蒙版中的对象拖至其他图层，则可释放对象，使其重新显示出来。

7.7.6 释放剪切蒙版

选择剪切蒙版对象，执行"对象 > 剪切蒙版 > 释放"命令，或单击"图层"面板中的建立 / 释放剪切蒙版按钮，即可释放剪切蒙版，使被剪贴路径遮盖的对象重新显示出来。

7.8　高级技巧：两种剪切蒙版创建方法的区别

创建剪切蒙版时，如果采用单击"图层"面板中的按钮的方法来操作，则会遮盖同一图层中的所有对象。例如图 7-56 所示为选择的两个对象，如图 7-57 所示为单击按钮创建的蒙版。如果使用"对象 > 剪切蒙版 > 建立"命令创建剪切蒙版，便只遮盖所选的对象，而不会影响其他对象，如图 7-58 所示。

图7-56　　　　　　　　　图7-57　　　　　　　　　图7-58

7.9　剪切蒙版实例：Q 版头像

- 菜鸟级 ● 玩家级 ● 专业级
- 实例类型：技术提高型
- 难易程度：★★★
- 实例描述：用钢笔工具绘制几个图形，组成小兔子，通过"路径查找器"面板将它们组合为一个图形。将图形与素材编组，再制作为剪切蒙版。

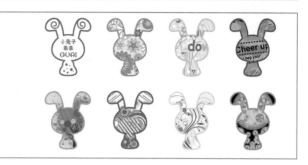

① 新建一个文档。使用钢笔工具 ✐ 绘制兔子图形，如图 7-59 ~ 图 7-61 所示。

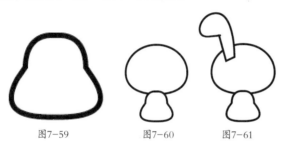

图7-59　　　图7-60　　　图7-61

② 选择耳朵，如图 7-62 所示。选择镜像工具 ，按住 Alt 键在头部中央单击，如图 7-63 所示，弹出"镜像"对话框，选择"垂直"选项，单击"复制"按钮，复制耳朵图形，如图 7-64 和图 7-65 所示。

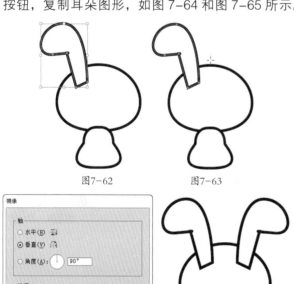

图7-62　　　　图7-63

图7-64　　　　图7-65

③ 使用选择工具 在画板中单击并拖出一个矩形选框，将小兔子选中，如图 7-66 所示，单击"路径查找器"面板中的 按钮，将图形合并，如图 7-67 和图 7-68 所示。

图7-66　　　　图7-67　　　　图7-68

④ 打开光盘中的素材文件，如图 7-69 所示，使用选择工具 将小兔子拖入到该文档中，放在素材上方，如图 7-70 所示。按下 Ctrl+A 快捷键选中所有图形，如图 7-71 所示，按下 Ctrl+G 快捷键编组，如图 7-72 所示。

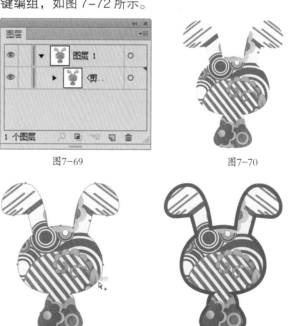

图7-69　　　　图7-70

图7-71　　　　图7-72

⑤ 单击"图层"面板底部的 ▣ 按钮创建剪切蒙版，如图 7-73 和图 7-74 所示。使用编组选择工具 ▷ 选择小兔子图形，如图 7-75 所示，将它的描边颜色设置为深红色，描边宽度设置为 4pt，效果如图 7-76 所示。

图7-75

图7-76

图7-73

图7-74

> **提示**
>
> 　　制作好一个头像后，可以复制出几个，然后用不同的图形素材替换剪切蒙版中的图形，这样就可以快速制作出一组可爱的Q版头像。

7.10　剪切蒙版实例：时尚装饰字

- ●菜鸟级　●玩家级　●专业级
- ●实例类型：特效类
- ●难易程度：★ ★ ★ ★
- ●实例描述：绘制雨点状图形，通过复制和变换的方法制作为基本图案，并填充不同的颜色。用剪切蒙版将图形限定在文字范围内，为文字添加效果，使其呈现立体感。

① 按下 Ctrl+O 快捷键，打开光盘中的文字素材，如图 7-77 所示。使用钢笔工具 ✐ 绘制一个雨点状图形，单击"色板"面板中的黄色进行填充，设置描边颜色为白色，宽度为 1pt，如图 7-78 和图 7-79 所示。

图7-77

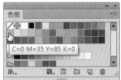

图7-78

图7-79

② 使用选择工具 ▷ 按住 Alt 键拖动图形进行复制，如图 7-80 所示。单击"色板"面板中的浅褐色，如图 7-81 和图 7-82 所示。

图7-80

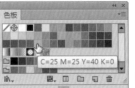

图7-81

图7-82

③再次复制图形，填充浅绿色。将光标放在定界框的右下角，光标变为⤵状态时拖动鼠标将图形旋转，如图 7-83 所示。用同样方法复制雨点图形，将填充颜色修改为绿色、深蓝色、橘红色等，适当调整角度，如图 7-84 和图 7-85 所示。

图7-83   图7-84   图7-85

④下面我们来将雨点制作为一个具有装饰感的图案。先复制雨点图形，选择旋转工具◯，拖动图形旋转它使尖角朝下，如图 7-86 所示；再将光标放在尖角的锚点上，表示将该点设置为圆心，如图 7-87 所示；按住 Alt 键单击，弹出"旋转"对话框，设置旋转角度为 5°，单击"复制"按钮，旋转并复制出一个新的图形，如图 7-88 和图 7-89 所示。

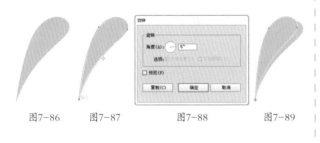

图7-86   图7-87   图7-88   图7-89

提示

可以执行"视图>智能参考线"命令，显示智能参考线，当光标放在锚点上时，就会有"锚点"二字的高亮显示。

⑤连按 14 次 Ctrl+D 快捷键进行再次变换，生成更多的图形，如图 7-90 所示。使用选择工具▶选取这些图形，按下 Ctrl+G 快捷键编组。

⑥将编组后的图形放在字母上面，如图 7-91 所示。按住 Alt 键拖动该图形进行复制，调整角度，将填充颜色设置为紫色，如图 7-92 所示。继续复制雨点图形，修改颜色，直到图形布满字母为止，如图 7-93 所示。

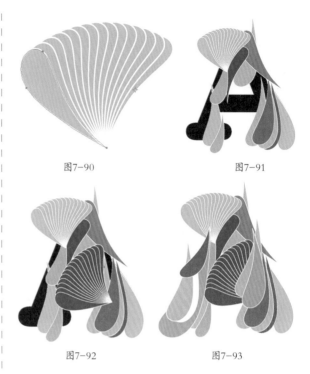

图7-90   图7-91

图7-92   图7-93

⑦在"A"图层后面单击（显示出■状图标），选择该字符，如图 7-94 所示，按下 Shift+Ctrl+]快捷键将它移至顶层，如图 7-95 所示。

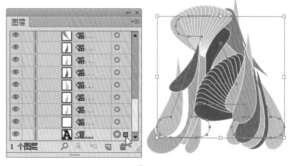

图7-94

图7-95

⑧单击"图层1"，如图7-96所示，再单击按钮创建剪切蒙版，将字符以外的图形隐藏，这样缤纷的图形就被嵌入到字母中了，如图7-97所示。保持当前字符的选取状态，按下Ctrl+C快捷键复制，然后在空白区域单击，取消选择。

图7-96　　　　　　　图7-97

⑨单击"图层"面板底部按钮，新建"图层2"，如图7-98所示。按下Ctrl+F快捷键，将复制的字符贴在前面，如图7-99所示，此时"图层2"后面呈现高亮显示的红色方块，表示字母已位于新图层中。

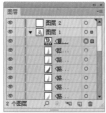

图7-98　　　　　　　图7-99

提示

复制图形后，直接按下Ctrl+F快捷键，图形粘贴在原图形前面，并位于同一图层中。如在图形以外的区域单击，取消选取状态，在"图层"面板中选择另一图层，再按下Ctrl+F快捷键时，图形将粘贴在所选图层内。

⑩将新粘贴字母的填充颜色设置为灰色，如图7-100所示。执行"效果 > 风格化 > 内发光"命令，打开"内发光"对话框，设置模式为"滤色"，不透明度为100%，模糊参数为3.53mm，选择"中心"选项，如图7-101和图7-102所示。

图7-100

图7-101　　　　　　　图7-102

⑪执行"效果 > 风格化 > 投影"命令，添加"投影"效果，如图7-103和图7-104所示。

图7-103　　　　　　　图7-104

提示

为什么要在新的图层中制作内发光与投影效果呢？因为"图层1"设置了剪切蒙版，字符以外的区域都会隐藏起来，而投影效果正是位于字符以外的，如果在"图层1"中制作，也将会被遮盖起来无法显示，因此，要在新建的"图层2"中制作。

⑫在"透明度"面板中设置混合模式为"正片叠底"，如图7-105所示，使当前图形与底层的彩色图形混合在一起。按下Ctrl+C快捷键复制当前的字母，按下Ctrl+F快捷键粘贴在前面，使立体感更强一些，如图7-106所示。在字符左侧绘制一个圆形，用同样方法制作成彩色的立体效果，再制作一个立体的彩色文字"I"，如图7-107所示。

图7-105　　　　　　　图7-106

图7-107

7.11 不透明度蒙版实例：金属特效字

- 菜鸟级 ● 玩家级 ● 专业级
- 实例类型：特效类
- 难易程度：★★★★☆
- 实例描述：输入文字，通过"3D"效果制作为立体字，并使用立体字作为不透明度蒙版图形，对铁皮素材进行遮盖，表现锈迹斑斑的质感和纹理细节。

① 使用文字工具 T 在画板中输入文字，字体为魏体，大小设置为 350pt，如图 7-108 所示。按下 Shift+Ctrl+O 快捷键，将文字转换为轮廓。

② 执行"效果 >3D> 凸出和斜角"命令，在打开的对话框中设置参数，拖动光源预览框中的光源，改变其位置，单击新建光源按钮 再添加一个光源，如图 7-109 所示，效果如图 7-110 所示。

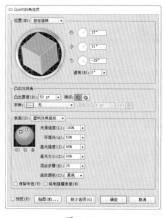

图7-108

图7-109　　　　图7-110

③ 执行"文件 > 置入"命令，选择光盘中的素材文件，取消"链接"选项的勾选，如图 7-111 所示，单击"置入"按钮，将图像嵌入到文档中，如图 7-112 所示。

图7-111　　　　图7-112

④ 在如图 7-113 所示的图层后面单击，将文字选取，按下 Ctrl+C 快捷键复制文字，在画面空白处单击，取消当前的选取状态，按下 Ctrl+F 快捷键粘贴到前面，如图 7-114 所示。

图7-113　　　　图7-114

⑤ 将文字的填充颜色设置为白色。打开"外观"面板，双击"3D 凸出和斜角"属性，如图 7-115 所示，打开"3D 凸出和斜角选项"对话框，单击光源预览框下方的 按钮删除一个光源，将另一个光源移动到物体下方，如图 7-116 和图 7-117 所示。

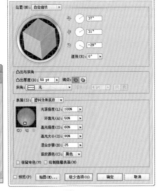

图7-115　　　　　　　　图7-116

图7-117

⑥按住 Ctrl+Shift 键在铁皮素材上单击，将其与立体字一同选取，打开"透明度"面板，单击"制作蒙版"按钮，使用立体字对铁皮素材进行遮盖，将文字以外的图像隐藏。设置混合模式为"正片叠底"，让铁皮纹理融入立体字中，如图 7-118 和图7-119 所示。

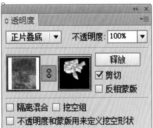

图7-118

图7-119

⑦创建一个能够将文字全部遮盖的矩形，在"渐变"面板中添加金属质感的渐变，如图 7-120和图 7-121 所示。

图7-120　　　　　　　　图7-121

⑧在"图像"层后面单击，将铁皮纹理字选取，如图 7-122 所示，然后单击"透明度"面板中的蒙版缩览图，如图 7-123 所示，可以选取蒙版中的立体字；按下 Ctrl+C 快捷键复制该文字，单击图稿缩览图返回到图像的编辑状态，如图 7-124所示。在画板空白处单击取消选择。

图7-122　　　　　　　　图7-123

图7-124

⑨按下 Ctrl+F 快捷键将复制的立体字粘贴到前面，如图 7-125 所示。选取当前的立体字和后面的渐变图形，单击"透明度"面板中单击"制作蒙版"按钮，再设置混合模式为"颜色加深"，不透明度为 45%，如图 7-126 和图 7-127 所示。

图7-125　　　　　　图7-126　　　　　　图7-127

⑩使用铅笔工具  在文字上绘制高光图形，如图 7-128 所示。执行"效果 > 风格化 > 羽化"命令，设置羽化半径为 2mm，如图 7-129 所示。在"透明度"面板中设置混合模式为"叠加"，效果如图 7-130 所示。

图7-128

图7-129　　　　　图7-130

⑪在文字的边缘继续绘制高光图形，如图 7-131 所示，设置相同的羽化效果与叠加模式，效果如图 7-132 所示。

图7-131　　　　　图7-132

⑫根据文字的外形绘制投影图形，按下 Shift+Ctrl+[快捷键将该图形移动到最底层，如图 7-133 所示。按下 Alt+Shift+Ctrl+E 快捷键打开"羽化"对话框，设置羽化半径为 7mm，如图 7-134 所示，效果如图 7-135 所示。

图7-133

图7-134　　　　　图7-135

7.12　书籍装帧设计实例：封面设计

● 菜鸟级 ● 玩家级 ● 专业级
● 实例类型：平面设计类
● 难易程度：★ ★ ★ ★ ☆
● 实例描述：本实例制作一个完整的书籍封面，由于封面的尺寸是固定的，我们需要准确的设置封面、书脊和封底的大小，以及它们在画面中的精确位置。

7.12.1 定位封面图形位置

① 按下 Ctrl+N 快捷键，创建一个大小为 "380mm×260mm"、CMYK 模式的文档，如图 7-136 所示。选择矩形工具 ▣，在画板中单击，设置参数如图 7-137 所示，单击"确定"按钮，创建一个矩形。

图7-136 图7-137

② 保持图形的选取状态，在"变换"面板中设置 X 为 190mm，Y 为 130mm。X 和 Y 分别代表了对象在画板水平和垂直方向上的位置，如图 7-138 所示。为矩形填充淡黄色，如图 7-139 所示。

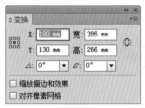

图7-138 图7-139

提示

我们将矩形定位在画板中心后，位于画板外 3mm 的部分是预留的出血。出血是印刷品在最后裁切时需要裁掉的部分，以避免出现白边。

③ 按下 Ctrl++ 快捷键放大窗口显示比例。按下 Ctrl+R 快捷键显示标尺，在垂直标尺上拖出两条参考线，分别放在 185mm 和 195mm 处，通过参考线将封面、封底和书脊划分出来，如图 7-140 和图 7-141 所示。

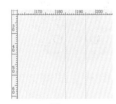

图7-140 图7-141

7.12.2 制作封面艺术图案

① 单击"图层"面板中的 ▣ 按钮，新建一个图层，如图 7-142 所示。用椭圆工具 ◯ 创建一个椭圆形，填充径向渐变，如图 7-143 和图 7-144 所示。

图7-142 图7-143

图7-144

② 保持图形的选取状态，执行"效果 > 风格化 > 投影"命令，为图形添加投影，如图 7-145 和图 7-146 所示。

图7-145 图17-146

③ 用选择工具 ▶ 按住 Alt 键拖动图形进行复制，调整复制后的图形的形状，如图 7-147 所示。用极坐标网格工具 ⊕ 在最小的椭圆上创建一个同心圆（可按下"←"键减少分隔线，按下"→"和"←"键调整同心圆的数量），设置它的描边颜色为黄色，如图 7-148 所示。用钢笔工具 ◿ 绘制一个图形，填充枣红色，如图 7-149 所示。再绘制如图 7-150 所示的图形，填充径向渐变。

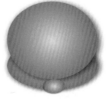
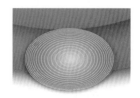

图7-147 图7-148

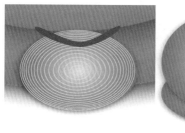
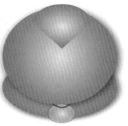

图7-149　　　　　　　　　　图7-150

④单击"图层"面板中的 ![按钮] 按钮新建一个子图层，如图 7-151 所示。用椭圆工具 ![椭圆] 绘制一个白色的椭圆，在它上面绘制一个黑色的椭圆，如图 7-152 所示。复制一个橙色的渐变椭圆形，如图 7-153 所示，在"图层"面板中将它拖动到子图层中，如图 7-154 所示。

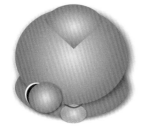

图7-151　　　　　　　　　　图7-152

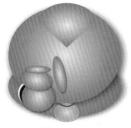
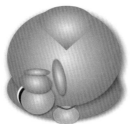

图7-153　　　　　　　　　　图7-154

⑤再复制几个椭圆形，调整它们的大小和角度，如图 7-155 所示。用极坐标网格工具 ![工具] 绘制一个同心圆，如图 7-156 所示。

图7-155　　　　　　　　　　图7-156

⑥下面我们来制作小老虎的眼珠。用椭圆工具 ![椭圆] 创建一个椭圆，填充线性渐变，黄色描边，如图 7-157 所示。创建几个黑色和白色图形作为眼珠，

如图 7-158 所示。用极坐标网格工具 ![工具] 在眼珠上创建一个极坐标网格，如图 7-159 所示。将所有的眼珠图形选择，按下 Ctrl+G 快捷键编组。

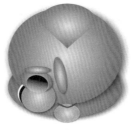
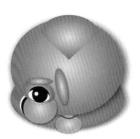

图7-157　　　　　　　　　　图7-158

图7-159

⑦用钢笔工具 ![钢笔] 绘制一颗小白牙，按下 Alt+Shift+Ctrl+E 快捷键打开"投影"对话框，将 X 和 Y 位移值调小，然后关闭对话框，为牙齿添加投影，如图 7-160 所示。复制一个橙色的椭圆放在牙齿上方，如图 7-161 所示。再复制几个椭圆形，将它们缩小，排在该图形上，如图 7-162 所示，可以将这些小的椭圆编组。

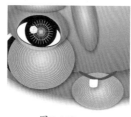

图7-160　　　　　　　　　　图7-161

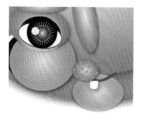

图7-162

⑧创建一个枣红色的椭圆形，添加"投影"效果，

127

如图 7-163 所示。选择旋转扭曲工具 ，在图形上单击并拖动鼠标，将其扭曲为如图 7-164 所示的效果。采用同样的方法再制作几个图形，将它们放在小老虎头上，如图 7-165 所示。

图7-163   图7-164

图7-165

⑨用螺旋线工具 创建一条黑色的螺旋线（按下"↑"和"↓"键可调整螺旋的数量），如图 7-166 所示。用极坐标网格工具 绘制一个黑色的极坐标网格，如图 7-167 所示。

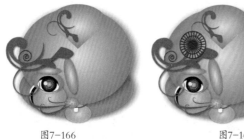

图7-166   图7-167

⑩下面我们来制作小老虎的耳朵。用钢笔工具 绘制一个耳朵图形，添加"投影"效果，如图 7-168 所示。创建一个半圆形，添加"投影"效果，如图 7-169 所示。用晶格化工具 处理半圆形的边缘，然后将它放在耳朵上，如图 7-170 所示。

图7-168

图7-169

图7-170

⑪用钢笔工具 绘制几个图形，放在耳朵上，如图 7-171 所示。将组成耳朵的所有图形选择，按下 Ctrl+G 快捷键编组。在"图层"面板如图 7-172 所示的位置单击，将"图层 3"中的所有对象都选择，如图 7-173 所示，按下 Ctrl+G 快捷键编组。

图7-171   图7-172

图7-173

⑫双击镜像工具 ，在打开的对话框中选择"垂直"选项，如图 7-174 所示，单击"复制"按钮，复制图形，使用选择工具 按住 Shift 键将复制后的对象移动到小老虎面部右侧，如图 7-175 所示。

图7-174

图7-175

⑬复制一个橙色的椭圆渐变图形，放在小老虎鼻子中间，如图 7-176 所示，在它上面绘制一个极坐标网格，如图 7-177 所示。再用橙色的椭圆渐变图形和黑色的圆形创建鼻子头，如图 7-178 所示。

图7-176　　　　　图7-177　　　　　图7-178

⑭创建一个半圆形，用晶格化工具 处理它的边缘，将该图形放在小老虎的额头上，如图 7-179 所示。在额头上再添加几个图形作为装饰，如图 7-180 所示，再用钢笔工具 绘制一个"王"字，如图 7-181 所示。

图7-179　　　　　图7-180　　　　　图7-181

⑮将小老虎放在书籍的封面上，如图 7-182 所示。单击"色板"面板中的 按钮，选择下拉菜单中的"其他库"命令，在弹出的对话框中选择光盘中的色板库（光盘 > 素材 >7.12），将它载入到文档中。在"图层"面板中单击"图层 1"，将它选择。用矩形工具 创建一个矩形，为它填充载入的图案，如图 7-183 所示，在"透明度"面板中设置图形的混合模式为"明度"，效果如图 7-184 所示。

图7-182　　　　　图7-183　　　　　图7-184

⑯在该图形上面绘制一个矩形，再用文字工具 输入书籍的名称、作者和出版社，如图 7-185 所示。封面就制作完成了。书脊的制作没有什么特别之处，就是在参考线的范围内绘制几个矩形，然后添加书名和出版社的信息。封底需要制作条形码、

书号和书籍的定价，作为装饰的图形可使用小老虎头上的图形，文字用的是小篆。最终的效果如图 7-186 所示。

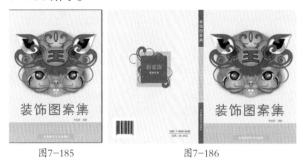

图7-185　　　　　　　图7-186

7.13　拓展练习：人在画外

●菜鸟级　●玩家级　●专业级　●实例类型：技术提高型　●视频位置：光盘 > 视频 >7.13

本实例将充分发挥剪切蒙版遮盖对象的功能，用它来遮盖局部人像，制作出画框中的人物探身出画外的有趣效果，如图 7-187 所示。图 7-188 所示为光盘中的素材文件。我们先用钢笔工具 沿人像的轮廓绘制闭合使路径，如图 7-189 所示；然后选择人像和绘制的路径，创建剪切蒙版，如图 7-190 所示；最后将它放在画框中素材中，再用钢笔工具 绘制出投影即可。

图7-187

图7-188

图7-189

图7-190

第08章

POP广告设计：混合与封套扭曲

8.1　关于POP广告

POP（ Point of Purchase Advertising ）意为"购买点广告"，泛指在商业空间、购买场所、零售商店的周围、商品陈设处设置的广告物，如商店的牌匾、店面的装潢和橱窗、店外悬挂的充气广告、条幅、商店内部的装饰、陈设、招贴广告、服务指示，店内发放的广告刊物、相关的广告表演以及广播、电子广告牌等。如图 8-1 所示为用于展示商品的 POP 广告橱窗，如图 8-2 所示为用于促销的 POP 海报，如图 8-3 所示为商品上的 POP 广告。

图8-1　　　　　图8-2

图8-3

POP 广告起源于美国的超级市场和自助商店里的店头广告。超市出现以后，商品可以直接和顾客见面，从而大大减少了售货员，当消费者面对诸多商品无从下手时，摆放在商品周围的 POP 广告可以起到吸引消费者关注、促成其下定购买决心的作用。因而 POP 广告又有"无声的售货员"的美名。

POP 广告从使用材料上可分为纸质 POP 广告、木质 POP 广告、金属 POP 广告和塑料 POP 广告等；从使用权期限上可分为长期 POP 广告（大型落地式），中期 POP 广告（一般为 2 ~ 4 个月的季节性广告），短期 POP 广告（配合新产品问世的一次性广告，周期一般为 1 周到 1 个月）；按照展示场所和使用功能来划分，可分为悬挂式 POP 广告、与商品结合式 POP 广告、商品价目卡、展示卡式 POP 广告和大型台架式 POP 广告四大类。

小知识：广告方面的几个第一

●世界上现存最早的广告是在埃及尼罗河畔的古城底比斯发现的，这是一份书写在莎草纸上的寻人告示，内容是悬赏一个金币，缉拿逃亡的男奴隶吉姆。

●世界上发现的最早的印刷广告是我国北宋时期"济南刘家功夫针铺"的四寸见方的雕刻铜版，上有白兔商标及"上等钢条"、"功夫细"等广告语。

●世界上第一个电视广告是宝路华钟表公司的广告，在 1941 年 7 月 1 日晚间 2 点 29 分播出。它的内容十分简单，仅是一支宝路华的手表显示在一幅美国地图前面，并配以公司的口号做旁白："美国以宝路华的时间运行！"。

小知识：广告界的3B概念

国外广告界通常将在广告中使用美女、儿童和动物称为运用3B，即Beauty、Baby和Beast。3B概念利用人们的审美心理和爱心提升受众对广告的关注度，达到扩大宣传的目的。

百威啤酒广告（Beauty）　　　公益广告（Baby）

中国老年保健协会广告（Beast）

8.2　混合

混合是指在两个或多个对象之间生成一系列的中间对象，使之产生从形状到颜色的全面混合效果。图形、文字、路径，以及应用渐变或图案填充的对象都可以用来创建混合。

8.2.1 创建混合

（1）使用混合工具创建混合

选择混合工具 ，将光标放在对象上，捕捉到锚点后光标会变为  状，如图8-4所示；单击鼠标，然后将光标放在另一个对象上，捕捉到锚点后，如图8-5所示，单击即可创建混合，如图8-6所示。

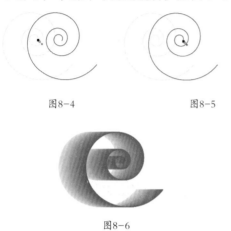

图8-4　　　　　　　　图8-5

图8-6

捕捉不同位置的锚点时，创建的混合效果也大不相同，如图8-7和图8-8所示。

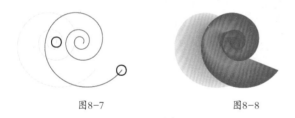

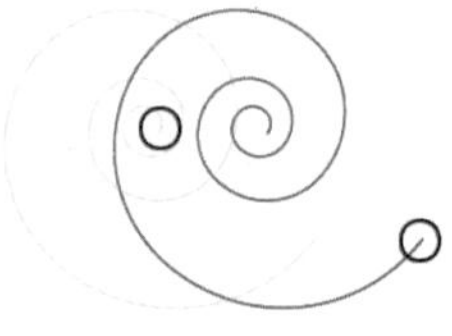

图8-7　　　　　　　　图8-8

（2）使用混合命令创建混合

如图8-9所示为两个椭圆形，将它们选择，执行"对象>混合>建立"命令，即可创建混合，如图8-10所示。如果用来制作混合的图形较多或者比较复杂，则使用混合工具  很难正确地捕捉锚点，创建混合时就可能发生扭曲，使用混合命令创建混合就可以避免出现这种情况。

图8-9 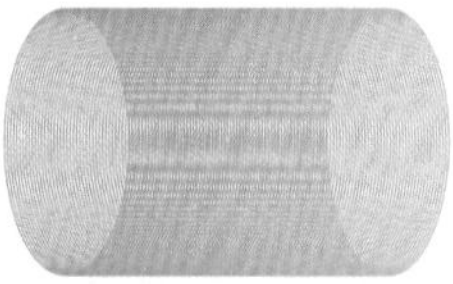　　　　　　　　图8-10

8.2.2 设置混合选项

创建混合后，选择对象，双击混合工具 ，打开"混合选项"对话框，如图8-11所示。在该对话框中可以修改混合图形的方向和颜色的过渡方式。

图8-11

●间距：选择"平滑颜色"，可自动生成合适的混合步数，创建平滑的颜色过渡效果，如图8-12所示；选择"指定的步数"，可在右侧的文本框中输入数值，例如，如果要生成5个中间图形，可输入"5"，效果如图8-13所示；选择"指定的距离"，可输入中间对象的间距，Illustrator会按照设定的间距自动生成与之匹配的图形，如图8-14所示。

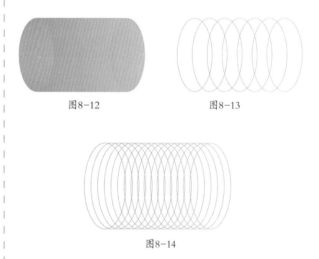

图8-12　　　　　　　　图8-13

图8-14

●取向：如果混合轴是弯曲的路径，单击对齐页面按钮 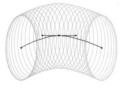 时，混合对象的垂直方向与页面保持一致，如图8-15所示；单击对齐路径按钮 ，则混合对象垂直于路径，如图8-16所示。

图8-15 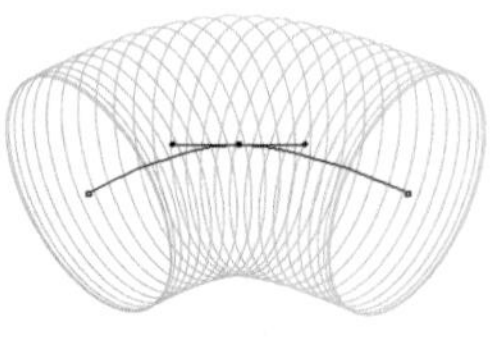　　　　　　　　图8-16

提示

创建混合时生成的中间对象越多，文件就越大。使用渐变对象创建复杂的混合时，更是会占用大量内存。

8.2.3 反向堆叠与反向混合

创建混合以后，如图 8-17 所示，选择对象，执行“对象 > 混合 > 反向堆叠”命令，可以颠倒对象的堆叠次序，使后面的图形排到前面，如图 8-18 所示。执行“对象 > 混合 > 反向混合轴”命令，可以颠倒混合轴上的混合顺序，如图 8-19 所示。

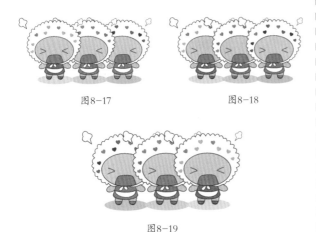

图8-17

图8-18

图8-19

8.2.4 编辑原始图形

用编组选择工具 在原始图形上单击可将其选择，如图 8-20 所示，选择原始的图形后，可以修改它的颜色，如图 8-21 所示。也可以对它进行移动、旋转、缩放，如图 8-22 所示。

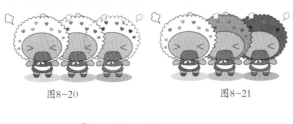

图8-20

图8-21

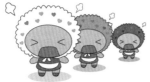

图8-22

8.2.5 编辑混合轴

创建混合后，会自动生成一条连接对象的路径，这条路径就是混合轴。默认情况下，混合轴是一条直线，我们可以使用其他路径替换它。例如图 8-23 所示为一个混合对象，将它和一条椅子形状的路径同时选择，如图 8-24 所示，执行“对象 > 混合 > 替换混合轴”命令，即可用该路径替换混合轴，混合对象会沿着新的混合轴重新排列，如图 8-25 所示，图 8-26 所示为通过这种方法制作的不锈钢椅子。

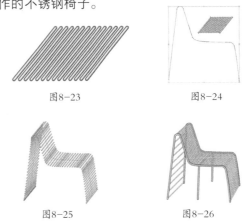

图8-23

图8-24

图8-25

图8-26

此外，使用直接选择工具 拖动混合轴上的锚点或路径段，可以调整混合轴的形状，如图 8-27 和图 8-28 所示，而且混合轴上也可以添加或删除锚点。

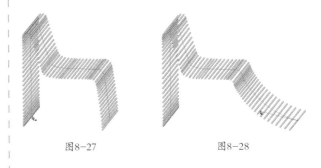

图8-27

图8-28

8.2.6 扩展与释放混合

创建混合后，原始对象之间生成的中间对象自身并不具备锚点，因此，这些图形是无法选择的。如果要编辑它们，可以选择混合对象，如图 8-29 所示，执行“对象 > 混合 > 扩展”命令，将它们扩展为图形，如图 8-30 所示。

图8-29

图8-30

如果要释放混合，可执行"对象 > 混合 > 释放"命令。释放混合对象的同时还会释放混合轴，它是一条无填色、无描边的路径。

小技巧：混合对象中图形的扩展与应用

扩展混合对象后，由混合生成的图形就会变为可编辑的对象，并且自动编组，我们可以使用编组选择工具选择其中的图形进行移动、修改形状或者填色等，充分利用这些图形创建各种效果。

 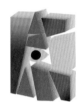 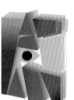

原图形　　　　　　　　混合效果　　　　　　　扩展后移动图形

8.3 高级技巧：线的混合艺术

混合特别适合表现毛发、绒毛、羽毛等对象。例如图 8-31 所示的海报中，羽毛就是通过混合制作出来的。

图8-31

羽毛的纹理清晰可见，它们都是由路径组成的，在制作时，先绘制几条主要的路径，然后在路径之间制作混合，即可表现羽毛出的层次感。羽毛的明暗效果则是使用铅笔工具 绘制一些闭合式路径图形，再填充不同的颜色并设置羽化效果表现出来的，如图 8-32 所示。

绘制路径　　　　　制作混合　　　　组成羽毛的路径　　　混合后的效果　　　表现羽毛明暗　　　羽化效果

图8-32

混合的绝妙之处是我们可以根据需要，自由地控制由混合生成的中间图形的数量，巧妙地利用此功能可以淋漓尽致地演绎线条的艺术之美。例如图8-33所示为四条简单的路径，将它们两两混合，然后适当减少中间图形的数量，就可以生成一条活灵活现的金鱼，如图8-34和图8-35所示。通过线条充分地表现了金鱼的动感和轻盈的姿态。

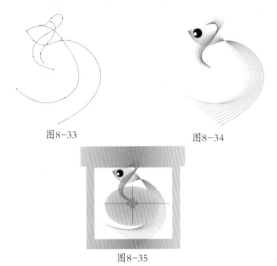

图8-33　　　　　　　图8-34

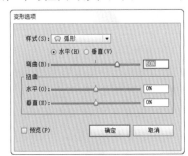

图8-35

8.4　封套扭曲

封套扭曲是 Illustrator 中最灵活、最具可控性的变形功能，它可以使对象按照封套的形状产生变形。封套是用于扭曲对象的图形，被扭曲的对象叫做封套内容。封套类似于容器，封套内容则类似于水，当我们将水装进圆形的容器时，水的边界就会呈现为圆形，装进方形容器时，水的边界又会呈现为方形，封套扭曲也是这个原理。

8.4.1　用变形建立封套扭曲

选择对象，执行"对象 > 封套扭曲 > 用变形建立"命令，打开"变形选项"对话框，如图8-36所示，在"样式"下拉列表中选择一种变形样式并设置参数，即可扭曲对象，如图8-37所示。

![变形选项对话框]

图8-36

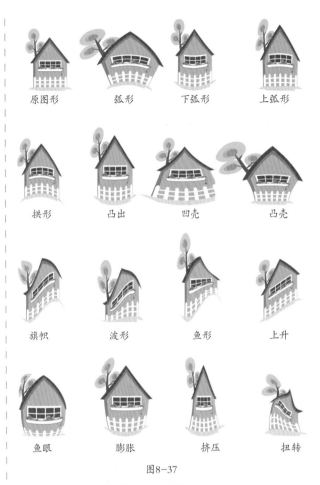

原图形　　　弧形　　　下弧形　　　上弧形

拱形　　　凸出　　　凹壳　　　凸壳

旗帜　　　波形　　　鱼形　　　上升

鱼眼　　　膨胀　　　挤压　　　扭转

图8-37

> **提示**
>
> 调整"弯曲"值可以控制扭曲程度，该值越高，扭曲强度越大；调整"扭曲"选项中的参数，可以使对象产生透视效果。

8.4.2　用网格建立封套扭曲

选择对象，执行"对象 > 封套扭曲 > 用网格建立"命令，在打开的对话框中设置网格线的行数和列数，如图8-38所示，单击"确定"按钮，创建变形网格，如图8-39所示。用直接选择工具 ▷ 移动网格点改变网格形状，即可扭曲对象，如图8-40所示。

图8-38　　　　图8-39　　　图8-40

提示

除图表、参考线和链接对象外，可以对任何对象进行封套扭曲。

小技巧：重新设定网格

使用网格建立封套扭曲后，选择对象，可以在控制面板中修改网格线的行数和列数，也可以单击"重设封套形状"按钮，将网格恢复为原有的状态。

8.4.3 用顶层对象建立封套扭曲

在对象上放置一个图形，如图 8-41 所示，再将它们选择，执行"对象 > 封套扭曲 > 用顶层对象建立"命令，即可用该图形扭曲它下面的对象，如图 8-42 所示。

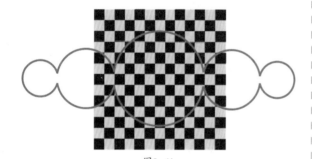

图8-41

图8-42

小技巧：用封套扭曲制作鱼眼镜头效果

采用顶层对象创建封套扭曲的方法，可以将图像扭曲为类似于鱼眼镜头拍摄的夸张效果。鱼眼镜头是一种超广角镜头，用它拍摄出的照片，除画面中心的景物不变，其他景物均呈现向外凸出的变形效果，可以产生强烈的视觉冲击力。

图像素材   在图像上方创建圆形

创建封套扭曲   添加金属边框

8.4.4 设置封套选项

封套选项决定了以何种形式扭曲对象以便使之适合封套。要设置封套选项，可选择封套扭曲对象，单击控制面板中的封套选项按钮☰，或执行"对象 > 封套扭曲 > 封套选项"命令，打开"封套选项"对话框进行设置，如图 8-43 所示。

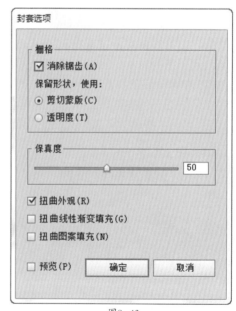

图8-43

- 消除锯齿：使对象的边缘变得更加平滑，这会增加处理时间。
- 保留形状，使用：用非矩形封套扭曲对象时，可在该选项中指定栅格以怎样的形式保留形状。选择"剪切蒙版"，可在栅格上使用剪切蒙版；

选择"透明度"，则对栅格应用 Alpha 通道。

- 保真度：指定封套内容在变形时适合封套图形的精确程度，该值越高，封套内容的扭曲效果越接近于封套的形状，但会产生更多的锚点，同时也会增加处理时间。
- 扭曲外观：如果封套内容添加了效果或图形样式等外观属性，选择该选项，可以使外观与对象一同扭曲。
- 扭曲线性渐变填充：如果被扭曲的对象填充了线性渐变，如图 8-44 所示，选择该选项可以将线性渐变与对象一起扭曲，如图 8-45 所示，图 8-46 所示为未选择选该项时的扭曲效果。

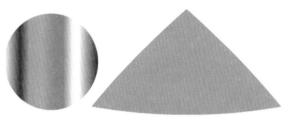

图8-44

图8-45　　　　　　　　图8-46

- 扭曲图案填充：如果被扭曲的对象填充了图案，如图 8-47 所示，选择该选项可以使图案与对象一起扭曲，如图 8-48 所示，图 8-49 所示为未选择该选项时的扭曲效果。

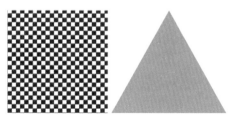

图8-47

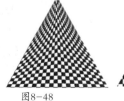 

图8-48　　　　　　　　8-49

8.4.5　编辑封套内容

创建封套扭曲后，封套对象就会合并一个名称变为"封套"的图层上，如图 8-50 所示。如果要编辑封套内容，可以选择对象，然后单击控制面板中的编辑内容按钮，封套内容便会出现在画面中，如图 8-51 所示，此时便可对其进行编辑。例如，可以使用编组选择工具选择图形然后修改颜色，如图 8-52 所示。修改内容后，单击编辑封套按钮，可重新恢复为封套扭曲状态，如图 8-53 所示。

如果要编辑封套，可以选择封套扭曲对象，然后使用锚点编辑工具（如转换锚点工具、直接选择工具等）对封套进行修改，封套内容的扭曲效果也会随之改变，如图 8-54 所示。

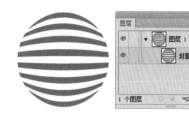

图8-50

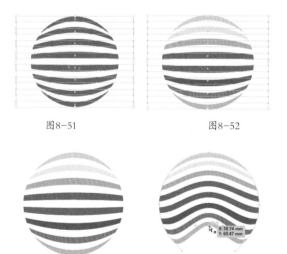

图8-51　　　　　　　　图8-52

图8-53　　　　　　　　图8-54

提示

通过"用变形建立"和"用网格建立"命令创建的封套扭曲，可直接在控制面板中选择其他的样式，也可以修改参数和网格的数量。

8.4.6 扩展与释放封套扭曲

选择封套扭曲对象，执行"对象 > 封套扭曲 > 扩展"命令，可以删除封套，但对象仍保持扭曲状态，并且可以继续编辑和修改。如果执行"对象 > 封套扭曲 > 释放"命令，则可以释放封套对象和封套，使对象复为原来的状态。如果封套扭曲是使用"用变形建立"命令或"用网格建立"命令创建的，则执行该命令时还会释放出一个封套形状的网格图形。

8.5 高级技巧：封套扭曲转换技巧

如果封套扭曲是使用"用变形建立"命令创建的，如图 8-55 所示，则选择对象后，执行"对象 > 封套扭曲 > 用网格重置"命令，可基于当前的变形效果生成变形网格，如图 8-56 所示，此时可通过网格点来扭曲对象，如图 8-57 所示。

 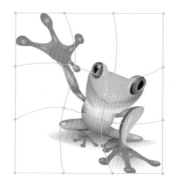 

图8-55 图8-56 图8-57

如果封套扭曲是使用"用网格建立"命令创建的，则执行"对象 > 封套扭曲 > 用变形重置"命令，可以打开"变形选项"对话框，将对象转换为用变形创建的封套扭曲。

小技巧：制作编织袋

下图为一幅插画作品"落花生"，装满花生的袋子是通过封套扭曲制作的。操作方法是先用钢笔工具 ✐ 绘制一个袋子图形；然后用矩形网格工具 ▦ 制作一个网格图形；再将袋子放在网格上，将它们选择后，使用"用顶层对象建立"命令扭曲网格，使网格线的变化与布袋的起伏相一致。为了使纹理也有明暗效果，笔者将它放在一个填充了渐变的袋子图形上，然后在"透明度"面板中设置它的混合模式为"叠加"，最后又使用铅笔工具 ✐ 绘制了几个高光和阴影图形，并对这些图形设置了羽化，将它们叠加在袋子上，使袋子更加真实。

插画"落花生" 绘制袋子图形 创建网格图形 创建封套扭曲 添加高光和阴影

8.6 高级技巧：用封套扭曲渐变

制作金属、玻璃等表面光滑、反射性强的物品时，大家通常会想到用渐变网格功能来表现。然而，渐变网格过于复杂，操作起来相当麻烦。运用渐变＋封套扭曲有时候也可以起到事倍功半的效果。例如图 8-58 所示的不锈钢壶，其主体便是使用封套扭曲制作出来的。

图8-58

首先创建一个矩形并填充线性渐变，如图 8-59 所示，在它上面放一个三角形，创建封套扭曲使渐变呈现放射状效果，如图 8-60 和图 8-61 所示。三角形顶端的渐变出现变形，校正方法是执行"对象 > 封套扭曲 > 封套选项"命令，打开对话框调整"保真度"的数值，渐变图形便会与封套图形严丝合缝，如图 8-62 和图 8-63 所示。其他零散的小物件再用渐变网格来制作就简单多了，如图 8-64 所示。

图8-59

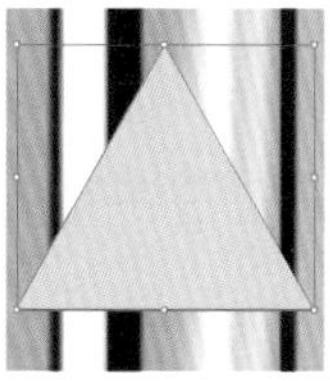

图8-60

图8-61

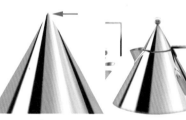
图8-62　　　　　图8-63　　　　　图8-64

8.7 混合实例：弹簧特效字

- ●菜鸟级 ●玩家级 ●专业级
- ●实例类型：特效类
- ●难易程度：★ ★ ★
- ●实例描述：用不同颜色的圆形创建混合，再根据文字结构特点绘制出相应的路径，用它们替换混合轴，制作出形象逼真、色彩明快的弹簧字。

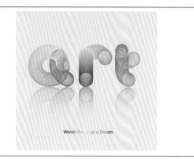

①新建一个文档。选择椭圆工具 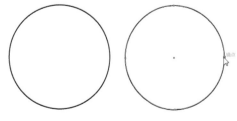，按住 Shift 键创建一个圆形，如图 8-65 所示。选择剪刀工具 ，在锚点上单击，如图 8-66 所示，将路径剪断。

图8-65　　　　　图8-66

② 使用直接选择工具 ▷ 将锚点移开，如图 8-67 所示。选择钢笔工具 ✍，在路径的端点单击，如图 8-68 所示，然后绘制曲线，延长路径，如图 8-69 所示。

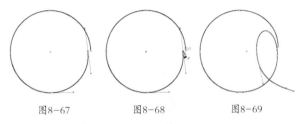

图8-67   图8-68   图8-69

③ 用椭圆工具 ⬭ 创建一个圆形，如图 8-70 所示。按下 Ctrl+C 快捷键复制该图形，后面操作中会用到它。使用选择工具 ▶ 按住 Alt 键拖动图形进行复制，然后修改描边颜色，如图 8-71 所示。选择两个圆形，执行"对象 > 混合 > 建立"命令创建混合，如图 8-72 所示。

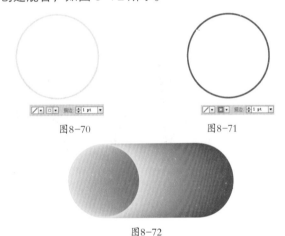

图8-70   图8-71

图8-72

④ 选择混合图形，双击混合工具 ▣，打开"混合选项"对话框，设置步数为 150，如图 8-73 所示。选择混合图形和绘制的路径，如图 8-74 所示，执行"对象 > 混合 > 替换混合轴"命令，用该路径替换混合轴，字母"a"就制作好了，如图 8-75 所示。

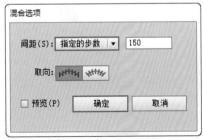

图8-73

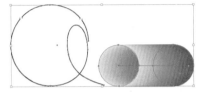

图8-74   图8-75

⑤ 按两下 Ctrl+V 快捷键粘贴圆形，描边宽度为 1pt，无填充颜色，如图 8-76 所示。选择这两个图形，按下 Alt+Ctrl+B 快捷键创建混合，如图 8-77 所示。双击混合工具 ▣，将混合步数设置为 50，如图 8-78 和图 8-79 所示。

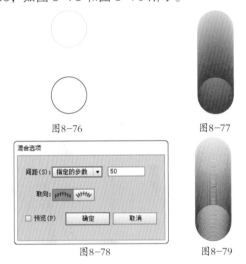

图8-76   图8-77

图8-78   图8-79

⑥ 再两下 Ctrl+V 快捷键粘贴圆形，调整描边颜色，然后用钢笔工具 ✍ 绘制一条路径，如图 8-80 所示。选择这 3 个图形，按下 Alt+Ctrl+B 快捷键创建混合，再双击混合工具 ▣，将混合步数设置为 50，效果如图 8-81 所示。将它放在另一组混合对象后面，组成字母"r"，如图 8-82 所示。

图8-80   图8-81   图8-82

⑦ 采用与前面相同的方法制作字母"t"，如图 8-83 ~ 图 8-85 所示。

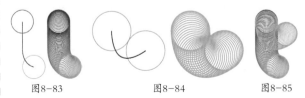

图8-83   图8-84   图8-85

⑧将制作好的字母放在一起，如图 8-86 所示，按下 Ctrl+A 快捷键全选，按下 Ctrl+G 快捷键编组。下面我们来制作倒影。双击镜像工具 📷，打开"镜像"对话框，选择"水平"选项，如图 8-87 所示，单击"复制"按钮，复制图形。用选择工具 ▶ 将复制的图形移动到下方，如图 8-88 所示。

图8-86

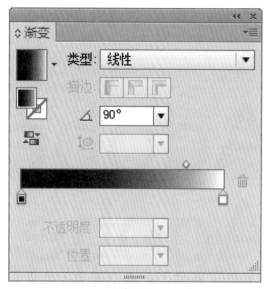

图8-89

图8-87

图8-88

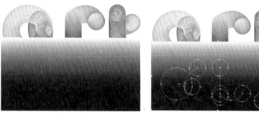

图8-90   图8-91

⑨使用矩形工具 ▣ 创建一个矩形，放在下面的文字上，填充黑白渐变，如图 8-89 和图 8-90 所示。选择矩形和下面的文字，如图 8-91 所示，单击"透明度"面板中的"制作蒙版"按钮，创建不透明度蒙版，如图 8-92 所示。

⑩最后，用矩形工具 ▣ 在文字后面创建一个矩形，填充浅橙色，再用文字工具 T 输入一行文字作为装饰，如图 8-93 所示。

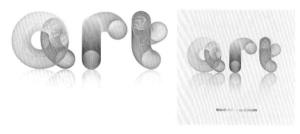

图8-92   图8-93

8.8 混合实例：混合对象的编辑技巧

- ●菜鸟级 ●玩家级 ●专业级
- ●实例类型：技术提高型
- ●难易程度：★★★
- ●实例描述：通过混合功能创建立体字，对原始文字进行缩放，使文字呈现透视效果。选择混合对象中的部分内容，填充颜色、渐变、修改描边。

① 新建一个文档。使用文字工具 **T** 在画板中输入文字，如图 8-94 所示。使用选择工具 ▶ 按住 Alt 键向右下方拖动鼠标，复制文字，如图 8-95 所示。

图 8-94

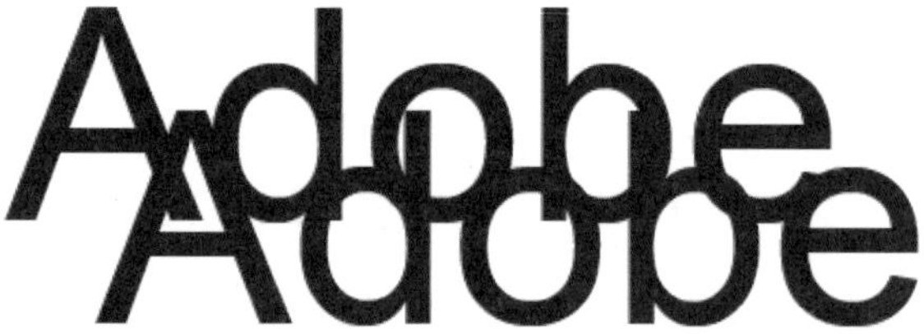

图 8-95

② 将后面文字的填充颜色设置为白色，选择这两个文字，如图 8-96 所示，按下 Alt+Ctrl+B 快捷键创建混合，双击混合工具 ，将混合步数设置为 150，如图 8-97 和图 8-98 所示。

图 8-96　　　　　图 8-97

图 8-98

③ 使用编组选择工具 ▶ 选择后方的文字，如图 8-99 所示，选择工具箱中的选择工具 ▶ ，此时可以显示定界框，按住 Shift 键拖动控制点，将文字等比缩小，让文字产生透视效果，如图 8-100 所示。

图 8-99

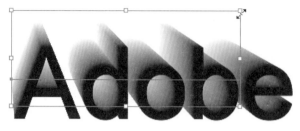

图 8-100

④ 使用选择工具 ▶ 重新选择整个混合对象，按住 Alt 键拖动进行复制。使用编组选择工具 ▶ 选择前方的文字，如图 8-101 所示，将它的填充颜色修改为洋红色，如图 8-102 所示。

图 8-101

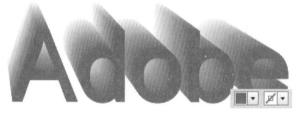

图 8-102

⑤ 再复制出一组混合对象，选择位于前方的文字，执行"文字 > 创建轮廓"命令，将文字转换为轮廓，如图 8-103 所示。将它的填充颜色设置为渐变，如图 8-104 和图 8-105 所示。

图 8-103

图 8-104

图 8-105

⑥保持前方文字的选取状态，选择渐变工具，按住 Shift 键在文字上方单击并沿水平方向拖动鼠标，这几个字符会作为一个统一的整体填充渐变，效果如图 8-106 所示。

⑦复制这组填充了渐变的文字，双击混合工具，将混合步数设置为 30。使用编组选择工具在位于前方的文字"A"上单击 3 下，选择前方的这组文字，如图 8-107 所示，设置描边颜色为白色，宽度为 1pt，如图 8-108 所示。按下 X 键，将填色设置为当前编辑状态，用编组选择工具分别选择前方的各个文字，填充不同的颜色，效果如图 8-109 所示。

图8-106　　　　　　　　图8-107

图8-108　　　　　　　　图8-109

8.9　封套扭曲实例：艺术花瓶

- ●菜鸟级　●玩家级　●专业级
- ●实例类型：技术提高型
- ●难易程度：★★★☆
- ●实例描述：绘制一个花瓶，用渐变网格着色。使用花瓶扭曲图案纹理，制作出贴图，通过设置混合模式贴在花瓶上。

①用钢笔工具绘制花瓶图形，如图 8-110 所示。按下 Ctrl+Alt 键将花瓶向右侧拖动进行复制，原图形保留，以后制作封套扭曲时会使用到。

②选择网格工具，在如图 8-111 所示的位置单击，添加网格点，单击"色板"中的红色，为网格点着色，如图 8-112 所示。在花瓶右侧单击添加网格点，如图 8-113 所示。

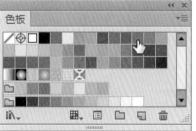

图8-112　　　　　　　　图8-113

③继续添加网格点，设置为橙色，如图 8-114 和图 8-115 所示。在位于花瓶中间的网格点上单击，将它选择，设置为白色，如图 8-116 所示。

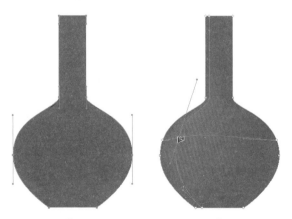

图8-110　　　　　　图8-111

图8-114　　　　　图8-115　　　　　图8-116

①按住 Ctrl 键拖出一个矩形选框，选择瓶口处的网格点，如图 8-117 所示，设置为蓝色，如图 8-118 所示。选择瓶底的网格点，设置为蓝色，如图 8-119 所示。

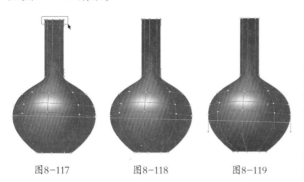

图8-117　　　　　图8-118　　　　　图8-119

⑤用圆角矩形工具 □ 在瓶口处创建一个圆角矩形，如图 8-120 所示。按住 Ctrl 键选择瓶子及瓶口图形，单击控制面板中的 ♣ 按钮，使它们对齐。选择瓶口的圆角矩形，用网格工具 ▨ 在图形中单击，添加一个网格点，设置为橙色，如图 8-121 所示。将瓶口图形复制到瓶底并放大，如图 8-122 所示。将组成花瓶的三个图形选择，按下 Ctrl+G 键编组。

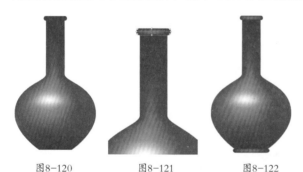

图8-120　　　　　图8-121　　　　　图8-122

⑥执行"窗口 > 色板库 > 图案 > 装饰 > 装饰旧版"命令，打开该图案库。在花瓶图形（没有应用渐变网格的图形）上面创建一个矩形，矩形应大于花瓶图形。单击如图 8-123 所示的图案，填充该图案，如图 8-124 所示。

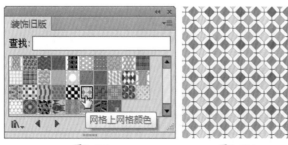

图8-123　　　　　图8-124

⑦按下 Shift+Ctrl+[快捷键，将图案移动到花瓶图形下面，如图 8-125 所示。选择图案与化瓶，按下 Alt+Ctrl+C 快捷键用顶层对象创建封套扭曲，如图 8-126 所示。

图8-125　　　　　图8-126

⑧将扭曲后的图案移动到设置了渐变网格的花瓶上面，在"透明度"面板中设置混合模式为"变暗"，如图 8-127 和图 8-128 所示。

⑨执行"窗口 > 符号库 > 花朵"命令，打开该符号库，如图 8-129 所示。将一些花朵符号从面板中拖出，装饰在花瓶中，如图 8-130 所示。

图8-127　　　　　图8-128

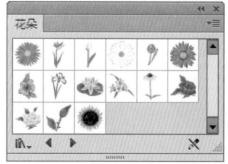

图8-129　　　　　图8-130

⑩用同样方向制作一个绿色花瓶，为它们添加投影，再制作一个渐变背景，使画面具有空间感。最后，使用光晕工具 ◎ 在画面中增添闪光效果，如图 8-131 所示。

图8-131

8.10　POP广告实例：便利店DM广告

● 菜鸟级　● 玩家级　● 专业级
● 实例类型：平面设计类
● 难易程度：★★★★
● 实例描述：在本实例中，我们来制作一个便
　利店的 DM 广告，广告中的郁金香花朵具有
　一定的真实感，通常情况下，在 Illustrator 制
　作这样的对象都会用到渐变网格，但是这一
　次我们要用混合来达到同样的效果。

①新建一个大小为 185mm×130mm 的文件。用钢笔工具 ✐ 绘制两个叶子状图形，如图 8-132 所示。将它们选择，按下 Alt+Ctrl+B 快捷键建立混合，如图 8-133 所示。再绘制几组图形，如图 8-134 所示，分别创建混合，如图 8-135 所示。

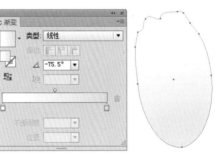

图8-136　　　　　图8-137

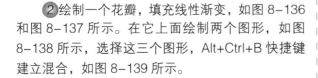

图8-132　　　图8-133　　　图8-134　　　图8-135

②绘制一个花瓣，填充线性渐变，如图 8-136 和图 8-137 所示。在它上面绘制两个图形，如图 8-138 所示，选择这三个图形，Alt+Ctrl+B 快捷键建立混合，如图 8-139 所示。

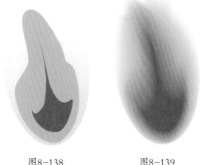

图8-138　　　　　图8-139

③复制几个花瓣图形，如图 8-140 所示，将它们组成为一个花朵，如图 8-141 所示。复制花朵，将它们放到花梗上，如图 8-142 所示。将这一束花选择，按下 Ctrl+G 快捷键编组。

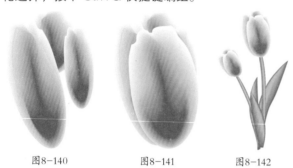

图8-140　　　　　图8-141　　　　　图8-142

④执行"效果 > 风格化 > 投影"命令，设置投影颜色和参数如图 8-143 所示，为鲜花添加投影，如图 8-144 所示。用圆角矩形工具 ▭ 创建一个圆角矩形（可按下"↑"和"↓"键调整圆角的大小），如图 8-145 所示，按下 Ctrl+A 快捷键全选，按下 Ctrl+7 快捷键创建剪切蒙版，将矩形外的对象隐藏。

图8-143

图8-144　　　　　图8-145

⑤用编组选择工具 ▷⁺ 选择圆角矩形，如图 8-146 所示，为它填充渐变，如图 8-147 和图 8-148 所示。

图8-146　　　　　　　　图8-147

图8-148

⑥用椭圆工具 ⬭ 绘制几个椭圆形，填充白色，无描边，将它们编为一组，如图 8-149 所示。复制该组图形，将副本图形缩小，如图 8-150 所示。

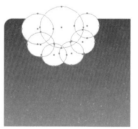

图8-149　　　　　　　图8-150

⑦用直线段工具 ╱ 按住 Shift 键绘制一条直线，如图 8-151 所示。执行"效果 > 扭曲和变换 > 波纹效果"命令，设置参数如图 8-152 所示，对直线进行扭曲，如图 8-153 所示。

图8-151

图8-152   图8-153

⑧向下复制两条直线，如图8-154所示。将这三条直线选择，编为一组。在"图层"面板中，将云朵图形和直线所在的图层拖入剪切蒙版组，如图8-155所示，这样就可以将蒙版外面的图形也隐藏。用文字工具 T 输入广告文字，如图8-156所示。

图8-154   图8-155   图8-156

⑨在"图层1"下面新建一个图层，如图8-157所示。用钢笔工具 ✎ 绘制一个心形图形，如图8-158所示。按下Shift+Ctrl+O快捷键将描边转换为轮廓，为图形填充渐变，再将它移动到卡片右侧，组成一个水杯，如图8-159所示。

图8-157   图8-158   图8-159

⑩单击"图层1"，在该图层中绘制一些线条和圆形，丰富画面效果，如图8-160所示。

图8-160

8.11 拓展练习：动感世界杯

●菜鸟级 ●玩家级 ●专业级 ●实例类型：技术提高型 ●视频位置：光盘 > 视频 >1.4

图8-161所示为一幅世界杯海报，动感足球是通过混合制作出来的。首先打开光盘中的素材文件，如图8-162所示，复制出两个足球，调小并降低不透明度，如图8-163所示；用这三个足球创建混合（步数为10），如图8-164所示；然后用路径替换混合轴并反转对象的堆叠顺序，如图8-165和图8-166所示。

图8-161   图8-162

图8-163

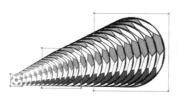

图8-164   图8-165

图8-166

第09章

UI设计：效果、外观与图形样式

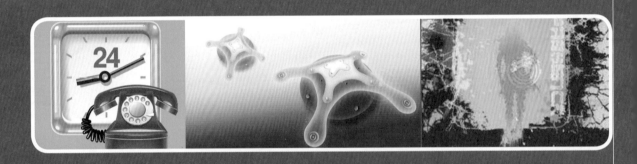

9.1 UI设计

UI 是 User Interface 的简称，译为用户界面或人机界面，这一概念是上个世纪 70 年代由施乐公司帕洛阿尔托研究中心（Xerox PARC）施乐研究机构工作小组提出的，并率先在施乐一台实验性的计算机上使用。

UI 设计是一门结合了计算机科学、美学、心理学、行为学等学科的综合性艺术，它为了满足软件标准化的需求而产生，并伴随着计算机、网络和智能化电子产品的普及而迅猛发展。UI 的应用领域主要包括手机通讯移动产品、电脑操作平台、软件产品、PDA 产品、数码产品、车载系统产品、智能家电产品、游戏产品、产品的在线推广等。国际和国内很多从事手机、软件、网站、增值服务的企业和公司都设立了专门从事 UI 研究与设计的部门，以期通过 UI 设计提升产品的市场竞争力。图9-1～图9-5所示为图标和界面设计。

图9-1　　　　　　　　图9-2

图9-3　　　　　　　　图9-4

图9-5

9.2 Illustrator效果

9.2.1 了解效果

效果是用于改变对象外观的功能。例如，可以为对象添加投影、使对象扭曲、边缘产生羽化、呈现线条状等。Illustrator 的"效果"菜单中包含两类效果，如图 9-6 所示，位于菜单上部的"Illustrator效果"是矢量效果，这其中的 3D 效果、SVG 滤镜、变形效果、变换效果、投影、羽化、内发光以及外发光可同时应用于矢量和位图，其他效果则只能用于矢量图；位于菜单下部的"Photoshop 效果"与Photoshop 的滤镜相同，它们可应用于矢量对象和位图。

选择对象后，执行"效果"菜单中的命令，或者单击"外观"面板中的 *fx.* 按钮，打开下拉列表选择一个命令即可应用效果。应用一个效果后（如使用"扭转"效果），菜单中就会保存该命令，如图 9-7 所示。执行"效果 > 应用扭转（效果名称）"命令，可以再次使用该效果。如果要修改效果参数，可执行"效果 > 扭转（效果名称）"命令。

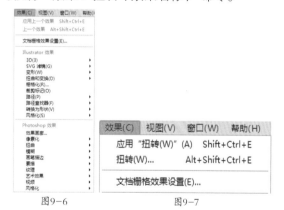

图9-6　　　　　　　　图9-7

> **提示**
>
> 向对象应用一个效果后，"外观"面板中便会列出该效果，我们可以通过该面板编辑效果，或者删除效果以还原对象。

9.2.2 SVG滤镜

SVG 是将图像描述为形状、路径、文本和滤镜效果的矢量格式，它的特点是生成的文件很小，可以在网络、打印样甚至资源有限的手持设备上提供较高品质的图像，并且可以任意缩放。SVG 滤镜主要用在以 SVG 效果支持高质量的文字和矢量方式的图像。

9.2.3 变形

"变形"效果组中包括 15 种变形效果，它们可以扭曲路径、文本、外观、混合以及位图，创建弧形、拱形、旗帜等变形效果。这些效果与 Illustrator 预设的封套扭曲的变形样式相同，具体效果请参阅"8.4.1 用变形建立封套扭曲"。

9.2.4 扭曲和变换

扭曲和变换效果组中包含"变换"、"扭拧"、"扭转"、"收缩和膨胀"、"波纹效果"、"粗糙化"、"自由扭曲"等效果，它们可以改变图形的形状、方向和位置，创建扭曲、收缩、膨胀、粗糙和锯齿等效果。其中"自由扭曲"是通过控制点来改变对象的形状的，如图 9-8 ~ 图 9-10 所示。

图9-8　　　　　　　　　　图9-9

图9-10

9.2.5 栅格化

栅格化是指将矢量图转换成位图。我们可以通过两种方法来操作。例如图 9-11 所示为一个矢量图形，从"外观"面板中可以看到，它是一个编组的矢量对象，如图 9-12 所示。执行"效果 > 栅格化"命令处理对象，可以使它呈现位图的外观，但不会改变其矢量结构，如图 9-13 所示，可以看到，"外

观"面板中仍保存着对象的矢量属性。第二种方法是执行"对象 > 栅格化"命令，将矢量对象转换为真正的位图，如图 9-14 所示。

图9-11

图9-13 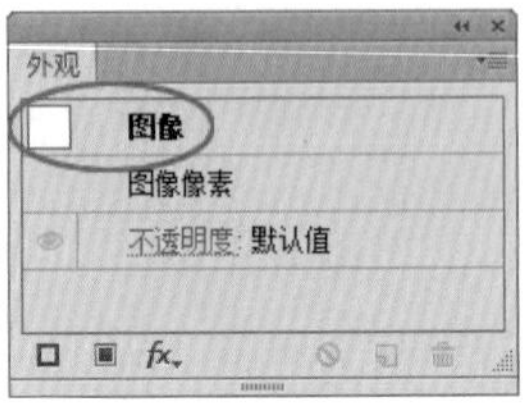　　　　　　　　　　图9-14

9.2.6 裁剪标记

执行"效果 > 裁剪标记"命令，可以在画板上创建裁剪标记。裁剪标记标识了纸张的打印和裁剪位置。需要打印对象或将图稿导出到其他程序时，裁剪标记非常有用。

9.2.7 路径

路径效果组中包含"位移路径"、"轮廓化对象"和"轮廓化描边"命令。"位移路径"命令可基于所选路径偏移出一条新的路径，并且可以设置路径的偏移值，以及新路径的边角形状；"轮廓化对象"命令可以将对象创建为轮廓；"轮廓化描边"命令可以将对象的描边创建为轮廓。

9.2.8 路径查找器

"路径查找器"效果组中包含"相加"、"交集"、"差集"和"相减"等 13 种效果，可用于组合或分割图形，它们与"路径查找器"面板的相关功能相同。不同之处在于，路径查找器效果只改变对象的外观，不会造成实质性的破坏，但这些效果只能用于处理组、图层和文本对象。而"路径查找器"面板可用于任何对象、组和图层的组合。

> **提示**
>
> 使用"路径查找器"效果组中的命令时，需要先将对象编为一组，否则这些命令不会产生作用。

9.2.9 转换为形状

"转换为形状"效果组中包含"矩形"、"圆角矩形"、"椭圆"等命令，它们可以将图形转换成为矩形、圆角矩形和椭圆形。在转换时，既可以在"绝对"选项中输入数值，按照指定的大小转换图形，也可以在"相对"选项中输入数值，相对于原对象向外扩展相应的宽度和高度。例如图9-15所示为一个图形对象，图9-16所示为"形状选项"对话框，图9-17所示为转换结果。

图9-15　　　　　　　　图9-16

图9-17

9.2.10 风格化

"风格化"效果组中包含6种效果，它们可以为图形添加投影、羽化等特效。

● 内发光/外发光：可使对象产生向内或向外的发光，并且可以调整发光颜色。图9-18所示为原图形，图9-19所示为内发光效果，图9-20所示为外发光效果。

图9-18　　　　图9-19　　　　图9-20

● 圆角：可以将对象的角点转换为平滑的曲线，使图形中的尖角变为圆角。

● 投影：可以为对象添加投影，创建立体效果。图9-21所示为"投影"对话框，图9-22和图9-23所示为原图形及添加投影后的效果。

图9-21　　　　　　　　图9-22

图9-23

● 涂抹：如图9-24所示为"涂抹"对话框，在"设置"下拉列表中选择一个预设的涂抹样式，调整参数即可将图形处理为手绘效果，如图9-25和图9-26所示。

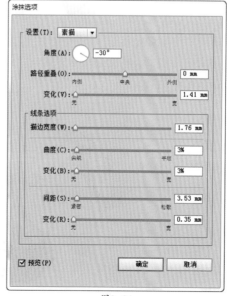

图9-24

图9-25　　　　　　　　图9-26

●羽化：可以柔化对象的边缘，使其边缘产生逐渐透明的效果。如图9-27所示为"羽化"对话框，通过"羽化半径"可以控制羽化的范围。如图9-28和图9-29所示为原图形及羽化后的效果。

图9-27

图9-28　　　　　　　　图9-29

小技巧：用效果表现塑料材质

　　下图中的控制器主要使用"风格化"效果组中的"羽化"、"内发光"、"外发光"等效果制作而成的。这些效果的综合应用，不仅使图形产生立体感，还能使其边缘产生透明和发光效果，充分表现了塑料材质的特征。使用这些效果时应注意，发光颜色使用材质自身的颜色，参数应根据图形的大小来定，如果图形较小而设置的参数值较大，则图形会失去自身的颜色。

控制器效果图　　　　绘制控制器图形

添加"外发光"效果（浅蓝色）

 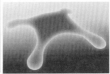

添加"内发光"效果（深蓝色）

9.3　Photoshop效果

　　Photoshop效果是从Photoshop的滤镜中移植过来的。使用这些效果时会弹出"效果画廊"，如图9-30所示，有些命令会弹出相应的对话框。"效果画廊"集成了扭曲、画笔描边、素描、纹理、艺术效果和风格化效果组中的命令，单击效果组中的一个效果即可使用该效果，在预览区可以预览该效果，在参数控制区可以调整效果参数。

显示/隐藏效果缩览图

弹出式菜单

参数设置区

预览区

效果组

当前使用的效果

缩放窗口

新建效果图层
删除效果图层

图9-30

单击"效果画廊"对话框右下角的 🖵 按钮,可以创建一个效果图层,添加效果图层后,可以选取其他效果。

> **提示**
>
> 使用Photoshop效果时,按住Alt键,对话框中的"取消"按钮会变成"重置"或者"复位"按钮,单击它们可以将参数恢复到初始状态。如果在执行效果的过程中想要终止操作,可以按下Esc键。

9.4 编辑对象的外观属性

9.4.1 外观面板

外观属性是一组在不改变对象基础结构的前提下,能够影响对象效果的属性,它包括填色、描边、透明度和各种效果,这些属性保存在"外观"面板中。如图 9-31 和图 9-32 所示为糖果瓶的外观属性。

图9-31

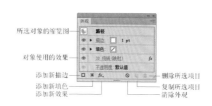

图9-32

- 所选对象缩览图：当前选择的对象的缩览图,它右侧的名称标识了对象的类型,例如路径、文字、组、位图图像和图层等。
- 描边：显示并可修改对象的描边属性,包括描边颜色、宽度和类型。
- 填色：显示并可修改对象的填充内容。
- 不透明度：显示并可修改对象的不透明度值和混合模式。
- 眼睛图标 👁 ：单击该图标,可以隐藏或重新显示效果。
- 添加新描边 □ ：单击该按钮,可以为对象增加一个描边属性。
- 添加新填色 ▣ ：单击该按钮,可以为对象增加一个填色属性。
- 添加新效果 *fx.* ：单击该按钮,可在打开的下拉菜单中选择一个效果。
- 清除外观 ⊘ ：单击该按钮,可清除所选对象的外观,使其变为无描边、无填色的状态。
- 复制所选项目 🖵 ：选择面板中的一个项目后,单击该按钮可复制该项目。
- 删除所选项目 🗑 ：选择面板中的一个项目后,单击该按钮可将其删除。

9.4.2 编辑基本外观

选择一个对象后,"外观"面板中会列出它的外观属性,包括填色、描边、透明度和效果等,如图 9-33 所示,我们可以选择其中的任意一个属性项目进行修改。例如图 9-34 所示为将填色内容设置为图案后的效果。

图9-33

图9-34

小技巧：快速复制外观属性

● 选择一个图形，将"外观"面板顶部的缩览图拖动到另外一个对象上，即可将所选图形的外观复制给目标对象。

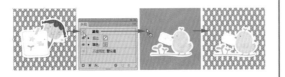

● 选择一个图形，使用吸管工具 ✐ 在其他图形上单击，可将该图形的外观属性复制给所选对象。

9.4.3 编辑效果

选择添加了效果的对象，如图9-35所示，双击"外观"面板中的效果名称，如图9-36所示，可以在打开的对话框中修改效果参数，如图9-37和图9-38所示。

图9-35 图9-36

图9-37 图9-38

9.4.4 调整外观的堆栈顺序

在"外观"面板中，外观属性按照其应用于对象的先后顺序堆叠排列，这种形式称为堆栈，如图9-39所示。向上或向下拖动外观属性，可以调整它们的堆栈顺序，需要注意的是，这会影响对象的显示效果，如图9-40所示。

图9-39 图9-40

9.4.5 扩展外观

选择对象，如图9-41所示，执行"对象 > 扩展外观"命令，可以将它的填色、描边和应用的效果等外观属性扩展为独立的对象（对象会自动编组），如图9-42所示为将投影、填色、描边对象移开后的效果。

图9-41 图9-42

9.5 高级技巧：为图层和组添加外观

单击图层名称右侧的 ◯ 图标，选择图层（可以是空的图层），如图9-43所示，执行一个效果命令，即可为该图层添加外观，如图9-44和图9-45所示。此后，凡是在该图层中创建的对象都会自动添加该图层的外观（投影效果），如图9-46和图9-47所示。

图9-43 图9-44

图9-45

图9-46

图9-47

在"图层"面板中单击组右侧的 ○ 图标，选择编组的对象，也可为其添加效果。此后，如果将一个对象加入该组，这个对象也会拥有该组所具备的效果。如果将其中的一个对象从组中移出，则它将失去该效果，因为效果属于组，而不属于组内的单个对象。

9.6 使用图形样式

图形样式是可以改变对象外观的预设的属性集合，它们保存在"图形样式"面板中。选择一个对象，如图 9-48 所示，单击该面板中的一个样式，即可将其应用到所选对象上，如图 9-49 和图 9-50 所示。如果再单击其他样式，则新样式会替换原有的样式。

图9-48

图9-49

图9-50

- 默认 ▢：单击该样式，可以将当前选择的对象设置为默认的基本样式，即黑色描边、白色填色。
- 图形样式库菜单 ▯▾：单击该按钮，可在打开的下菜单中选择图形样式库。
- 断开图形样式链接 ⌗：用来断开当前对象使用的样式与面板中样式的链接。断开链接后，可单独修改应用于对象的样式，而不会影响面板中的样式。
- 新建图形样式 ▯：选择一个对象，如图 9-51 所示，单击该按钮，即可将所选对象的外观属性保存到"图形样式"面板中，如图 9-52 所示，以便于其他对象使用。

图9-51

图9-52

- 删除图形样式 🗑：选择面板中的图形样式后，单击该按钮可将其删除。

小技巧：通过拖动方式应用图形样式

在未选择任何对象的情况下，将"图形样式"面板中的样式拖动到对象上，可以直接为其添加该样式，这样可以省去选择对象的麻烦，使操作更加简单。

9.7 高级技巧：重新定义图形样式

单击"图形样式"面板中的一个样式，如图 9-53 所示，"外观"面板就会显示它包含的项目，可以选择一种属性进行修改。例如选择描边后，可以修改描边颜色和宽度，如图 9-54 所示。执行"外观"面板菜单中的"重定义图形样式"命令，可用修改后的样式替换原有样式，如图 9-55 所示。

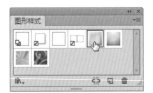

图9-53

图9-54

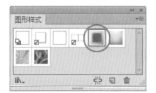

图9-55

小技巧：在不影响对象的情况下修改样式

如果当前修改的样式已被文档中的对象使用，则对象的外观会自动更新。如果不希望应用到对象的样式发生改变，可以在修改样式前选择对象，再单击"图形样式"面板中的 🔗 按钮，断开它与面板中的样式的链接，然后再对样式进行修改。

9.8 高级技巧：图形样式创建和导入技巧

按住 Ctrl 键单击"图形样式"面板中两个或多个图形样式，将它们选择，如图 9-56 所示，执行面板菜单中的"合并图形样式"命令，可以创建一个新的图形样式，它包含所选样式的全部属性，如图 9-57 所示。

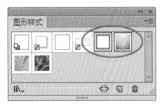

图9-56

图9-57

单击"图形样式"面板中的 📚 按钮，选择"其他库"命令，在弹出的对话框中选择一个 AI 文件，单击"打开"按钮，可以将该文件中使用的图形样式导入当前文档，这些样式会出现在一个单独的面板中。

9.9 效果实例：涂鸦艺术

- 菜鸟级 ●玩家级 ●专业级
- 实例类型：插画设计
- 难易程度：★★☆
- 实例描述：涂鸦风格的插画具有粗犷的美感，自由、随意且充满了个性。在本案例中，我们将通过"波浪"和"扭拧"等变形效果来制作这种风格的插画。

① 打开光盘中的素材文件，选择人物图形，填充渐变，如图 9-58 和图 9-59 所示。

图9-58　　　　　　图9-59

② 执行"效果 > 扭曲和变换 > 扭拧"命令，设置参数如图 9-60 所示。执行"效果 > 扭曲和变换 > 波纹效果"命令，再次扭曲图形，如图 9-61 所示。

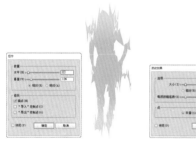 

图9-60　　　　　　图9-61

③ 按下 Ctrl+C 快捷键复制图形，按下 Ctrl+F 快捷键粘贴到前面。打开"外观"面板菜单，选择"简化至基本外观"命令，删除效果，只保留渐变填充。修改图形的填充颜色和混合模式，如图 9-62 和图 9-63 所示。

图9-62　　　　　　图9-63

④ 将"图层 2"显示出来，如图 9-64 所示。选择画板中的文字图形，修改它的填色和描边，如图 9-65 和图 9-66 所示。

图9-64　　　　　　图9-65

图9-66

⑤ 执行"效果 > 扭曲和变换 > 粗糙化"命令，使文字的边缘变得粗糙，如图 9-67 和图 9-68 所示。然后设置文字的混合模式为"叠加"，如图 9-69 所示。

图9-67　　　　　　图9-68

图9-69

⑥ 在"图层"面板中将"背景素材"图层显示出来，如图 9-70 所示，最终效果如图 9-71 所示。

图9-70　　　　　　图9-71

9.10 质感实例：水晶按钮

- ●菜鸟级 ●玩家级 ●专业级
- ●实例类型：特效类
- ●难易程度：★★★
- ●实例描述：创建圆形，通过添加效果制作为立体按钮。在水晶质感表现方面，绘制圆形，通过"路径查找器"面板进行运算制作出高光图形，调整颜色和不透明度，将图形叠加在按钮上，产生圆润、光滑的高光效果。

①选择椭圆工具 ，按住 Shift 键创建一个圆形，为它填充径向渐变，如图 9-72 和图 9-73 所示。按下 Ctrl+C 快捷键复制图形，后面会用到它。

图9-72

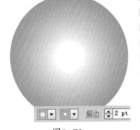

图9-73

②执行"效果 > 风格化 > 投影"命令，为图形添加投影，如图 9-74 和图 9-75 所示。

图9-74

图9-75

③执行"窗口 > 符号库 > 复古"命令，打开该面板，将如图 9-76 所示的符号拖动到画板中，放在按钮上方，在"透明度"面板中设置混合模式为"正片叠底"，如图 9-77 和图 9-78 所示。

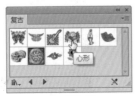

图9-76

图9-77

图9-78

④按下 Ctrl+F 快捷键将复制的圆形粘贴到前面，使用选择工具 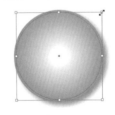 按住 Shift+Alt 键拖动控制点，基于中心点将圆形成比例缩小，如图 9-79 所示。按下 Ctrl+C 快捷键复制，在下面制作按钮高光时会使用该图形。按住 Alt 键向左上方拖动圆形进行复制，如图 9-80 所示。

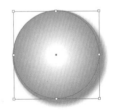

图9-79

图9-80

⑤选择上一步操作中制作的两个圆形，如图 9-81 所示，单击"路径查找器"面板中的 按钮，对图形进行运算，如图 9-82 和图 9-83 所示。

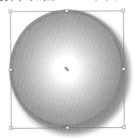

图9-81

图9-82　　　　　　　　　　　图9-83

⑥修改图形的填充色为浅灰色，无描边颜色，如图 9-84 所示。执行"效果 > 风格化 > 羽化"命令，添加"羽化"效果，如图 9-85 和图 9-86 所示。

图9-84　　　　　　　　　　　图9-85

图9-86

⑦按下 Ctrl+F 快捷键原位粘贴刚才复制的圆形，为图形填充白色，无描边颜色，不透明度调整为 50%，如图 9-87 所示。使用刻刀工具 🔪 将图形裁开，如图 9-88 所示，使用编组选择工具 ▷+ 选择图形的下半部分，按下 Delete 键删除，如图 9-89 所示。

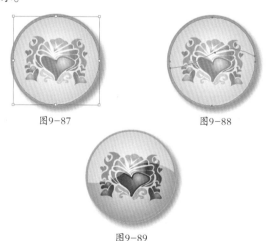

图9-87　　　　　　　　　　　图9-88

图9-89

⑧为图形添加高光边缘，如图 9-90 所示。按下 Ctrl+A 快捷键全选图形，按下 Ctrl+G 快捷键编组。使用选择工具 ▶ 按住 Alt 键拖动按钮进行复制。使用编组选择工具 ▷+ 选择按钮中的符号，如图 9-91 所示，单击如图 9-92 所示的符号样本，将它添加到"符号"面板中。

图9-90　　　　　　　　　　　图9-91

图9-92

⑨打开"符号"面板菜单，执行"替换符号"命令，用该符号替换原有的符号，如图 9-93 和图 9-94 所示。按住 Shift 键拖动定界框上的控制点，将符号图形缩小，如图 9-95 所示。采用同样方法，使用符号库中的其他符号可以制作出更多的按钮。

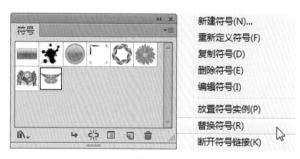

图9-93

图9-94　　　　　　　　　　　图9-95

9.11 特效字实例：多重描边字

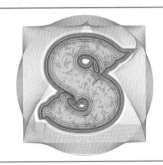

●菜鸟级 ●玩家级 ●专业级
●实例类型：技术提高型
●难易程度：★★★★★
●实例描述：通过在"外观"面板中复制描边，创建多重描边效果。为各个描边指定不同的颜色，修改描边宽度，制作出具有多重轮廓的艺术特效字。

①打开光盘中的素材文件，如图9-96所示，单击"图层1"，选择该图层，如图9-97所示。

图9-96　　　　　　　图9-97

②使用椭圆工具 ⬭ 按住 Shift 键创建一个圆形，如图9-98所示。用矩形工具 ▣ 按住 Shift 键创建一个方形，如图9-99所示。用星形工具 ☆ 按住 Shift 键锁定水平方向创建一个三角形（可按下"↓"键调整边数），如图9-100所示。

图9-98　　　　　图9-99　　　　　图9-100

③按下 Ctrl+A 快捷键选择这几个图形，按下控制面板中的 ⯗ 和 ⯗⯗ 按钮，将它们对齐。按下 Alt+Ctrl+B 快捷键创建混合。双击混合工具 ⬚，打开"混合选项"对话框，选择"指定的步数"，然后设置混合步数为30，如图9-101所示，效果如图9-102所示。

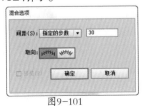

图9-101　　　　　　　图9-102

④单击"图层2"前面的 🔒 图标，解除该图层的锁定，如图9-103所示，选择该图层中的文字，如图9-104所示，设置描边颜色为琥珀色，粗细为55pt，如图9-105所示。

图9-103　　　　　图9-104　　　　　图9-105

提示

按下"描边"面板中的使描边居中对齐按钮 ⯗，让描边位于线条中间。

⑤在"外观"面板中将描边选项拖动到 🔲 按钮上进行复制，如图9-106所示。将描边颜色修改为灰色，粗细调整为50pt，如图9-107和图9-109所示。

图9-106　　　　　　　图9-107

图9-108

⑥单击▣按钮再次复制描边属性，然后修改描边的颜色和粗细。重复以上操作，使描边由粗到细产生变化，形成丰富的层次感，如图 9-109 和图 9-110 所示。

图9-109　　　　　　　　　　图9-110

⑦再复制一个描边属性，修改描边颜色和粗细，如图 9-111 所示。按下"描边"面板中的┗ 按钮，使描边位于线条的内侧，如图 9-112 所示。

图9-111

图9-112

⑧单击"描边"属性前面的▶按钮展开列表，单击"不透明度"属性，在打开的下拉面板中将混合模式设置为"柔光"，如图 9-113 所示。复制最上面的描边，修改描边颜色和粗细，如图 9-114 所示。

图9-113

图9-114

⑨选取另一个画板中的图案，如图 9-115 所示，按下 Ctrl+C 快捷键复制。单击"图层"面板中的▶ 按钮新建一个图层，按下 Ctrl+V 快捷键粘贴花纹图案，如图 9-116 和图 9-117 所示。

图9-115　　　　　图9-116　　　　　图9-117

⑩将图案的混合模式设置为"叠加"，如图 9-118 和图 9-119 所示。使用选择工具▶选取花纹，调整位置和角度，按住 Alt 键拖动图形进行复制，使花纹布满文字，如图 9-120 所示。

图9-118

图9-119　　　　　图9-120

⑪在"图层 2"后面单击，选取该图层中的文字，如图 9-121 所示，按住 Alt 键拖到"图层 3"，如图 9-122 所示，将文字复制到该图层中。单击"图层 3"，选择该图层，单击▣ 按钮创建剪切蒙版，将文字外面的图案隐藏，如图 9-123 所示。

图9-121　　　　　　　图9-122　　　　　　　图9-123

9.12　UI设计实例：可爱的纽扣图标

● 菜鸟级　● 玩家级　● 专业级
● 实例类型：UI 设计类
● 难易程度：★★★★
● 实例描述：本实例应用了许多小技巧来表现图标的纹理和细节。首先，将圆形路径设置波纹效果，通过各项参数的调整，使波纹有粗、细、疏、密的变化。再让波纹之间的角度稍错开一点，就形成了好看的纹理效果。另外，还通过纹埋样式表现质感，投影表现立体感，描边虚线化表现缝纫效果，通过混合模式体现图形颜色的微妙变化。

9.12.1　制作图标

① 选择椭圆工具 ，在画板中单击，弹出"椭圆"对话框，设置圆形的大小，如图 9-124 所示，单击"确定"按钮，创建一个圆形，设置描边颜色为深绿色，无填充颜色，如图 9-125 所示。

图9-124　　　　　　　图9-125

② 执行"效果 > 扭曲和变换 > 波纹效果"命令，设置参数如图 9-126 所示，使平滑的路径产生有规律的波纹，如图 9-127 所示。

图9-126　　　　　　　　　　　　图9-127

③ 按下 Ctrl+C 快捷键复制该图形，按下 Ctrl+F 快捷键粘贴到前面，将描边颜色设置为浅绿色，如图 9-128 所示。使用选择工具 ，将光标放在定界框的一角，轻轻拖动鼠标将图形旋转，如图 9-129 所示，两个波纹图形错开后，一深一浅的搭配使图形产生厚度感。

图9-128　　　　　　　　　　图9-129

④使用椭圆工具 ◯ 按住 Shift 键创建一个圆形，填充线性渐变，如图 9-130 和图 9-131 所示。

图9-130　　　　　　图9-131

⑤执行"效果 > 风格化 > 投影"命令，设置参数如图 9-132 所示，为图形添加投影效果，产生立体感，如图 9-133 所示。

图9-132　　　　　　图9-133

⑥再次创建一个圆形，如图 9-134 所示。执行"窗口 > 图形样式库 > 纹理"命令，打开"纹理"面板，选择"RGB 石头 3"纹理，如图 9-135 和图 9-136 所示。

图9-134　　　　　　图9-135

图9-136

⑦设置该图形的混合模式为"柔光"，使纹理图形与绿色渐变图形融合到一起，如图 9-137 和图 9-138 所示。

 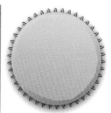

图9-137　　　　　　图9-138

⑧在画面空白处分别创建一大、一小两个圆形，如图 9-139 所示。选取这两个圆形，分别按下"对齐"面板中的 按钮和 按钮，将图形对齐，再按下"路径查找器"中的 按钮，让大圆与小圆相减，形成一个环形，填充深绿色，如图 9-140 所示。

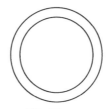 

图9-139　　　　　　图9-140

⑨执行"效果 > 风格化 > 投影"命令，为图形添加投影效果，如图 9-141 和图 9-142 所示。

图9-141　　　　　　图9-142

⑩选择一开始制作的波纹图形，复制以后粘贴到最前面，设置描边颜色为浅绿色，描边粗细为 0.75pt，如图 9-143 所示。打开"外观"面板，双击"波纹效果"，如图 9-144 所示，弹出"波纹效果"对话框，修改参数如图 9-145 所示，使波纹变得细密，如图 9-146 所示。

图9-143　　　　　　图9-144

图9-145　　　　　　　　　　　图9-146

提示

当大小相近的图形重叠排列时，要选取位于最下方的图形似乎不太容易，尤其是某个图形设置了投影或外发光等效果，那么它就比其他图形大了许多，无论你需要与否，在选取图形时总会将这样的图形选择。遇到这种情况时，可以单击"图层"面板中的 ▶ 按钮，将图层展开显示出子图层，要选择哪个图形的话，在其子图层的最后面单击就可以了。

11 按下 Ctrl+F 快捷键再次粘贴波纹图形，设置描边颜色为嫩绿色，描边粗细为0.4pt，再调整它的波纹效果参数，如图9-147和图9-148所示。

图9-147　　　　　　　　　　　图9-148

12 再创建一个小一点的圆形，设置描边颜色为浅绿色，如图9-149所示。单击"描边"面板中的圆头端点按钮 和圆角连接按钮 ，勾选"虚线"选项，设置虚线参数为3pt，间隙参数为4pt，如图9-150和图9-151所示，制作出缝纫线的效果。

图9-149　　　　　　　　　　　图9-150

图9-151

13 执行"效果 > 风格化 > 外发光"命令，设置参数如图 9-152 所示，使缝纫线产生立体感，如图 9-153 所示。

图9-152　　　　　　　　　　　图9-153

提示

制作到这里，需要将图形全部选取，在"对齐"面板中将它们进行垂直与水平方向的居中对齐。

9.12.2　制作立体高光图形

1 打开"符号"面板，单击右上角的 按钮，打开面板菜单，选择"打开符号库 > 网页图标"命令，加载该符号库，选择"短信"符号，如图9-154所示，将它拖入画面中，如图9-155所示。

图9-154　　　　　　　　　　　图9-155

2 单击"符号"面板底部的 按钮，断开符号的链接，使符号成为单独的图形，如图9-156和图9-157所示。符号断开链接变成图形后，我们还需要按下 Ctrl+G 快捷键将图形编组。

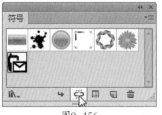

图9-156　　　　　　　　　　　图9-157

③按下 Ctrl+C 快捷键复制该图形。设置图形的混合模式为"柔光"，如图 9-158 和图 9-159 所示。

图9-158

图9-159

④按下 Ctrl+F 快捷键粘贴图形，设置描边颜色为白色，描边粗细为 1.5pt，无填充颜色。设置混合模式为"叠加"，如图 9-160 和图 9-161 所示。

图9-160

图9-161

⑤执行"效果 > 风格化 > 投影"命令，设置参数如图 9-162 所示，使图形产生立体感，如图 9-163 所示。打开光盘中的素材文件，拖入到图标

文档中，放在最底层作为背景。用相同的方法，为图标填充不同的颜色，制作出更多的彩色图标，如图 9-164 所示。

图9-162

图9-163

图9-164

9.13 拓展练习：金属球反射效果

●菜鸟级 ●玩家级 ●专业级 ●实例类型：特效类 ●视频位置：光盘 > 视频 >9.13

图 9-165 所示为一个金属球反射的实例。这个实例以矩形和矩形网格为背景元素，在其上方制作金属球体，在球体上贴文字，通过扭曲制作为反射效果。具体操作方法为：打开光盘中的背景素材，如图 9-166 所示，创建几个球体，填充径向渐变，如图 9-167 和图 9-168 所示；输入文字，如图 9-169 所示，执行"效果 > 变形 > 膨胀"命令，对文字进行扭曲，可参考图 9-170 所示的参数。

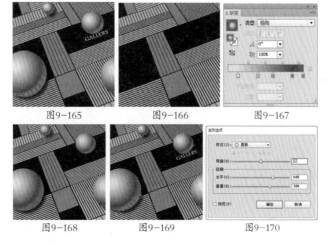

图9-165   图9-166   图9-167

图9-168   图9-169   图9-170

第10章

包装设计：3D与透视网格

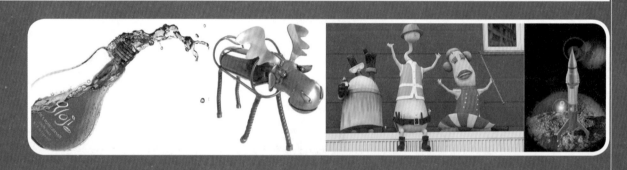

10.1 包装设计

包装是产品的第一推销员，好的商品要有好的包装来衬托才能充分体现其价值，能够引起消费者的注意，扩大企业和产品的知名度。

10.1.1 包装的类型

- 纸箱：统称瓦楞纸箱，具有一定的抗压性，主要用于储运包装。
- 纸盒：用于销售包装，如糕点盒、化妆品盒、药盒等。如图 10-1 所示为 Fisherman 胶鞋包装设计。

图10-1

- 木箱、木盒：木箱多用于储运和包装，木盒主要用于工艺品等高档商品或礼品的包装。
- 铁盒、铁桶：多用于罐头、糖果和饮料包装，这类包装多采用马口铁或镀锌铁皮加工而成，另外还有镁铝合金的易拉罐等。如图 10-2 所示为一组非常有趣的酒瓶包装。

图10-2

- 塑料包装：包括塑料袋、塑料瓶、塑料桶、塑料盒等，塑料袋是最为广泛的包装物，塑料桶和塑料盒主要用于液体类的包装。如图 10-3 所示为一组可口可乐塑料包装瓶。

图10-3

- 玻璃瓶：多用于酒类、罐头、饮料和药品的包装。玻璃瓶分为广口瓶和小口瓶，又有磨砂、异形、涂塑等不同的工艺。
- 棉、麻织品：多用于土特产品的传统包装方式。
- 陶罐、瓷瓶：属于传统的包装形式，常用在酒类、土特产的包装上。

10.1.2 包装的设计定位

包装具有三大功能，即保护性、便利性和销售性。不同的历史时期，包装的功能含义也不尽相同，但包装却永远离不开采用一定材料和容器包裹、捆扎、容装、保护内装物及传达信息的基本功能。包装设计应向消费者传递一个完整的信息，即这是一种什么样的商品，这种商品的特色是什么，它适用于哪些消费群体。包装的设计还应充分考虑消费者的定位，包括消费者的年龄、性别和文化层次，针对不同的消费阶层和消费群体进行设计，才能放有的放矢，达到促进商品销售的目的。

包装设计要突出品牌，巧妙地将色彩、文字和图形组合，形成有一定冲击力的视觉形象，从而将产品的信息准确地传递给消费者。如图 10-4 所示为美国 Gloji 公司灯泡型枸杞子混合果汁包装设计，它打破了饮料包装的常规形象，让人眼前一亮。灯泡形的包装与产品的定位高度契合，传达出的是：Gloji 混合型果汁饮料让人感觉到的是能量的源泉，如同灯泡给人带来光明，Gloji 灯泡饮料似乎也可以带给你取之不尽的力量。该包装在 2008 年 Pentawards 上获得了果汁饮料包装类金奖。

图10-4

10.2 3D效果

3D 效果是 Illustrator 中一项非常强大的 3D 功能，它可以通过挤压、绕转和旋转等方式让二维图形产生三维效果，还可以调整对象的角度和透视，设置光源，并能够将符号作为贴图投射到三维对象的表面。

10.2.1 凸出和斜角

"凸出和斜角"命令通过挤压的方法为路径增加厚度来创建立体对象。图 10-5 所示为一个相机图形，将它选择后，执行"效果 >3D> 凸出和斜角"命令，在打开的对话框中设置参数，如图 10-6 所示，单击"确定"按钮，即可沿对象的 Z 轴拉伸出一个 3D 对象，如图 10-7 所示。

图10-5　　　　　图10-6　　　　　图10-7

● 位置：在该选项下拉列表中可以选择一个预设的旋转角度。如果想要自由调整角度，可拖动对话框左上角观景窗内的立方体，如图 10-8 和图 10-9 所示；如果要设置精确的旋转角度，可在指定绕 X 轴旋转 ➡、指定绕 Y 轴旋转 ⬇ 和指定绕 Z 轴旋转 ⟳ 右侧的文本框中输入角度值。

图10-8

图10-9

● 透视：在文本框中输入数值，或单击 ▶ 按钮，移动显示的滑块可调整透视效果。图 10-10 所示为未设置透视的立体对象，如图 10-11 所示为设置透视后的对象，此时立体效果更加真实。

● 凸出厚度：用来设置挤压厚度，该值越高，对象越厚，如图 10-12 和图 10-13 所示是分别设置该值为 20pt 和 60pt 时的挤压效果。

图10-10　　　图10-11　　　图10-12　　　图10-13

● 端点：单击 ◉ 按钮，可以创建实心立体对象，如图 10-14 所示；单击 ◎ 按钮，则创建空心立体对象，如图 10-15 所示。

● 斜角 / 高度：在"斜角"选项的下拉列表中可以选择一种斜角样式，创建带有斜角的立体对象，如图 10-16 和图 10-17 所示。此外，我们还可以选择斜角的斜切方式，单击 🔳 按钮，可以在保持对象大小的基础上通过增加像素形成斜角；单击 🔳 按钮，则从原对象上切除部分像素形成斜角。为对象设置斜角后，可以在"高度"文本框中输入斜角的高度值。

图10-14　　　　　　　图10-15

图10-16　　　　　　　图10-17

10.2.2 绕转

"绕转"命令可以将图形沿自身的 Y 轴绕转，成为立体对象。图 10-18 所示为一个酒杯的剖面图形，将它选择，执行"效果 >3D> 绕转"命令，在打开的对话框中设置参数如图 10-19 所示，单击"确定"按钮，即可将它绕转成一个酒杯，如图 10-20 所示。绕转的"位置"和"透视"选项与"凸出和斜角"命令相应选项的设置方法相同。

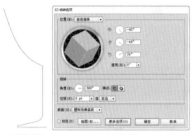

图10-18　　　　图10-19　　　　　　图10-20

- 角度：用于设置绕转度数，默认的角度值为360°，此时可生成完整的立体对象。如果小于该值，则对象上会出现断面，如图 10-21 所示角度为 300°。
- 端点：可以指定显示的对象是实心的（单击 ⬤ 按钮），还是空心的（单击 ⬤ 按钮）。
- 偏移：用来设置绕转对象与自身轴心的距离，该值越高，对象偏离轴心越远，图 10-22 所示是设置该值为 10pt 的效果。
- 从：用来设置对象绕之转动的轴，包括"左边"和"右边"。如果原始图形是最终对象的右半部分，应选择从"左边"开始绕转，如图 10-23 所示。如果选择从"右边"绕转，则会产生错误的结果，如图 10-24 所示。如果原始图形是对象的左半部分，选择从"右边"开始旋转可以产生正确的结果。

图10-21　　　　图10-22　　　　图10-23　　图10-24

10.2.3 旋转

"旋转"命令可以在一个虚拟的三维空间中旋转图形、图像，或者是由"凸出和斜角"或"绕转"命令生成的3D对象。例如图 10-25 所示为一个图像，将它选择后，使用"旋转"效果即可旋转它，如图 10-26 和图 10-27 所示。该效果的选项与"凸出和斜角"效果完全相同。

图10-25　　　　　　　　图10-26

图10-27

10.2.4 设置模型表面

使用"凸出和斜角"命令和"绕转"命令创建3D对象时，可以选择四种表面效果，如图 10-28 所示。

- 线框：只显示线框结构，无颜色和贴图，如图 10-29 所示，此时屏幕的刷新速度最快。
- 无底纹：不向对象添加任何新的表面属性，3D对象具有与原始2D对象相同的颜色，但无光线的明暗变化，如图 10-30 所示。
- 扩散底纹：对象以一种柔和的、扩散的方式反射光，但光影的变化不够真实和细腻，如图 10-31 所示。
- 塑料效果底纹：对象以一种闪烁的、光亮的材质模式反射光，可获得最佳的效果，但屏幕的刷新速度会变慢，如图 10-32 所示。

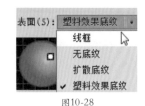

图10-28

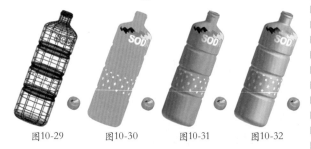

图10-29　　　图10-30　　　图10-31　　　图10-32

提示

如果对象使用"旋转"效果，则"表面"下拉列表中将只有"扩散底纹"和"无底纹"两个选项。

10.2.5　编辑光源

创建 3D 对象时，单击对话框中的"更多选项"按钮，可以显示光源选项，如图 10-33 所示。如果将表面效果设置为"扩散底纹"或"塑料效果底纹"，则可以添加光源，生成光影变化效果，使立体效果更加真实。

●光源编辑预览框：默认情况下，光源编辑预览框中只有一个光源，单击 ▣ 按钮可添加新的光源，如图 10-34 所示；单击并拖动光源可以移动它的位置，如图 10-35 所示。选择一个光源后，单击 ▣ 按钮，可将其移动到对象的后面，如图 10-36 所示，单击 ▣ 按钮，可将其移动到对象的前面，如图 10-37 所示。如果要删除光源，可以选择该光源，然后单击 🗑 按钮。

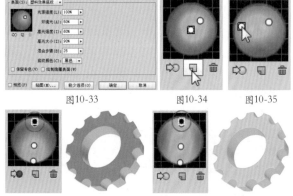

图10-33　　　图10-34　　　图10-35

图10-36　　　　　图10-37

●光源强度：用来设置光源的强度，范围为 0%～100%，该值越高，光照的强度越大。

●环境光：用来设置环境光的强度，它可以影响对象表面的整体亮度。

●高光强度：用来设置高光区域的亮度，该值越高，高光点越亮。

●高光大小：用来设置高光区域的范围，该值越高，高光的范围越广。

●混合步骤：用来设置对象表面光色变化的混合步骤，该值越高，光色变化的过渡越细腻，但会耗费更多的内存。

●底纹颜色：用来控制对象的底纹颜色。选择"无"，表示不为底纹添加任何颜色，如图 10-38 所示；"黑色"为默认选项，它可在对象填充颜色的上方叠印黑色底纹，如图 10-39 所示；选择"自定"，然后单击选项右侧的颜色块，可在打开的"拾色器"中选择一种底纹颜色，如图 10-40 所示。

图10-38　　　图10-39　　　　　图10-40

●保持专色：如果对象使用了专色，选择该项可确保专色不会发生改变。

●绘制隐藏表面：用来显示对象的隐藏表面，以便对其进行编辑。

10.2.6　在模型表面贴图

在 Maya、3ds Max 等三维软件中，很多材质、纹理、反射都是通过将图片贴在对象的表面模拟出来的。Illustrator 也可以在 3D 对象表面贴图，但需要我们首先将贴图保存在"符号"面板中。例如图 10-41 所示是一个没有贴图的 3D 对象，如图 10-42 所示是为用于贴图的符号。当我们使用"凸出与斜角"和"绕转"命令创建 3D 效果时，可单击对话框中的"贴图"按钮，在打开的"贴图"对话框中为对象的表面设置贴图，如图 10-43 所示。

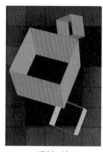
图10-41

图10-42

图10-43

● 表面 / 符号：用来选择要贴图的对象表面，可单击第一个 ◀ 、上一个 ◀ 、下一个 ▶ 和最后一个 ▶ 按钮切换表面，被选择的表面在窗口中会显示出红色的轮廓线。选择一个表面后，可在"符号"下拉列表中为它选择一个符号，如图 10-44 所示。通过符号定界框还可以移动、旋转和缩放符号，以调整贴图在对象表面的位置和大小，如图 10-45 所示。

图10-44

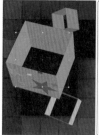
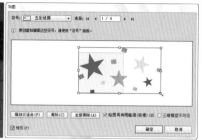
图10-45

● 缩放以适合：单击该按钮，可以自动调整贴图的大小，使之与选择的面相匹配。

● 清除 / 全部清除：单击"清除"按钮，可清除当前设置的贴图；单击"全部清除"按钮，可清除所有表面的贴图。

● 贴图具有明暗调：选择该项后，贴图会在对象表面产生明暗变化，如图 10-46 所示；如果取消选择，则贴图无明暗变化，如图 10-47 所示。

● 三维模型不可见：未选择该项时，可显示立体对象和贴图效果，选择该项后，则仅显示贴图，不会显示立体对象，如图 10-48 所示。

图10-46　　　　图10-47　　　　图10-48

提示

在对象表面贴图会占用较多的内存，因此，如果符号的图案过于复杂，电脑的处理速度会变慢。

10.3 高级技巧：增加模型的可用表面

如果对象设置了描边，如图 10-49 所示，则使用"凸出和斜角"、"绕转"命令创建 3D 对象时，描边也可以生成表面，如图 10-50 所示，并且还能为这样的表面贴图，如图 10-51 和图 10-52 所示。

图10-49

图10-50

图10-51

图10-52

10.4 高级技巧：多图形同时创建立体效果

由多个图形组成的对象可以同时创建立体效果，操作方法是将对象全部选择，执行"凸出和斜角"命令，图形中的每一个对象都会应用相同程度的挤压。例如图 10-53 所示是一个由多个图形组成的滚轴，如图 10-54 所示为对这些图形同时应用"凸出和斜角"命令生成的立体对象，如图 10-55 所示为不同角度的观察效果。

图10-53

图10-54

图10-55

提示

通过这种方式生成立体对象后，可以选择其中任意一个图形，然后双击"外观"面板中的3D属性，在打开的对话框中调整参数，可单独改变这个图形的挤压效果，而不会影响其他图形。如果先将所有对象编组，再统一制作为3D对象，则编组图形将成为一个整体，不能单独编辑单个图形的效果参数。

10.5 高级技巧：弥补3D功能的不足

Illustrator 的"3D"效果虽然没有专业的 3D 程序全面，但其操作方法简单、功能也很强大，而且矢量风格的 3D 模型也独具特色。如果需要在平面设计作品中添加 3D 文字，完全可以在 Illustrator 中直接制作，而不必切换其他程序，如图 10-56 ～图 10-58 所示。

图10-56

图10-57

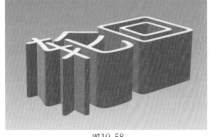

图10-58

Illustrator "3D"效果的缺憾在于无法表现反射、折射、环境光、投影等光影效果，不过可以通过后期来弥补。例如，立体字创建完成后，可以用铅笔工具 投影图形，如再添加"羽化"效果，如图 10-59 所示；用钢笔工具 绘制反射光，也进行羽化，如图 10-60 所示。

图10-59

图10-60

如图 10-61 所示为将立体字添加到一个室内场景中的效果。如图 10-62 所示的火箭模型也是用 Illustrator "3D"效果制作的。

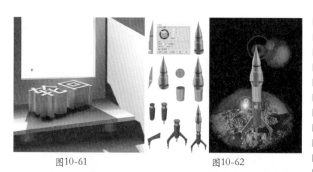

图10-61　　　　　　图10-62

10.6 透视图

透视网格为我们提供了可以在透视状态下绘制和编辑对象的可能，例如，可以使道路或铁轨看上去像在视线中相交或消失一般，也可以将一个对象置入到透视中，使其呈现透视效果。

10.6.1 透视网格

选择透视网格工具 ⊞ ，或执行"视图 > 透视网格 > 显示网格"命令，即可显示透视网格，如图10-63所示。在显示透视网格的同时，画板左上角还会出现一个平面切换构件，如图10-64所示。我们要在哪个透视平面绘图，需要先单击该构件上面的一个网格平面。如果要隐藏透视网格，可执行"视图 > 透视网格 > 隐藏网格"命令。

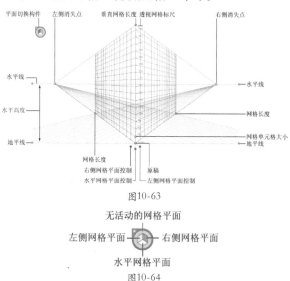

图10-63

图10-64

可以使用键盘快捷键1（左平面）、2（水平面）和3（右平面）来切换活动平面。此外，平面切换构件可以放在屏幕四个角中的任意一角。如果要修改它的位置，可双击透视网格工具 ⊞ ，在打开的对话框中设定。

Illustrator提供了预设的一点、两点和三点透视网格，在"视图>透视网格"下拉菜单中可以选择它们。

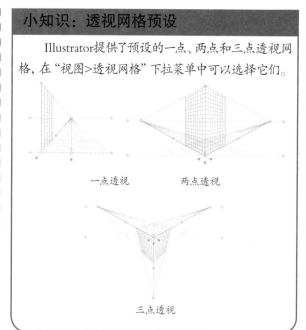

一点透视　　两点透视

三点透视

10.6.2 在透视中创建对象

选择透视网格工具 ⊞ ，执行"视图 > 透视网格 > 显示网格"命令，在画板中显示透视网格，如图10-65所示。网格中的圆点和菱形方块是控制点，拖动控制点可以移到网格，如图10-66所示。

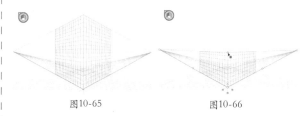

图10-65　　　　　　图10-66

选择矩形工具 ▢ ，单击左侧网格平面，然后在画板中创建矩形，即可将其对齐到透视网格的网格线上，如图10-67所示。分别单击右侧网格平面和水平网格平面，再创建两个矩形，使它们组成为一个立方体，如图10-68和图10-69所示，如图10-70所示为隐藏网格后的效果。

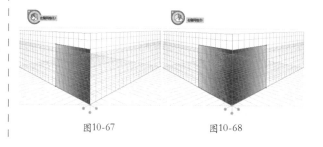

图10-67　　　　　　图10-68

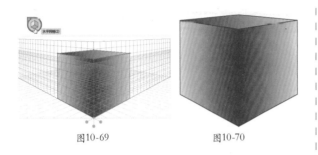

图10-69　　　　　　　图10-70

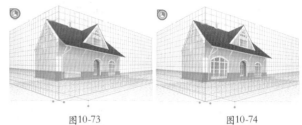

图10-73　　　　　　　图10-74

按住 Ctrl 键可以显示定界框，如图 10-75 所示，拖动控制点可以缩放对象（按住 Shift 键可等比缩放），如图 10-76 所示。

提示

在透视中绘制对象时，可以执行"视图>智能参考线"命令，启用智能参考线，以便使对象能更好地对齐。

10.6.3　在透视中变换对象

透视选区工具 可以在透视中移动、旋转、缩放对象。打开一个文件，如图 10-71 所示，使用透视选区工具 选择窗子，如图 10-72 所示，拖动鼠标即可在透视中移动它的位置，如图 10-73 所示。按住 Alt 键拖动，则可以复制对象，如图 10-74 所示。

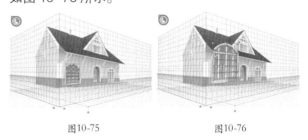

图10-75　　　　　　　图10-76

10.6.4　释放透视中的对象

如果要释放带透视视图的对象，可执行"对象 > 透视 > 通过透视释放"命令，所选对象就会从相关的透视平面中释放，并可作为正常图稿使用。该命令不会影响对象外观。

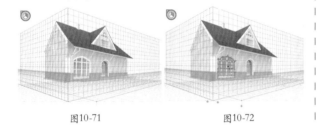

图10-71　　　　　　　图10-72

10.7　3D效果实例：制作3D可乐瓶

● 菜鸟级 ● 玩家级 ● 专业级
● 实例类型：包装设计
● 难易程度：★★★★
● 实例描述：绘制漂亮的条形图案，将其定义为符号。使用 3D 绕转命令制作可乐瓶和瓶盖，使用自定义的符号为可乐瓶贴图。

10.7.1　制作表面图案

① 按下 Ctrl+N 快捷键打开"新建文档"对话框，在"新建文档配置文件"下拉列表选择"基本 RGB"选项，在"大小"下拉列表选择"A4"选项，新建一个 A4 大小、RGB 模式的文档。选择矩形工具 ，在画板中单击打开"矩形"对话框，设置参数如图 10-77 所示，创建一个矩形，填充深红色，无描边颜色，如图 10-78 所示。

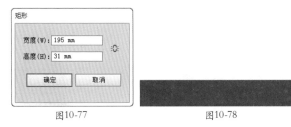

图10-77　　　　　　　　　　　图10-78

② 再 创 建 一 个 矩 形，填 充 浅 绿 色，如 图 10-79 和图 10-80 所示。

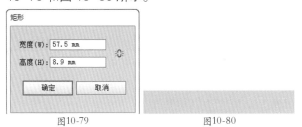

图10-79　　　　　　　　　　　图10-80

③ 在 大 矩 形 右 侧 绘 制 四 个 小 矩 形，如 图 10-81 所示。使用选择工具 按住 Alt 键拖动小矩形进行复制，将光标放在定界框外拖动，调整角度，如图 10-82 所示，形成一支手臂的形状。

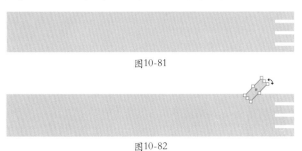

图10-81

图10-82

提示

要绘制几个相同大小的图形时，可以使用"再次变换"命令。先绘制一个图形，然后将图形选取，使用选择工具 按住Alt键拖动图形，在拖动过程中按下Shift键可保持水平、垂直或45°方向，复制出第二个图形后，接着按下Ctrl+D快捷键执行"再次变换"命令，每按一次便产生一个新的图形。如果复制出第二个图形后在画面空白处单击了，取消了图形的选取状态，即当前没有被选择的对象，那么将不能执行"再次变换"命令。

④ 选取组成手臂的六个图形，按下 Ctrl+G 快捷键编组，将编组后的图形复制出三个，再以不同的颜色进行填充，如图 10-83 所示。制作出一行

手臂图形后，将其选取再次编组。选择编组后的手臂图形，双击镜像工具 ，打开"镜像"对话框，选择"垂直"选项，单击"复制"按钮，镜像并复制出一组新的图形，如图 10-84 和图 10-85 所示。

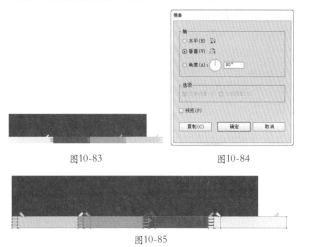

图10-83　　　　　　　　　　　图10-84

图10-85

⑤ 将手臂图形向下拖动，调整填充颜色，如图 10-86 所示。选择第一组手臂图形，按住 Alt 键向下拖动进行复制，调整颜色，使其成为第三行手臂，如图 10-87 所示。

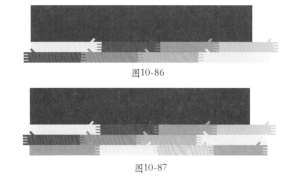

图10-86

图10-87

⑥ 用同样方法复制手臂图形，调整颜色，排列成如图 10-88 所示的效果。

⑦ 使用文字工具 输入两组文字，如图 10-89 所示，在图案右侧输入饮料的其他文字信息，如图 10-90 所示。按下 Ctrl+A 快捷键全选，打开"符号"面板,使用选择工具 将图形拖动到面板中，创建为一个符号，如图 10-91 所示。

图10-88　　　　　　　　　　　图10-89

图10-90　　　　　　　　　图10-91

提示

文字输入完成后,可按下Shift+Ctrl+O快捷键将其创建为轮廓。

10.7.2　制作可乐瓶

①使用钢笔工具 ✐ 绘制瓶子的左半边轮廓,描边颜色为白色,无填充颜色,如图 10-92 所示为路径效果。执行"效果 >3D> 绕转"命令,打开"3D 绕转选项"对话框,在偏移自选项中设置为"右边",其他参数如图 10-93 所示,勾选"预览"选项,可以在画面中看到瓶子效果,如图 10-94 所示。

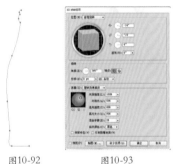

图10-92　　　　图10-93　　　　图10-94

②不要关闭对话框,单击"贴图"按钮,打开"贴图"对话框,单击 ▶ 按钮,切换到7/9 表面,如图 10-95 所示,在画面中,瓶子与之对应的表面会显示为红色的线框,如图 10-96 所示。

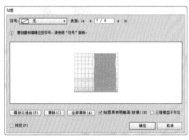

图10-95　　　　　　　　　图10-96

③在"符号"下拉列表中选择"新建符号",如图 10-97 所示,按下"确定"按钮完成 3D 效果的制作。如图 10-98 所示。

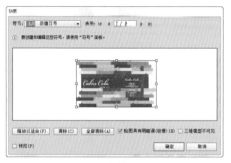

图10-97　　　　　　　　　图10-98

提示

选择符号后,可勾选对话框中的"预览"选项,画板中的瓶子就会显示贴图效果,此时可拖动符号的定界框,适当调整其大小,使图案完全应用于模型表面。

④使用选择工具 ▶ 选取瓶子,按住 Alt 键向右拖动进行复制,如图 10-99 所示。在"外观"面板中双击"3D 绕转(映射)"属性,如图 10-100所示,打开"3D 绕转选项"对话框,调整 X 轴、Y轴和 Z 轴的数值,如图 10-101 所示。将瓶子转到另一面,显示出背面的图案,如图 10-102 所示。

图10-99　　　　　　　图10-100

图10-101　　　　　　　图10-102

10.7.3　制作瓶盖和投影

①使用钢笔工具 ✐ 绘制一条路径,将

描边设置为红色，如图 10-103 所示。按下 Alt+Shift+Ctrl+E 快捷键打开"3D 绕转选项"对话框设置参数，如图 10-104 和图 10-105 所示。

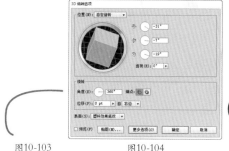

图10-103　　　　　图10-104　　　　　图10-105

②复制瓶盖，将描边颜色设置为黄色，按下 Ctrl+[快捷键后移一层，如图 10-106 所示。单击"外观"面板中的"3D 绕转（映射）"属性，打开"3D 绕转选项"对话框，调整 X 轴、Y 轴和 Z 轴的数值，如图 10-107 所示，以不同的角度来展示瓶盖，如图 10-108 所示。

图10-106　　　　　图10-107　　　　　图10-108

小技巧：调整3D模型的外观

在为图形设置3D效果后，依然可以通过编辑路径来改变外形。如使用直接选择工具 拖动锚点，使路径产生不同的凹凸效果，瓶盖显示出不同的外观。

③使用椭圆工具 创建一个椭圆形，填充渐变颜色，按下 Shift+Ctrl+[快捷键移至底层作为阴影，如图 10-109 和图 10-110 所示。

图10-109　　　　　　　　　図10-110

④按下 Ctrl+C 快捷键复制椭圆形，按下 Ctrl+F 快捷键粘贴到前面,将椭圆形缩小，在"渐变"面板中将左侧的滑块向中间拖动，增加渐变中黑色的范围，如图 10-111 和图 10-112 所示。

图10-111　　　　　　　　　图10-112

⑤选取这两个投影图形，按下 Ctrl+G 快捷键编组，分别复制到另外的瓶子和瓶盖底部，瓶盖底部的投影图形要缩小一些，如图 10-113 所示。

⑥在画面右下角制作一个手臂图形，在上面输入可乐名称、网址及广告语，网址文字为白色,在"字符"面板设置字体及大小，如图 10-114 所示，最终效果如图 10-115 所示。

图10-113　　　　　　　　图10-114

图10-115

10.8 包装设计实例：制作包装盒平面图

- ●菜鸟级 ●玩家级 ●专业级
- ●实例类型：包装设计
- ●难易程度：★★★☆
- ●实例描述：通过绘图工具绘制基本装饰图形，应用虚线描边，制作出完整的包装盒平面设计图稿。

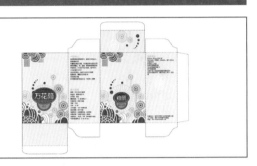

10.8.1 制作图案

①打开光盘中的素材文件，如图 10-116 所示。单击"图层"面板中的 按钮新建一个图层，将它拖动到"结构图"下方，如图 10-117 所示。

图10-116　　　　　图10-117

②使用矩形工具 根据结构图创建包装表面的灰色图形，如图 10-118 所示。

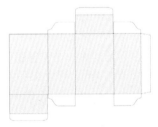

图10-118

③在"图层 2"的名称前方单击（显示出 状图标），将该图层锁定，再新建"图层 3"，如图 10-119 所示。我们先来制作包装盒的正面图案。创建一个矩形，与包装盒正面相同大小，如图 10-120 所示，单击 按钮创建剪切蒙版，如图 10-121 所示。

图10-119

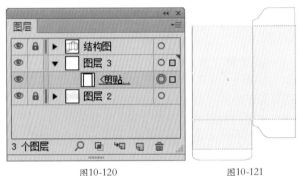

图10-120　　　　　　　　　　　图10-121

④使用极坐标网格工具 创建如图 10-122 所示的网格。打开"描边"面板，勾选"虚线"选项，设置虚线参数为 3.78pt，间隙为 2.83pt，如图 10-123 所示。将描边颜色设置为绿色，如图 10-124 所示。

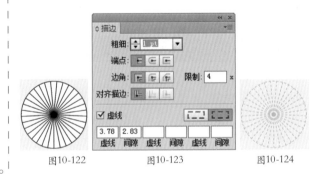

图10-122　　　　图10-123　　　　图10-124

⑤选取网格图形，单击右键打开下拉菜单，选择"变换 > 缩放"命令，打开"比例缩放"对话框，取消"比例缩放描边和效果"的勾选，设置等比缩放为 33%，单击"复制"按钮，缩放并复制一个网格图形，如图 10-125 和图 10-126 所示。

图10-125

图10-126

⑥使用选择工具 ▶ 将小的网格图形移动到右侧，设置描边颜色为深蓝色，如图 10-127 所示。使用直线工具 ╱ 按住 Shift 键创建垂线，如图 10-128 所示。再制作若干网格图形，效果如图 10-129 所示。

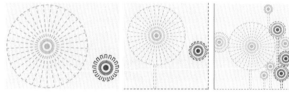

图10-127   图10-128   图10-129

⑦使用椭圆工具 ⬭ 在画面下方创建一个椭圆形，设置描边粗细为 2pt，如图 10-130 所示，继续添加椭圆形，形成一种层次感，如图 10-131 所示。

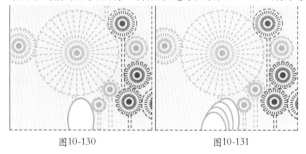

图10-130   图10-131

⑧再绘制一些填充不同颜色的椭圆形，如图 10-132 和图 10-133 所示。

图10-132   图10-133

⑨在画面左下角绘制红色的圆形，如图 10-134 所示。创建一个圆形，设置描边粗细为 7pt，如图 10-135 所示。

图10-134   图10-135

⑩再绘制一个椭圆形，填充线性渐变，如图 10-136 所示，按下 Ctrl+C 快捷键复制圆形，按下 Ctrl+F 快捷键粘贴到前面，将填充设置为无，在控制面板中设置描边颜色为白色，打开"描边"面板，勾选"虚线"选项，效果如图 10-137 所示。

图10-136   图10-137

10.8.2　制作文字

①选择文字工具 T 在画面中单击输入文字，在控制面板中设置字体及大小，如图 10-138 所示。

②在左上角绘制一些椭圆形和矩形，重叠排列形成层次感，如图 10-139 所示，再绘制一些填充不同颜色的圆形作为点缀，效果如图 10-140 所示。

图10-138

图10-139　　　　　　　图10-140

⑤新建"图层5"，如图10-145所示，使用文字工具在包装盒的侧面输入产品规格、特点等义字说明，如图10-146所示。

③将"图层3"拖动到 🔲 按钮上复制，在图层后面单击，选取图层中的所有内容，如图10-141和图10-142所示。

图10-141　　　　　　　图10-142

④按住Shift键拖动图形到包装盒背面，进行复制，效果如图10-143所示。对文字及装饰的图形进行修改，效果如图10-144所示。

图10-143　　　　　　　图10-144

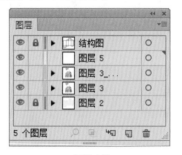

图10-145

图10-146

⑥将包装盒正面的花纹图案复制到盒盖上，效果如图10-147所示，包装盒展开图的整体效果如图10-148所示。

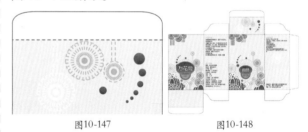

图10-147　　　　　　　图10-148

10.9　拓展练习：制作包装盒立体效果图

●菜鸟级　●玩家级　●专业级　●实例类型：包装设计　●视频位置：光盘 > 视频 >10.9

创建一个与包装盒相同长度和宽度的矩形，将每个面的图案单独创建为符号，通过3D凸出和斜角命令制作包装盒的立体图，并将创建的符号作为贴图，如图10-149和图10-150所示。

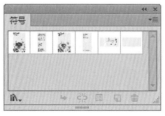

图10-149　　　　　　　图10-150

第11章

字体设计：文字与图表

11.1 关于字体设计

文字是人类文化的重要组成部分，也是信息传达的主要方式。字体设计以其独特的艺术感染力，广泛应用于视觉传达设计中，好的字体设计是增强视觉传达效果、提高审美价值的一种重要组成因素。

11.1.1 字体的创意方法

● 外形变化：在原字体的基础之上通过拉长或者压扁，或者根据需要进行弧形、波浪型等变化处理，突出文字特征或以内容为主要表达方式，如图 11-1 和图 11-2 所示。

图11-1

图11-2

● 笔画变化：笔画的变化灵活多样，如在笔画的长短上变化，或者在笔画的粗细上加以变化等，笔画的变化应以副笔变化为主，主要笔画变化较少，可避免因繁杂而不易识别，如图 11-3 和图 11-4 所示。

图11-3   图11-4

● 结构变化：将文字的部分笔画放大、缩小，或者改变文字的重心、移动笔画的位置，都可以使字形变得更加新颖独特，如图 11-5 和图 11-6 所示。

图11-5   图11-6

11.1.2 创意字体的类型

● 形象字体：将文字与图画有机结合，充分挖掘文字的含义，再采用图画的形式使字体形象化，如图 11-7 和图 11-8 所示。

图11-7   图11-8

● 装饰字体：装饰字体通常以基本字体为原型，采用内线、勾边、立体、平行透视等变化方法，使字体更加活泼、浪漫，富于诗情画意，如图 11-9 所示。

● 书法字体：书法字体美观流畅、欢快轻盈，节奏感和韵律感都很强，但易读性较差，因此只适宜在人名、地名等短句上使用，如图 11-10 所示。

图11-9   图11-10

> **小知识：字体设计的原则**
>
> 字体设计首先应具备易读性，即在遵循形体结构的基础上进行变化，不能随意改变字体的结构，增减笔划，随意造字，切忌为了设计而设计，文字设计的根本目的是为了更好地表达设计的主题和构想理念，不能为变而变。第二要体现艺术性，文字应做到风格统一、美观实用、创意新颖，且有一定的艺术性。第三是要具备思想性，字体设计应从文字内容出发，能够准确地诠释文字的精神含义。

11.2 创建文字

11.2.1 了解文字工具

Illustrator 的文字功能非常强大，它支持 Open Type 字体和特殊字型，可调整字体大小、间距、控制行和列及文本块等，无论是设计各种字体，还是进行排版，Illustrator 都能应对自如。

Illustrator 的工具箱中包含 6 种文字工具，如图 11-11 所示。文字工具 T 和直排文字工具 ↓T 可以创建水平或垂直方向排列的点文字和区域文字；区域文字工具 T 和垂直区域文字工具 ↓T 可以在任意的图形内输入文字；路径文字工具 ✓ 和垂直路径文字工具 ✓ 可以在路径上输入文字。

图11-11

小知识：导入文字

我们可以将其他程序创建的文本导入到 Illustrator 中使用。与直接拷贝其他程序中的文字然后粘贴到 Illustrator 中相比，导入文本可以保留字符和段落的格式。

- 将文本导入到新文件中：执行"文件 > 打开"命令，选择要打开的文本文件，单击"打开"按钮，可将文本导入到新建的文件中。
- 将文本导入到当前文件中：执行"文件 > 置入"命令，在打开的对话框中选择要导入的文本文件，单击"置入"按钮，即可将其置入到当前文件中。

11.2.2 创建与编辑点文字

点文字是指从单击位置开始，随着字符输入而扩展的一行或一列横排或直排文本。每一行的文本都是独立的，在对其进行编辑时，该行会扩展或缩短，但不会换行，如果要换行，需要按下回车键。点文字非常适合标题等文字量较少的文本。

（1）创建点文字

选择文字工具 T，在画板中单击设置文字插入点，单击处会出现闪烁的"I"形光标，如图

11-12 所示，此时输入文字即可创建点文字，如图 11-13 所示。按下 Esc 键或单击工具箱中的其他工具，可结束文字的输入。

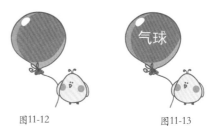

图11-12   图11-13

（2）编辑点文字

创建点文字后，使用文字工具 T 在文本中单击，可在单击处设置插入点，此时可继续输入文字，如图 11-14 和图 11-15 所示。在文字上单击并拖移鼠标选择文字，如图 11-16 所示，可以修改文字内容、字体、颜色等属性，如图 11-17 所示，也可以按下 Delete 键删除所选文字。

图11-14   图11-15

图11-16   图11-17

提示

创建点文字时应尽量避免单击图形，否则会将图形转换为区域文字的文本框或者路径文字的路径。如果现有的图形恰好位于要输入文本的地方，可以先将该图形锁定或隐藏。

小技巧：文字选择技巧

将光标放在文字上，双击可以选择相应的文字，三击可以选择整个段落；选择部分文字后，按住 Shift 键拖动鼠标，可以扩展或缩小选取范围；按下 Ctrl+A 键可以选择全部文字。

11.2.3 创建与编辑区域文字

区域文字也称为段落文字，它利用对象的边界来控制字符排列，既可以横排，也可以直排，当文本到达边界时，会自动换行。如果要创建包含一个或多个段落的文本，如用于宣传册之类的印刷品时，这种输入方式非常方便。

（1）创建矩形区域文字

选择文字工具 **T**，在画板中单击拖出一个矩形框，如图 11-18 所示，放开鼠标输入文字，文字就会被限定在矩形框范围内，如图 11-19 所示。

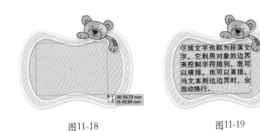

图11-18　　　　　　图11-19

（2）创建图形化区域文字

选择区域文字工具 **T**，将光标放在一个封闭的图形上（光标变为 状），如图 11-20 所示，单击鼠标，删除对象的填色和描边，如图 11-21 所示，输入文字，文字会限定在图形区域内，整个文本会呈现图形化的外观，如图 11-22 所示。

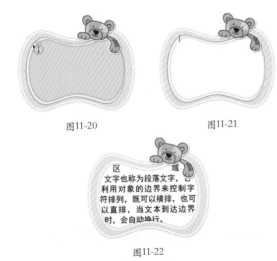

图11-20　　　　　　图11-21

图11-22

（3）编辑区域文字

使用选择工具 拖动定界框上的控制点可以调整文本区域的大小，也可将它旋转，文字会重新

排列，但文字的大小和角度不会改变，如图 11-23 所示。如果要将文字连同文本框一起旋转或缩放，可以使用旋转、比例缩放等工具来操作，如图 11-24 所示。使用直接选择工具 选择并调整锚点改变图形的形状，文字会基于新图形自动调整位置，如图 11-25 所示。

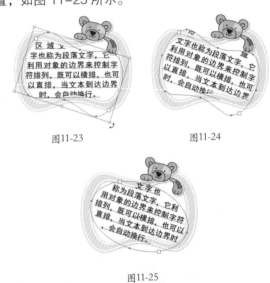

图11-23　　　　　　图11-24

图11-25

11.2.4 创建与编辑路径文字

路径文字是指在开放或封闭的路径上输入的文字，文字会沿着路径的走向排列。

（1）创建路径文字

选择路径文字工具 或文字工具 **T**，将光标放在路径上（光标会变为 状），如图 11-26 所示，单击鼠标设置文字插入点，如图 11-27 所示，输入文字即可创建路径文字，如图 11-28 所示。

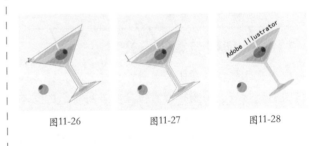

图11-26　　　图11-27　　　图11-28

提示

当水平输入文本时，文字的排列与基线平行；当垂直输入文本时，文字的排列与基线垂直。

（2）编辑路径文字

使用选择工具 ▶ 选择路径文字。将光标放在文字中间的中点标记上，光标会变为 ↳ 状，如图 11-29 所示，单击并沿路径拖动鼠标可以移动文字，如图 11-30 所示。将中点标记拖动到路径的另一侧，则可以翻转文字，如图 11-31 所示。如果修改路径的形状，文字也会随之变化。

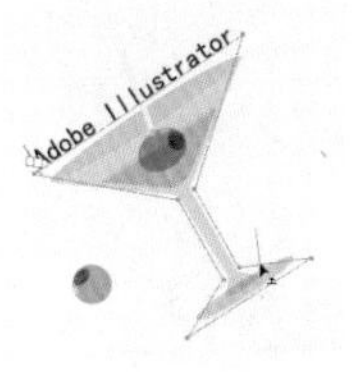

图11-29

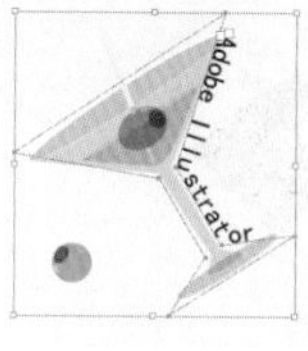

图11-30

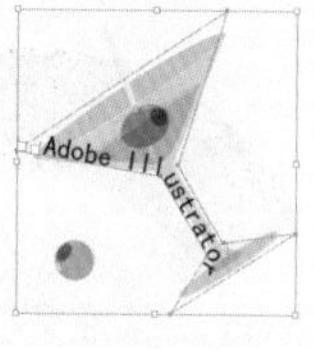

图11-31

小技巧：文字工具的光标形态

使用文字工具时，将光标放在画板中，光标会变为 Ｉ 状，此时可创建点文字；将光标放在封闭的路径上，光标会变为 Ｉ 状，此时可创建区域文字；将光标放在开放的路径上，光标会变为 Ｉ 状，此时可创建路径文字。

11.3 高级技巧：路径文字的五种变形样式

选择路径文本，执行"文字 > 路径文字 > 路径文字选项"命令，打开"路径文字选项"对话框，"效果"下拉列表中包含 5 种变形样式，可以对路径文字进行变形处理，如图 11-32 ~ 图 11-37 所示。

"路径文字选项"对话框
图11-32

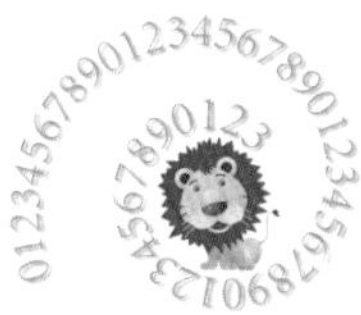

彩虹效果
图11-33

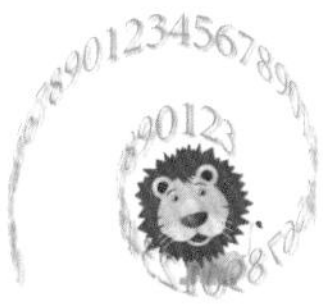

倾斜效果
图11-34

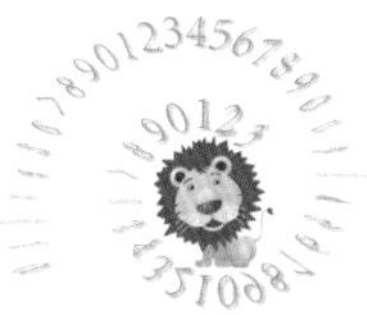

3D带状效果
图11-35

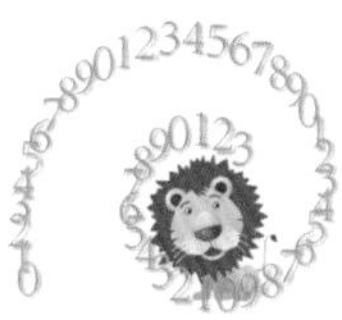

阶梯效果
图11-36

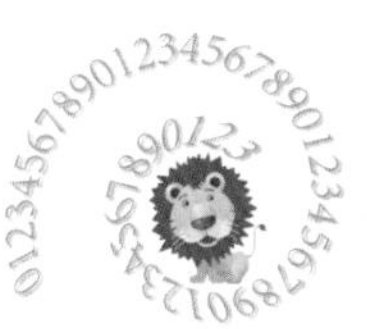

重力效果
图11-37

11.4 编辑文字

11.4.1 设置字符格式

字符格式是指文字的字体、大小、间距、行距等属性。创建文字之前，或者创建文字之后，都可以通过"字符"面板或控制面板中的选项来设置字符格式，如图 11-38 和图 11-39 所示。

图11-38

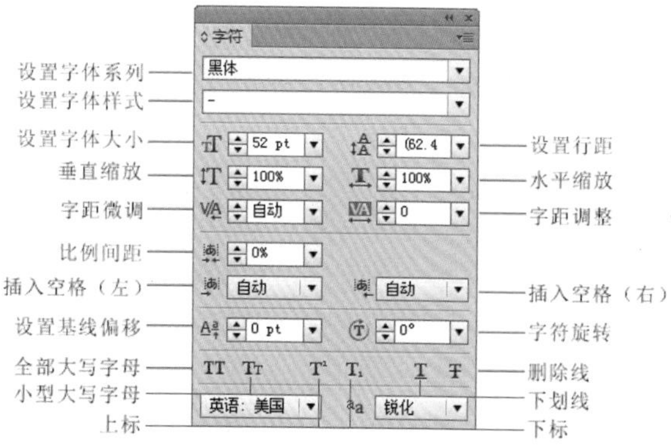

设置字体系列 —— 黑体
设置字体样式 —— -
设置字体大小 —— 52 pt — 设置行距 (62.4)
垂直缩放 —— 100% — 水平缩放 100%
字距微调 —— 自动 — 字距调整 0
比例间距 —— 0%
插入空格（左）—— 自动 — 插入空格（右）自动
设置基线偏移 —— 0 pt — 字符旋转 0°
全部大写字母 —— TT Tr T₁ T₁ — 删除线
小型大写字母 —— 下划线
上标 —— 英语：美国 锐化 — 下标

图11-39

●设置文字颜色：选择文本后，可通过“颜色”和“色板”面板调整为文字的填色和描边设置颜色或图案，图 11-40 和图 11-41 所示。

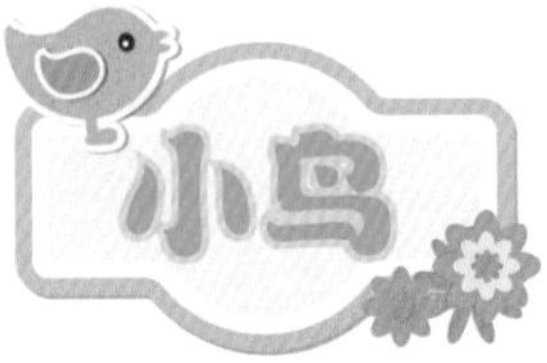

文字和描边应用颜色

图11-40

文字和描边应用图案

图11-41

提示

如果要为填色或描边应用渐变色，则需要先执行“文字>创建轮廓”命令，将文字转换为轮廓，然后才能添加渐变色。

●字体系列 / 字体样式：在“设置字体系列”下拉列表中可以选择一种字体。对于一部分英文字体，则可在“设置字体样式”下拉列表中为它选择一种样式，包括 Regular（规则的）、Italic（斜体）、Bold（粗体）和 Bold Italic（粗斜体）等，如图 11-42 所示。

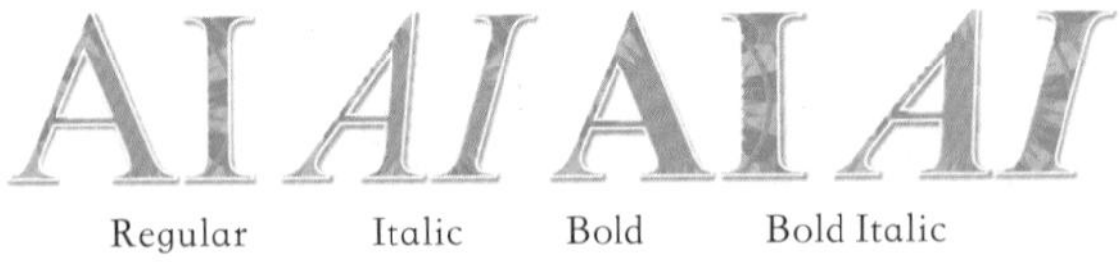

图11-42

●设置字体大小：可以设置文字的大小。

●水平缩放 / 垂直缩放：可设置文字的水平和垂直缩放比例。

●设置行距：可设置行与行之间的垂直间距。

●字距微调：使用文字工具在两个字符中间单击后，如图 11-43 所示，可在该选项中调整这两个字符的间距，如图 11-44 所示。

●字距调整：如果要调整部分字符的间距，可以将它们选中，再调整参数，如图11-45所示。如果选择文本，可调整所有字符的间距，如图11-46所示。

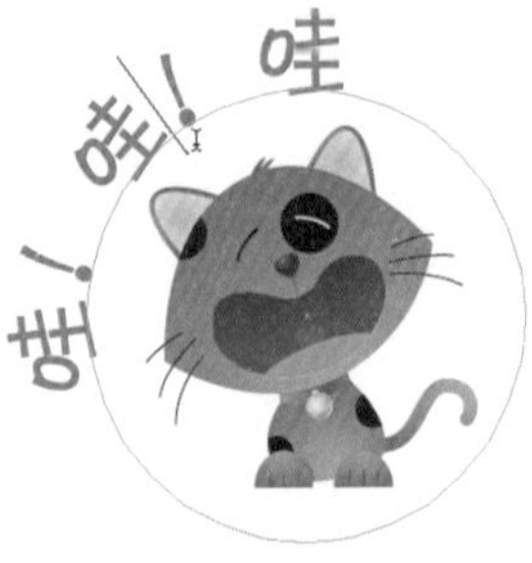

图11-43

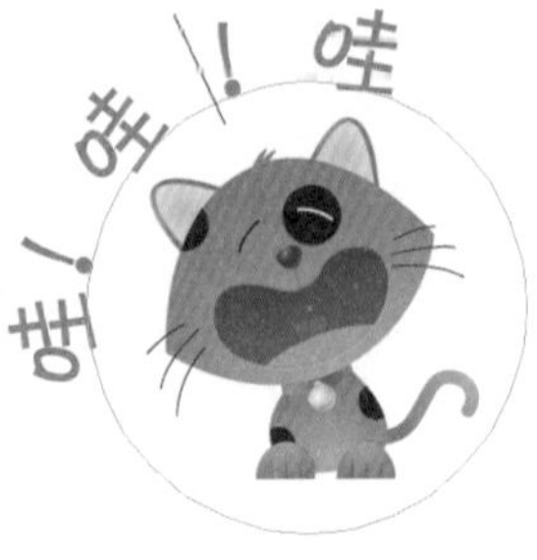

图11-44

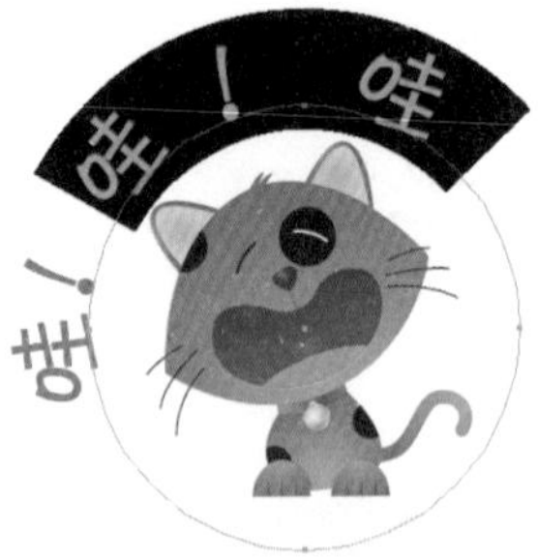

图11-45

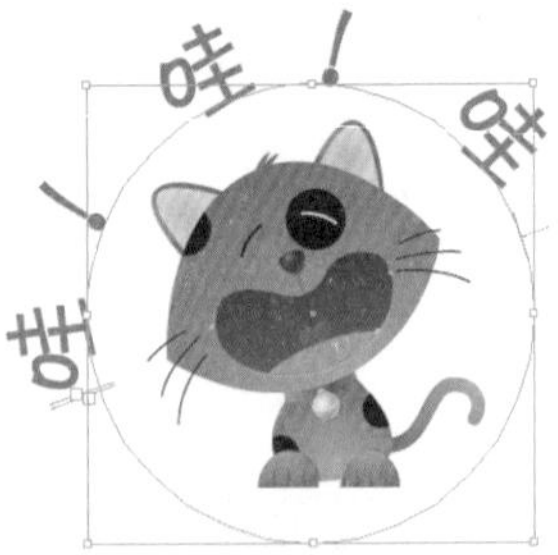

图11-46

●调整空格和比例间距：如果要在文字之前或之后添加空格，可选择要调整的文字，然后在插入空格（左）或插入空格（右）选项中设置要添加的空格数，如果要压缩字符间的空格，可在比例间距选项中指定百分比。

●设置基线偏移：基线是字符排列于其上的一条不可见的直线，在该选项中可调整基线的位置。当该值负值时文字下移，为正值时文字上移，如图 11-47 所示。

●字符旋转：可以设置文字的旋转角度，如图 11-48 所示。

图11-47

图11-48

●全部大写字母 / 小型大写字母：可以对文字应用常规大写字母或小型大写字母。

●上标 / 下标：上标和下标文本是相对于字体基线升高或降低了位置的缩小文本。

●下划线 / 删除线：按下下划线按钮，可为文字添加下划线；按下删除线按钮 **T**，可以在文字的中央添加删除线。

- 语言：在"语言"下拉列表中选择适当的词典，可以为文本指定一种语言，以方便拼写检查和生成连字符。
- 锐化：使文字边缘更加清晰。

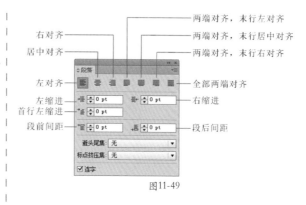

图11-49

小技巧：文字编辑技巧

- 选择文本对象，在控制面板的设置字体系列选项内单击，当文字名称处于选择状态时，按下鼠标中间的滚轮，可以快速切换字体。

在选项内单击

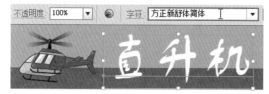

滚动滚轮切换字体

- 按下 Shift+Ctrl+> 键可以将文字调大；按下 Shift+Ctrl+< 键可以将文字调小。
- 执行"文字 > 文字方向"下拉菜单中的"水平"和"垂直"命令，可以改变文本中所有字符的排列方向。

11.4.2 设置段落格式

段落格式是指段落的对齐、缩进、段落间距和悬挂标点等属性。在"段落"面板中可以设置段落格式，如图 11-49 所示。如果选择文本对象，可设置整个文本的段落格式；如果选择了文本中的一个或多个段落，则可以单独设置所选段落的格式。

- 对齐：选择文字对象，或者在要修改的段落中单击鼠标，插入光标，然后便可以修改段落的对齐方式。单击 ▤ 按钮，文本左侧边界的字符对齐，右侧边界的字符参差不齐；单击 ▤ 按钮，每一行字符的中心都与段落的中心对齐，剩余的空间被均分并置于文本的两端；单击 ▤ 按钮，文本右侧边界的字符对齐，左侧边界参差不齐；单击 ▤ 按钮，文本中最后一行左对齐，其他行左右两端强制对齐；单击 ▤ 按钮，文本中最后一行居中对齐，其他行左右两端强制对齐；单击 ▤ 按钮，文本中最后一行右对齐，其他行左右两端强制对齐；单击 ▤ 按钮，可在字符间添加额外的间距使其左右两端强制对齐。
- 缩进：缩进是指文本和文字对象边界的间距量，它只影响选中的段落。用文字工具 **T** 单击要缩进的段落，在左缩进 ➡▤ 选项中输入数值，可以使文字向文本框的右侧边界移动，如图 11-50 和图 11-51 所示；在右缩进 ▤◀ 选项中输入数值，可以使文字向文本框的左侧边界移动，如图 11-52 所示；如果要调整首行文字的缩进，可以在首行左缩进 ➡▤ 选项中输入数值。

设置段落格式是指设置段落的对齐与缩进、间距和悬挂标点等属性，在"段落"面板中可以设置段落格式。

选择文字对象，或者在要修改的段落中单击鼠标，插入光标，然后便可以修改段落的对齐方式。

缩进是指文本和文字对象边界间的间距量，它只影响选中的段落。

图11-50

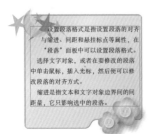
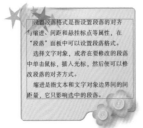

图11-51　　　　　　　　　　　图11-52

- 段落间距：在段前间距 ⁺≣ 选项中输入数值，可增加当前选择的段落与上一段落的间距，如图 11-53 所示；在段后间距 ₊≣ 选项中输入数值，则增加当前段落与下一段落之间的间距，如图 11-54 所示。

图11-53　　　　　　　　　　　图11-54

- 避头尾集：用于指定中文或日文文本的换行方式。
- 标点挤压集：用于指定亚洲字符和罗马字符等内容之间的间距，确定中文或日文排版方式。
- 连字：可在断开的单词间显示连字标记。

11.4.3　使用特殊字符

在 Illustrator 中，某些字体包含不同的字形，如大写字母 A 包含花饰字和小型大写字母。要在文本中添加这样的字符，可先使用文字工具 **T** 选择文字，如图 11-55 所示，然后执行"窗口 > 文字 > 字形"命令，打开"字形"面板，单击面板中的字符，即可替换所选字符，如图 11-56 和图 11-57 所示。

图11-55

图11-56　　　　　　　　　　　图11-57

默认情况下，"字形"面板中显示了所选字体的所有字形，在面板底部选择不同的字体系列和样式可更改字体。如果选择了 OpenType 字体，如图 11-58 所示，则可执行"窗口 > 文字 >OpenType"命令，打开"OpenType"面板，按下相应的按钮，使用连字、标题替代字符和分数字，如图 11-59 和图 11-60 所示。

图11-58　　　　　　　　　　　图11-59

图11-60

> **小知识：OpenType字体**
>
> OpenType字体是Windows和Macintosh操作系统都支持的字体文件，因此，使用OpenType字体以后，在这两个操作平台间交换文件时，不会出现字体替换或其他导致文本重新排列的问题。

11.4.4 串接文本

在区域文本和路径文本中，如果输入的文字长度超出区域或路径的容许量，则多出的文字就会被隐藏，定界框右下角或路径边缘会出现一个内含加号 (+) 的小方块⊞。那些被隐藏的文字称为溢流文本，我们可以通过串接文本的方法将它们导出到另外一个对象中，并使这两个文本之间将保持链接关系。

单击⊞小方块，如图 11-61 所示，然后在空白处单击（光标会变为⌷状，可以将文字导出到一个与原始对象大小和形状相同的文本框中，如图 11-62 所示；如果单击并拖动鼠标，则可以导出到一个矩形文本框中，如图 11-63 所示；如果单击一个图形，则可将文字导出到该图形中，如图 11-64 所示。

图11-61   图11-62

图11-63   图11-64

小技巧：串接两个独立的文本

选择两个独立的路径文本或者区域文本，执行"文字>串接文本>创建"命令，即可将它们链接成为串接文本。只有区域文本或路径文本可以创建串接文本，点文本不能进行串接。

11.4.5 文本绕排

文本绕排是指让区域文本围绕一个图形、图像或其他文本排列，创建出精美的图文混排效果。

创建文本绕排时，需要先将文字与用于绕排的对象放到同一个图层中，且文字位于下方，如图

11-65 所示，将它们选择，如图 11-66 所示，执行"对象 > 文本绕排 > 建立"命令，即可将文本绕排在对象周围，如图 11-67 所示。移动文字或对象时，文字的排列形状会随之改变，如图 11-68所示。如果要释放文本绕排，可以执行"对象 > 文本绕排 > 释放"命令。

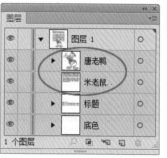

图11-65

图11-66   图11-67

图11-68

小技巧：调整文字与绕排对象的间距

选择文本绕排对象，执行"对象>文本绕排>文本绕排选项"命令，打开"文本绕排选项"对话

框，通过设置"位移"值可以调整文本和绕排对象之间的间距。选择"反向绕排"，则可围绕对象反向绕排文本。

"文本绕排选项"对话框

位移值为6pt

位移值为-6pt

选择"反向绕排"选项

11.5 高级技巧：快速拾取文字属性

在没有选择任何文本的状态下，将吸管工具 放在一个文本对象上（光标会变为 状），单击鼠标，可拾取该文本的属性，包括字体、颜色、字距和行距等；将光标放在另一个文本对象上，按住 Alt 键（光标变为 状）拖动鼠标，光标所到之处的文字都会应用拾取的文字属性，如图 11-69 所示。

图11-69

11.6 高级技巧：制作趣味卷曲字

创建文字后，按下 Shift+Ctrl+O 快捷键将文字转换为轮廓，使用旋转扭曲工具 在文字的边角处单击，可以让路径产生卷曲效果，如图 11-70 所示。单击时按住鼠标按键的时间越长，产生的旋转圈数越多。

图11-70

小技巧：文字结构的变形艺术

普通文字进行变形处理也可以成为具有美感的艺术字。例如，下图文字很平常，没有什么特点，将其转换为轮廓后，就可以用锚点编辑工具修改路径，改变文字的结构和外观。

普通的文字

转换为轮廓后修改文字结构

填充渐变色

添加投影

添加图形作为装饰

11.7 图表

11.7.1 图表的种类

图表可以直观地反映各种统计数据的比较结果，在工作中的应用非常广泛。Illustrator 提供了 9 个图表工具，即柱形图工具 ，堆积柱形图工具 ，条形图工具 ，堆积条形图工具 ，折线图工具 ，面积图工具 ，散点图工具 ，饼图工具 ，雷达图工具 ，它们可以创建 9 种类型的图表，如图 11-71 所示。

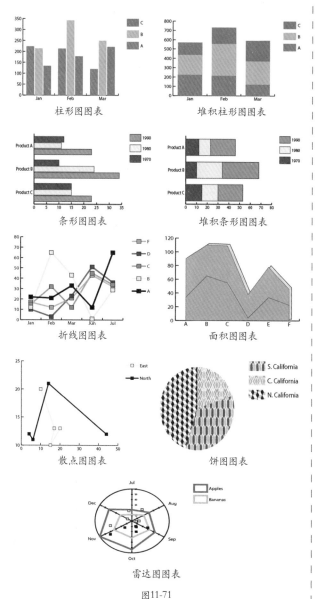

图11-71

11.7.2 创建图表

（1）定义图表大小

选择任意一个图表工具，在画板单击并拖出一个矩形框，即可创建该矩形框大小的图表。如果按住 Alt 键拖动，可以从中心绘制；按住 Shift 键，则可以将图表限制为一个正方形。如果要创建具有精确的宽度和高度的图表，可在画面中单击，打开"图表"对话框输入数值，如图 11-72 所示。

（2）输入图表数据

定义好图表的大小后，就会弹出的图表数据对话框，如图 11-73 所示，单击一个单元格，然后在顶行输入数据，它便会出现在所选的单元格中，如图 11-74 所示。

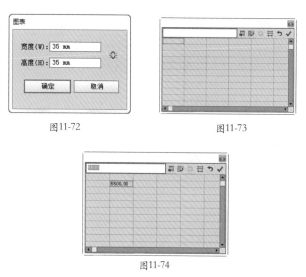

图11-72   图11-73

图11-74

单元格的左列用于输入类别标签，如年、月、日。如果要创建只包含数字的标签，则需要使用直式双引号将数字引起来。例如 2012 年应输入 "2012"，如果输入全角引号 "2012"，则引号也会显示在年份中。数据输入完成后，单击 按钮即可创建图表，如图 11-75 和图 11-76 所示。

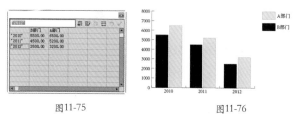

图11-75   图11-76

图表数据对话框中还有几个按钮，单击导入数据按钮，可导入应用程序创建的数据；单击换位行/列按钮，可转换行与列中的数据；创建散点图图表时，单击切换 x/y 按钮，可以对调 x 轴和 y 轴的位置；单击单元格样式按钮，可在打开的"单元格样式"对话框中定义小数点后面包含几位数字，以及调整图表数据对话框中每一列数据间的宽度，以便在对话框中可以查看更多的数字，但不会影响图表；单击恢复按钮，可以将修改的数据恢复到初始状态。

> **提示**
>
> 选择一个单元格后，按下"↑、↓、←、→"键可以切换单元格；按下 Tab 键可以输入数据并选择同一行中的下一单元格；按下回车键可以输入数据并选择同一列中的下一单元格。

11.7.3 设置图表类型选项

（1）转换图表的类型

选择一个图表，如图 11-77 所示，双击任意一个图表工具，打开"图表类型"对话框，在"类型"选项中单击一个图表按钮，即可将图表转换为该种类型，如图 11-78 和图 11-79 所示。

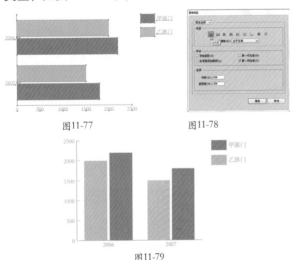

图11-77

图11-78

图11-79

（2）为图表添加样式

● 添加投影：选择该选项后，可在图表中的柱形、条形或线段后面，以及对整个饼图图表应用投影，如图 11-80 所示。

● 在顶部添加图例：默认情况下，图例显示在图表的右侧水平位置，选择该选项后，图例将显示在图表的顶部，如图 11-81 所示。

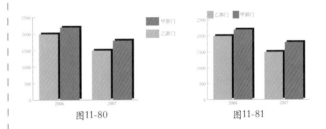

图11-80

图11-81

● 第一行在前：当"簇宽度"大于 110% 时，可以控制图表中数据的类别或群集重叠的方式。使用柱形或条形图时此选项最有帮助。图 11-82 和图 11-83 所示是设置"簇宽度"为 120% 并选择该选项时的图表效果。

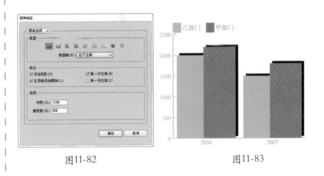

图11-82

图11-83

● 第一列在前：可在顶部的"图表数据"窗口中放置与数据第一列相对应的柱形、条形或线段。该选项还决定"列宽"大于 110% 时，柱形和堆积柱形图中哪一列位于顶部。图 11-84 和图 11-85 所示是设置"列宽"为 120% 并选择该选项时的图表效果。

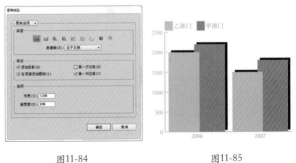

图11-84

图11-85

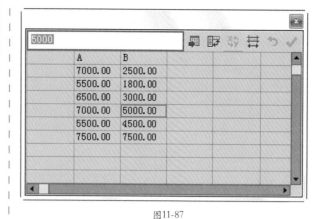

图11-87

提示

在"图表类型"对话框中，"选项"组中的选项会因所选图表类型的不同而有所区别，例如，柱形图图表和堆积柱形图图表可设置"列宽"和"簇宽度"；条形图图表和堆积条形图图表可设置"条形宽度"。

11.7.4 修改图表数据

创建图表后，如图 11-86 所示，如果想要修改数据，可以用选择工具 选择图表，执行"对象 > 图表 > 数据"命令，打开"图表数据"对话框，输入新的数据，如图 11-87 所示，单击对话框右上角的应用按钮 即可更新数据，如图 11-88 所示。

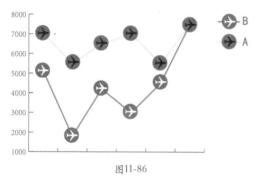

图11-86

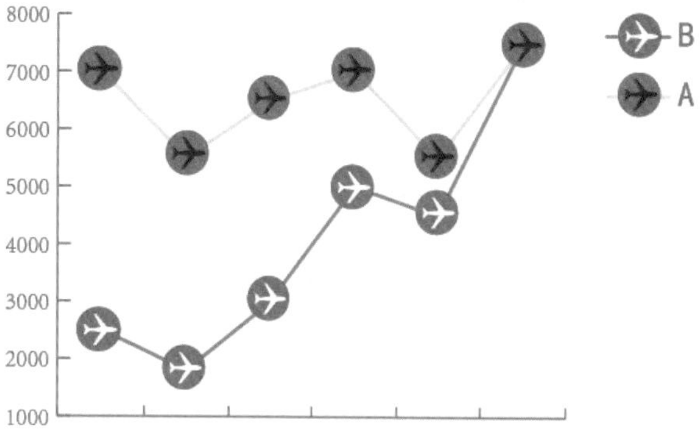

图11-88

11.8 高级技巧：将不同类型的图表组合在一起

在 Illustrator 中，除了散点图图表之外，我们可以将任何类型的图表与其他图表组合，创建出更具特色的图表。例如，用编组选择工具 选择绿色的折线，如图 11-89 所示，双击工具箱中的图表工具，打开"图表选项"对话框，单击柱形图图表按钮，即可将所选数据组改为柱形图，如图 11-90 和图 11-91 所示。

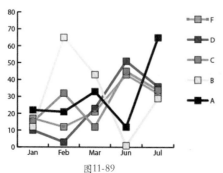

图11-89

图11-90

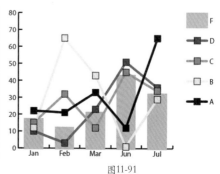

图11-91

11.9 高级技巧：用纯文本文件中的数据创建图表

使用文字处理程序创建的文本文件，可以导入到 Illustrator 中生成图表。例如图 11-92 所示为使用 Windows 的记事本创建的纯文本格式的文件，单击"图表数据"对话框中的导入数据按钮 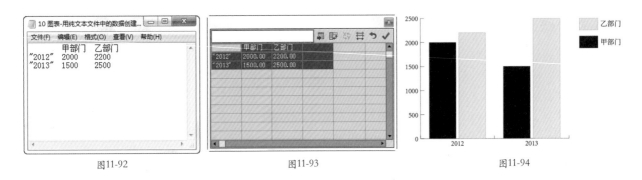，在打开的对话框中选择该文件，即可导入到图表中，图 11-93 所示，图 11-94 所示为创建的图表。

图11-92 图11-93 图11-94

在文本文件中，数据只能包含小数点或小数点分隔符（如应输入 732000，而不是 732,000），并且，该文件的每个单元格的数据应由制表符隔开，每行的数据应由段落回车符隔开。例如，在记事本中输入一行数据，数据间的空格部分需要按下 Tab 键隔开，如图 11-95 所示，再输入下一行数据（可按下回车键换行），如图 11-96 所示。

图11-95

图11-96

11.10 路径文字实例：2012

●菜鸟级 ●玩家级 ●专业级
●实例类型：技术提高型
●难易程度：★★★☆
●实例描述：用画笔库中的画笔绘制墨点和彩
色墨线。通过路径文字制作出数字"2012"，
选取并修改部分文字颜色。

① 新建一个 A4 大小的文件。选择画笔工具 ，执行"窗口 > 画笔库 > 艺术效果 > 艺术效果 _ 油墨"命令，打开该画笔库。选择如图 11-97 所示的画笔，绘制一条路径，如图 11-98 所示蓝色部分是路径，黑色部分是画笔描边。

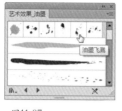

图11-97   图11-98

② 选择"书法 1"画笔，如图 11-99 所示，再绘制一条路径，如图 11-100 所示。

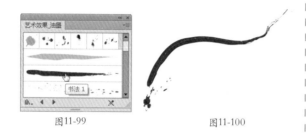

图11-99   图11-100

③ 修改描边颜色，再绘制几条路径，如图 11-101 所示。选择如图 11-102 所示的画笔，绘制一条路径，组成一个眼睛状图形，如图 11-103 所示。

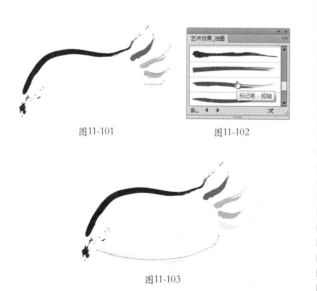

图11-101   图11-102

图11-103

④ 在"图层"面板中新建"图层 2"。用钢笔工具 绘制数字"2"，使用选择工具 按住 Alt 键向右侧拖动进行复制。用椭圆工具 创建一个圆形，用直线段工具 创建一条线段，它们组成数字"2012"，设置描边颜色为灰色，如图 11-104 所示。将"图层 2"拖动到创建新图层按钮 上复制，得到"图层 2 复制"。在如图 11-105 所示的位置单击，将"图层 2"锁定，这样我们使用"图层 2 复制"中的图形创建路径文字时，就不会受到"图层 2"的影响了。

图11-104   图11-105

⑤ 用选择工具 选择路径"2"，选择路径文字工具 ，将光标放在路径上，光标变为 状时单击，然后输入文字"2012"创建路径文字，如图 11-106 所示。将光标放在最前面的文字上，单击并拖动鼠标，选择文字，如图 11-107 所示。在控制面板中修改所选字符的颜色，如图 11-108 所示。采用同样的方法修改其他文字的颜色，如图 11-109 所示。

图11-106   图11-107   图11-108   图11-109

⑥ 在其他路径上创建路径文字，方法与文字"2"相同，如图 11-110 所示。

图11-110

11.11 文本绕排实例：宝贝最爱的动画片

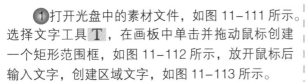

- ●菜鸟级 ●玩家级 ●专业级
- ●实例类型：技术提高型
- ●难易程度：★★☆
- ●实例描述：创建区域文字，将文字调整到小女孩图形下方，再将它们同时选取，创建文本绕排效果。

①打开光盘中的素材文件，如图 11-111 所示。选择文字工具 **T**，在画板中单击并拖动鼠标创建一个矩形范围框，如图 11-112 所示，放开鼠标后输入文字，创建区域文字，如图 11-113 所示。

图11-111　　　　图11-112　　　　图11-113

②按下 Shift+Ctrl+[快捷键，将文字调整到最底层，如图 11-114 所示。选择文字和小女孩，执行"对象 > 文本绕排 > 建立"命令，创建文本绕排，文字会围绕在卡通周围排布，如图 11-115 所示。

图11-114　　　　　　　图11-115

③执行"对象 > 文本绕排 > 文本绕排选项"命令，打开"文本绕排选项"对话框，设置"位移"为 11pt，如图 11-116 所示，增加文字与绕排对象之间的距离，如图 11-117 所示。最后，用选择工具 ▶ 选择文字和小女孩，将它们移动到右侧的画板上，如图 11-118 所示。

图11-116

图11-117　　　　　　　图11-118

11.12 特效字实例：奇妙字符画

- ●菜鸟级 ●玩家级 ●专业级
- ●实例类型：特效类
- ●难易程度：★★★
- ●实例描述：创建不透明度蒙版，在蒙版中输入文字，通过蒙版的遮盖，让图像在文字内部显示，从而制作出一幅奇妙的字符画。

① 打开光盘中的素材文件，如图 11-119 所示。选择小白兔，单击"透明度"面板中的"制作蒙版"按钮，创建不透明度蒙版，单击蒙版缩览图，如图 11-120 所示，进入蒙版编辑状态。

图11-119

图11-120

② 选择文字工具 T，在画板左上角单击，然后向右下方拖动鼠标创建一个与画板大小相同的文本框，输入文字，设置文字颜色为白色，大小为 9pt，如图 11-121 所示。

③ 按下 Ctrl+A 快捷键，将文本全部选取，按下 Ctrl+C 快捷键复制，在最后一个文字后面单击设置插入点，如图 11-122 所示，连续按 Ctrl+V 键粘贴文本，直到文本布满画面，如图 11-123 所示。单击对象缩览图，结束蒙版的编辑，如图 11-124 所示。

图11-121

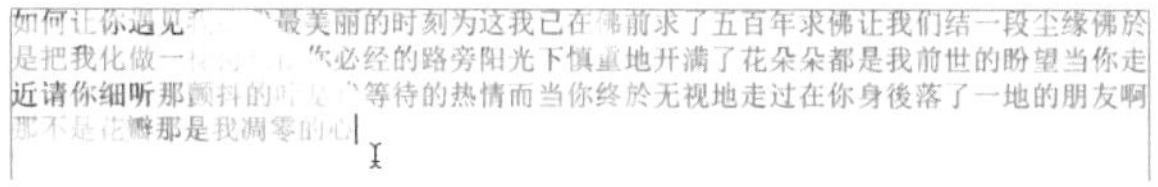

图11-122

图11-123

图11-124

④ 在"图层 1"中将"图像"图层拖动到面板底部的 按钮上进行复制，如图 11-125 所示。通过两张图像的重叠，使字符变得更加清晰，效果如图 11-126 所示。

图11-125

图11-126

11.13 图表实例：替换图例

- 菜鸟级 ● 玩家级 ● 专业级
- 实例类型：技术提高型
- 难易程度：★★★☆
- 实例描述：创建一个柱形图图表，将人物素材定义为设计图案，替换图表中的图例。

① 打开光盘中的素材文件。使用选择工具 选择女孩素材，如图 11-127 所示，执行"对象 > 图表 > 设计"命令，打开"图表设计"对话框，单击"新建设计"按钮，将它保存为一个新建的设计图案，如图 11-128 所示，单击"确定"按钮关闭对话框。选择男孩，也将它定义为设计图案，如图 11-129 和图 11-130 所示。

图1-127

图11-128

197

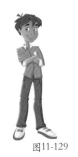

图11-129

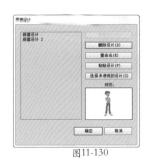

图11-130

❷选择柱形图工具，在画板中单击并拖出一个矩形范围框，放开鼠标后，在弹出的对话框中输入数据，如图 11–131 所示（年份使用使用直式双引号，如 2012 年应输入 "2012"），单击✔按钮创建图表，如图 11–132 所示。

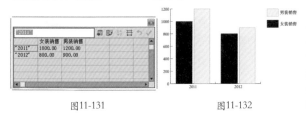

	女装销售	男装销售
"2011"	1000.00	1200.00
"2012"	800.00	900.00

图11-131

图11-132

❸使用编组选择工具在黑色的图表图例上单击 3 下，选择这组图形，如图 11–133 所示。执行“对象 > 图表 > 柱形图”命令，打开“图表列”对话框，单击新建的设计图案，在“柱形图类型”选项下拉列表中选择“垂直缩放”，如图 11–134 所示，单击“确定”按钮关闭对话框，使用女孩替换原有的图形，如图 11–135 所示。

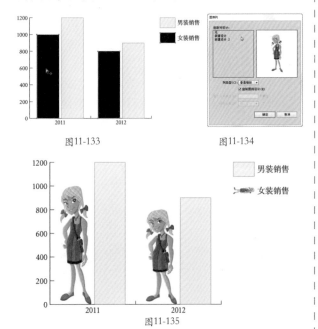

图11-133

图11-134

图11-135

❹使用编组选择工具在灰色的图表图例上单击 3 下，如图 11–136 所示。执行“对象 > 图表 > 柱形图”命令，用男孩替换该组图形，如图 11–137 和图 11–138 所示。

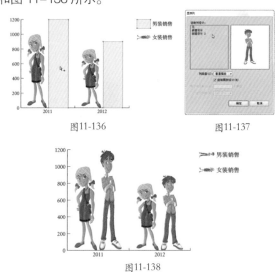

图11-136

图11-137

图11-138

❺使用编组选择工具拖出一个选框选中右上角的图例，如图 11–139 所示，双击旋转工具，打开“旋转”对话框，将图形旋转 90°，如图 11–140 和图 11–141 所示。

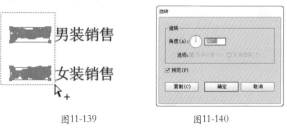

图11-139

图11-140

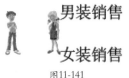

图11-141

❻移动图形位置，如图 11–142 所示。用编组选择工具选择文字，然后修改颜色，如图 11–143 所示。最后，用矩形工具在人物后面创建几个矩形，高度与人物相同，如图 11–144 所示。

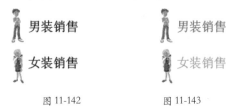

图 11-142

图 11-143

图 11-144

小技巧：图例替换技巧

在使用自定义的图形替换图表图形时，可以在"图表列"对话框的"列类型"选项下拉列表中选择如何缩放与排列图案。

● 选择"垂直缩放"选项，可根据数据的大小在垂直方向伸展或压缩图案，但图案的宽度保持不变；选择"一致缩放"选项，可根据数据的大小对图案进行等比缩放。

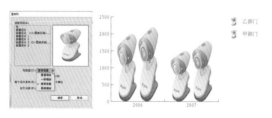

"图表列"对话框　　　　垂直缩放

一致缩放

● 选择"重复堆叠"选项，对话框下面的选项被激活。在"每个设计表示"文本框中可以输入每个图案代表几个单位。例如，输入 100，表示每个图案代表 100 个单位，Illustrator 会以该单位为基准自动计算使用的图案数量。单位设置完成后，需要在"对于分数"选项中设置不足一个图案时如何显示图案。选择"截断设计"选项，表示不足一个图案时使用图案的一部分，该图案将被截断；选择"缩放设计"选项，表示不足一个图案时图案将被等比缩小，以便完整显示。

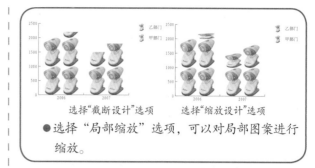

选择"截断设计"选项　　　选择"缩放设计"选项

● 选择"局部缩放"选项，可以对局部图案进行缩放。

11.14 拓展练习：毛边字

● 菜鸟级 ● 玩家级 ● 专业级　● 实例类型：技术提高型　● 视频位置：光盘 > 视频 >11.14

如图 11-145 所示为一个毛边效果的特效字，它用到了图形编辑工具、"描边"面板、色板库等功能。我们可以使用光盘中的文字素材进行操作，如图 11-146 所示。先用刻刀工具 ✐ 将文字分割开，如图 11-147 所示；然后为它们添加虚线描边，如图 11-148 和图 11-149 所示；用编组选择工具 ▷+ 选择各个图形，填充不同的颜色，最后创建一个矩形，填充图案，如图 11-150 ～图 11-152 所示。

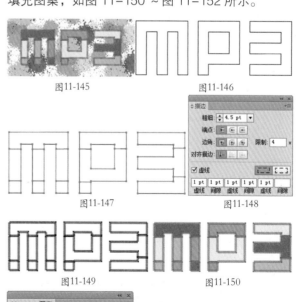

图 11-145　　　　　　　　图 11-146

图 11-147　　　　　　　　图 11-148

图 11-149　　　　　　　　图 11-150

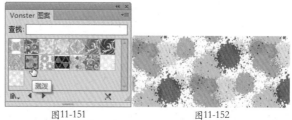

图 11-151　　　　　　　　图 11-152

第12章

插画设计:画笔与符号

12.1 插画设计

插画作为一种重要的视觉传达形式，以其直观的形象性、真实的生活感和艺术感染力，在现代设计中占有特殊的地位。在欧美等国家，插画已被广泛地运用于广告、传媒、出版、影视等领域，而且细分为儿童类、体育类、科幻类、食品类、数码类、纯艺术类、幽默类等多种专业类型。

12.1.1 插画的应用领域

插画的应用领域主要包括书籍插画、商业插画和特殊范围的插画。书籍插画是指在出版物中出现的插画，它是一种从属于文学的造型艺术，需要和文字配合在一起，不能任意表现与书籍无关的内容。除了从属性外，书籍插画也具有相对的独立性，插画家可以根据对书籍内容的理解，发挥想象力和创造力，把书籍的内容表现为可见的艺术形象，从而弥补文字表达的不足。如图 12-1 ~ 图 12-3 所示为美国插图画家诺尔曼·罗克威尔的作品。

图12-1

图12-2

图12-3

商业插画是商业设计中的一部分，它以宣传商业信息为主要目的，当插画被应用于商业宣传领域时，除了插画本身应具有的艺术感外，还要符合商业设计的整体要求，能够最大程度的宣传产品，激发消费者的购买欲望。如图 12-4 所示为 Carven 产品的插画，如图 12-5 所示为瑞士 Vögele Shoes 品牌女鞋的商业插画。

图12-4

图12-5

特殊范围的插画介于文化与商业之间，既有文化性又有商业性，如影视插画、体育插画、公益事业广告插画、文化广告插画等。

> **小知识：诺尔曼·罗克威尔**
>
> 诺尔曼·罗克威尔（1894年2月-1978年8月），美国插图画家。他的作品在结构上写实，在表情、动态上夸张，形成浓郁、生动的幽默感。他塑造的乞丐、小官吏、流浪汉、医生等艺术形象渗透着深沉的同情，使人笑后产生哀婉的感伤。

12.1.2 插画的风格

● 装饰风格插画：装饰风格的插画注重形式美感的设计，设计者所要传达的含义都是较为隐性的，这类插画中多采用装饰性的纹样，构图精致、色彩协调。图 12-6 所示为俄罗斯设计师 yofikus 的插画作品。

● 动漫风格插画：动漫风格插画是指在插画中使用动画、漫画和卡通形象，增加插画的趣味性。采用较为流行的表现手法能够使插画的形式新颖、时尚，如图 12-7 和图 12-8 所示。

图12-6

图12-7

图12-8

● 矢量风格插画：矢量风格的插画能够充分体现图形的艺术美感。图12-9和图12-10所示为插画家Catalina Estrada的作品（使用软件为Illustrator）。

图12-9　　　　　　　　　　图12-10

● Mix & match 风格插画：Mix意为混合、掺杂，match意为调和、匹配。Mix & match 风格的插画能够融合许多独立的，甚至互相冲突的艺术表现方式，使之呈现协调的整体风格，图12-11和图12-12所示为巴西艺术家Adhemas Batista的作品。

图12-11　　　　　　　　　　图12-12

● 儿童风格插画：多用在儿童杂志或书籍，颜色较为鲜艳，画面生动有趣。造型或简约，或可爱，或怪异，场景也会比较Q，如图12-13～图12-15所示。

图12-13　　　　图12-14　　　　图12-15

● 涂鸦风格插画：涂鸦风格的插画具有粗犷的美感，自由、随意且充满了个性，如图12-16和图12-17所示。

● 线描风格插画：利用线条和平涂的色彩作为表现形式，具有单纯和简洁的特点，如图12-18所示。

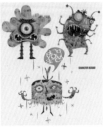

图12-16　　　　　图12-17　　　　　图12-18

小知识：涂鸦

涂鸦（Graffiti）是一种结合了Hip Hop文化的涂写艺术，具有强烈的反叛色彩和随意的风格。涂鸦形成于上个世纪70年代初的纽约，当时的纽约经济不太景气，大量的人员失业，一位名叫Demetrius的人在墙上、门上和广告看板上留下了"TAKI183"这几个字，引起了《纽约时报》的关注并将其视为反叛英雄，此后，大量的年轻人仿效他开始进行涂鸦创作。1972年，一群涂鸦艺术家在纽约市大学（City College）社会系学生Hugo Martinez的领导下成立了UGA（United Graffiti Artists涂鸦艺术家联盟），涂鸦开始第一次被视为是一种合法的艺术。

12.2　画笔

12.2.1　画笔面板

"画笔"面板中保存着预设的画笔样式，可以为路径添加不同风格的外观。选择一个图形，如图12-19所示，单击"画笔"面板中的一个画笔，即可对其应用画笔描边，如图12-20和图12-21所示。

图12-19　　　　　　　　　　图12-20

图12-21

●画笔类型：画笔分为五类，分别是书法画笔、散点画笔、毛刷画笔、艺术画笔和图案画笔，如图 12-22 所示。书法画笔可模拟传统的毛笔创建书法效果的描边；散点画笔可以将一个对象（如一只瓢虫或一片树叶）沿着路径分布；毛刷画笔可创建具有自然笔触的描边；图案画笔可以将图案沿路径重复拼贴；艺术画笔可以沿着路径的长度均匀拉伸画笔或对象的形状，模拟水彩、毛笔、炭笔等效果。

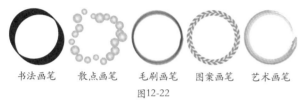

| 书法画笔 | 散点画笔 | 毛刷画笔 | 图案画笔 | 艺术画笔 |

图12-22

●画笔库菜单 **IN.**：单击该按钮，可在下拉列表中选择系统预设的画笔库。

●移去画笔描边 **✕**：选择一个对象，单击该按钮可删除应用于对象的画笔描边。

●所选对象的选项 **▤**：单击该按钮可以打开"画笔选项"对话框。

●新建画笔 **◻**：单击该按钮，可以打开"新建画笔"对话框，选择新建画笔类型，创建新的画笔。如果将面板中的一个画笔拖至该按钮上，则可复制画笔。

●删除画笔 **🗑**：选择面板中的画笔后，单击该按钮可将其删除。

小知识：散点画笔与图案画笔的区别

　　散点画笔和图案画笔效果类似，它们之间的区别在于，散点画笔会沿路径散布，而图案画笔则会完全依循路径。

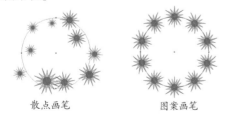

| 散点画笔 | 图案画笔 |

小技巧：合理使用画笔库

　　Illustrator的画笔库中包含了各种类型的画笔，如各种样式的箭头、装饰线条、边框，以及能够模拟

各种绘画线条的画笔等，使用它们可以制作边框和底纹，产生水彩笔、蜡笔、毛笔、涂鸦等丰富的艺术效果。

| 素材 | "艺术效果_油墨"画笔库 | 绘制的涂鸦效果艺术字 |

小技巧：设置"画笔"面板的显示方式

　　默认情况下，"画笔"面板中的画笔以列表视图的形式显示，即显示画笔的缩览图，不显示名称，只有将光标放在一个画笔样本上，才能显示它的名称。如果选择面板菜单中的"列表视图"选项，则可同时显示画笔的名称和缩览图，并以图标的形式显示画笔的类型。此外，我们也可以选择面板菜单中一个选项，单独显示某一类型的画笔。

| 查看画笔名称 | 以列表视图显示 | 单独显示毛刷画笔 |

12.2.2　画笔工具

　　画笔工具 **✎** 可以在绘制线条的同时对路径应用画笔描边，创建出各种艺术线条和图案。选择画笔工具 **✎**，在"画笔"面板中选择一种画笔，如图 12-23 所示，单击并拖动鼠标即可绘制线条，如图 12-24 所示。如果要绘制闭合式路径，可在绘制的过程中按住 Alt 键（光标会变为 **✎ₒ** 状），完成后再放开鼠标按键。

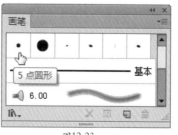

| 图12-23 | 图12-24 |

　　绘制路径后，保持路径的选择状态，将光标放在路径的端点上，如图 12-25 所示，单击并拖动鼠标可延长路径，如图 12-26 所示；将光标放

在路径段上，单击并拖动鼠标可以修改路径的形状，如图 12-27 和图 12-28 所示。

图12-25　　图12-26　　图12-27　　图12-28

提示

> 用画笔工具绘制的线条是路径，可以使用锚点编辑工具对其进行编辑和修改。在"描边"面板可以中调整画笔描边的粗细。

12.2.3　斑点画笔工具

斑点画笔工具 ✐ 可以绘制出用颜色或图案填充、无描边的形状，并且，还能够与具有相同颜色（无描边）的其他形状进行交叉和合并。例如，打开一个便签图稿，如图 12-29 所示，用斑点画笔工具 ✐ 绘制出一个心形，如图 12-30 所示，然后在里面用白色涂抹，所绘线条只要重合，就会自动合并为一个对象，如图 12-31 所示。

图12-29　　　　图12-30　　　　图12-31

12.3　创建与编辑画笔

12.3.1　创建书法画笔

单击"画笔"面板中的新建画笔按钮 ，打开"新建画笔"对话框，如图 12-32 所示，选择"书法画笔"选项，单击"确定"按钮，打开如图 12-33 所示的对话框，设置选项后，单击"确定"按钮即可创建自定义的画笔，并将其保存在"画笔"面板中。

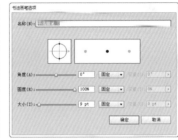

图12-32　　　　　　　　图12-33

● 名称：可输入画笔的名称。

● 画笔形状编辑器：单击并拖动黑色的圆形调杆可以调整画笔的圆度，如图 12-34 所示，单击并拖动窗口中的箭头可以调整画笔的角度，如图 12-35 所示。

图12-34　　　　　　　　图12-35

● 画笔效果预览窗：用来观察画笔的调整结果。如果将画笔的角度和圆度的变化方式设置为"随机"，则在画笔效果预览窗会出现三个画笔，中间显示的是修改前的画笔，左侧的是随机变化最小范围的画笔，右侧的是随机变化最大范围的画笔。

● 角度 / 圆度 / 大小：用来设置画笔的角度、圆度和直径。在这三个选项右侧的下拉列表中包含了"固定"、"随机"和"压力"等选项，它们决定了画笔角度、圆度和直径的变化方式。

提示

> 如果要创建散点画笔、艺术画笔和图案画笔，则必须先创建要使用的图形，并且该图形不能包含渐变、混合、画笔描边、网格、位图图像、图表、置入的文件和蒙版。

12.3.2　创建散点画笔

创建散布画笔前，先要制作创建画笔时使用的图形，如图 12-36 所示。选择该图形，单击"画笔"面板中的新建画笔按钮 ，打开"新建画笔"对话框，选择"散点"选项，弹出如图 12-37 所示的对话框。

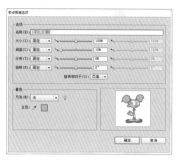

图12-36　　　　　　　　图12-37

图12-40　　　　　　　　图12-41

12.3.4 创建图案画笔

　　图案画笔的创建方法与前面几种画笔有所不同，由于要用到图案，因此，在创建画笔前先要创建图案，并将其保存在"色板"面板中，如图 12-42 所示；然后单击"画笔"面板中的新建画笔按钮 ，在弹出的对话框中选择"图案画笔"选项，打开如图 12-43 所示的对话框。

- ●大小／间距／分布：可设置散点图形的大小、间距，以及图形偏离路径的距离。
- ●旋转相对于：在该选项下拉列表中选择"页面"，图形会以页面的水平方向为基准旋转，如图 12-38 所示；选择"路径"，则会按照路径的走向旋转，如图 12-39 所示。

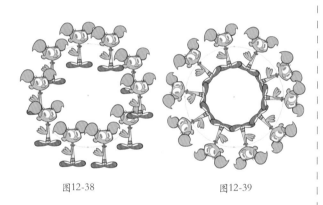

图12-38　　　　　　　　图12-39

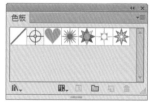
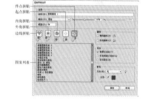

图12-42　　　　　　　　图12-43

- ●设定拼贴：单击一个拼贴选项后，在图案列表中可以为它选择一个图案，如图 12-44 和图 12-45 所示。

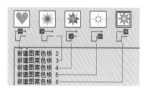

图12-44　　　　　　　　图12-45

- ●方法：可设定图形的颜色处理方法，包括"无"、"淡色"、"淡色和暗色"、"色相转换"。如果想要了解各个选项的具体区别，可单击"提示"按钮进行查看。
- ●主色：用来设置图形中最突出的颜色。如果要修改主色，可选择对话框中的 工具，在下角的预览框中单击样本图形，将单击点的颜色定义为主色。

12.3.3 创建毛刷画笔

　　毛刷画笔可以创建具有自然毛刷画笔所画外观的描边，图 12-40 所示为使用各种不同毛刷画笔绘制的插图。在"新建画笔"对话框中选择"毛刷画笔"选项，打开如图 12-41 所示的对话框，可以创建毛刷类画笔。

- ●缩放：用来设置图案样本相对于原始图形的缩放程度。
- ●间距：用来设置图案之间的间隔距离。
- ●翻转选项组：用来控制路径中图案画笔的方向。选择"横向翻转"时，图案沿路径的水平方向翻转；选择"纵向翻转"时，图案沿路径的垂直方向翻转。
- ●适合选项组：用来调整图案与路径长度的匹配程度。选择"伸展以适合"，可拉长或缩短图案以适合路径的长度，如图 12-46 所示；选择"添加间距以适合"，可在图案之间增加间距，使其适合路径的长度，图案保持不变形，如图12-47所示；选择"近似路径"，可在保持图案形状的同时，使其接近路径的中间部分，该选项仅用于矩形路径，如图12-48所示。

图12-46　　　　图12-47　　　　图12-48

12.3.5　创建艺术画笔

创建艺术画笔前，先要创建作为画笔使用的图形，并且图形中不能包含文字。选择对象后，单击"画笔"面板中的新建画笔按钮，在弹出的对话框中选择"艺术画笔"选项，即可打开对话框设置相应的选项内容。

12.3.6　移去画笔

在使用画笔工具绘制线条时，Illustrator会自动将"画笔"面板中的描边应用到绘制的路径上，如果不想添加描边，可单击面板中的移去画笔描边按钮。如果要取消一个图形的画笔描边，可以选择该图形，再单击移去画笔描边按钮。

小技巧：画笔编辑与使用技巧

● 将画笔样本创建为图形：在"画笔"面板或者画笔库中，将一个画笔拖动到画面中，它就会成为一个可编辑的图形。

● 将画笔描边创建为图形：使用画笔描边路径后，如果要编辑描边线条上的图形，可以选择对象，执行"对象 > 扩展外观"命令，将描边扩展为图形，再进行编辑操作。

● 反转描边方向：选择一条画笔描边的路径，使用钢笔工具单击路径的端点，可以翻转画笔描边的方向。

● 删除多个画笔：如果要删除一个或者几个画笔，可按住Ctrl键单击这些画笔，将它们选择，然后再将它们拖到删除画笔按钮上。

● 删除所有未使用的画笔：单击画笔库中的一个画笔，它就会自动添加到"画笔"面板中。如果要删除面板中所有未使用的画笔，可执行面板菜单中的"选择所有未使用的画笔"命令，将这些画笔选择，再单击按钮进行删除。

12.3.7　将画笔描边扩展为轮廓

为对象添加画笔描边后，如果想要编辑描边线条上的各个图形，可以选择对象，执行"对象 > 扩展外观"命令，将画笔描边转换为轮廓，使描边内容从对象中剥离出来。

12.4　高级技巧：缩放画笔描边

（1）精确缩放

选择画笔描边的对象，如图12-49所示，双击比例缩放工具，打开"比例缩放"对话框，设置缩放参数并勾选"比例缩放描边和效果"选项，可以同时缩放对象和描边，如图12-50和图12-51所示；取消该选项的选择时，则仅缩放对象，描边比例保持不变，如图12-52所示。

图12-49　　　　　　　图12-50

图12-51 　　　　　　　　图12-52

（2）自由缩放

通过拖动定界框上的控制点缩放对象时，描边

的比例保持不变，如图 12-53 所示。如果想要单独缩放描边，不会影响对象，可在选择对象后，单击"画笔"面板中的所选对象的选项按钮 ▤，在打开的对话框中设置缩放比例，如图 12-54 和图 12-55 所示。

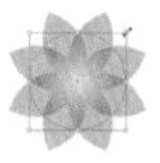

图12-53　　　　　　图12-54 　　　　　　图12-55

12.5 高级技巧：修改画笔

如果要修改由散布画笔、艺术画笔或图案画笔绘制的画笔样本，可以将画笔拖动到画板中，再对图形进行修改，修改完成后，按住 Alt 键将画笔重新拖回"画笔"面板的原始画笔上，即可更新原始画笔，如图 12-56 和图 12-57 所示。如果文档中有使用该画笔描边的对象，则应用到对象中的画笔描边也会随之更新。

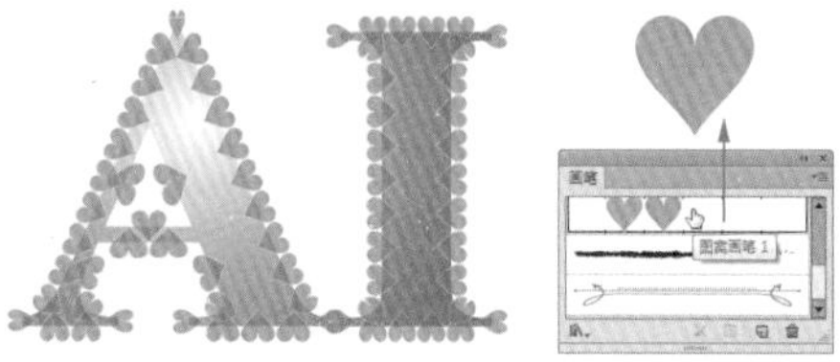

图12-56 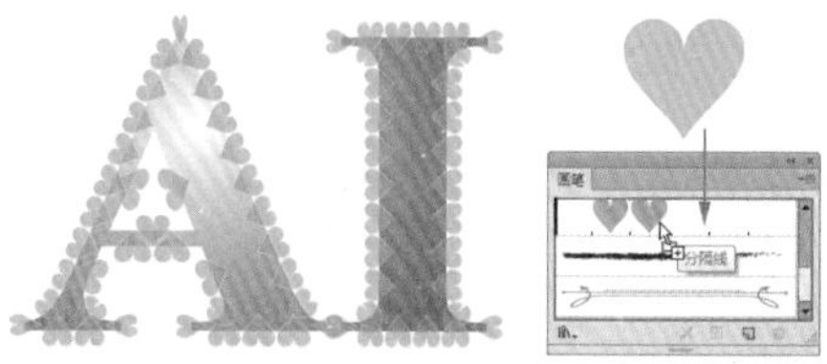　　　　　　　　　　　　　　图12-57

提示

如果只想修改使用画笔绘制的线条而不更新原始画笔，可以选择该线条，单击"画笔"面板中的所选对象的选项按钮 ▤，在打开的对话框中修改当前对象上的画笔描边选项参数。

12.6 高级技巧：通过定义画笔绘制眼睫毛

绘制人物时，头发、眼眉和睫毛等都是由大量单个图形组成的复杂对象，制作起来比较麻烦，我们可以通过绘制几个简单的图形，然后将其定义为画笔，再对路径应用画笔描边就可以使操作变得简单、快捷，如图 12-58 所示。

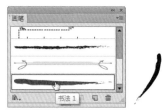 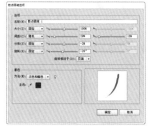

选择画笔并用它绘制一条路径　　　将路径定义为新画笔　　　用新画笔绘制的眼睫毛及人物整体效果

图12-58

12.7 符号

12.7.1 符号面板

在平面设计工作中，我们经常要绘制大量的重复的对象，如花草、地图上的标记等，Illustrator为这样的任务提供了一项简便的功能，它就是符号。我们可以将一个对象定义为符号，然后通过符号工具生成大量相同的对象（它们称为符号实例）。所有的符号实例都链接到"符号"面板中的符号样本，修改符号样本时，实例就会自动更新，而且使用符号不仅可以节省绘图时间，还能够显著地减小文件的大小。

打开一个文件，如图 12-59 所示。这幅插画中用到了 9 种符号，它们保存在"符号"面板中，如图 12-60 所示。在该面板中还可以创建、编辑和管理符号。

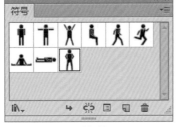

图12-59　　　　　　　　　　图12-60

- 符号库菜单 ：单击该按钮，可以打开下拉菜单选择一个预设的符号库。
- 置入符号实例 ：选择面板中的一个符号，单击该按钮，即可在画板中创建该符号的一个实例。
- 断开符号链接 ：选择画板中的符号实例，单击该按钮，可以断开它与面板中符号样本的链接，该符号实例就成为可单独编辑的对象。
- 符号选项 ：单击该按钮，可以打开"符号选项"对话框。
- 新建符号 ：选择画板中的一个对象，单击该按钮，可将其定义为符号。
- 删除符号 ：选择面板中的符号样本，单击该按钮可将其删除。

12.7.2 创建符号组

Illustrator 的工具箱中包含 8 种符号工具，如

图 12-61 所示。符号喷枪工具 用于创建符号实例，其他工具用于编辑符号实例。在"符号"面板中选择一个符号样本，如图 12-62 所示，使用符号喷枪工具 在画面中单击即可创建一个符号实例，如图 12-63 所示；单击一点不放，可以创建符号组，符号会以该点为中心向外扩散；单击并拖动鼠标，则符号会沿鼠标运行的轨迹分布，如图 12-64 所示。

图12-61　　　　　　　　　　图12-62

图12-63　　　　　　　　　　图12-64

选择一个符号组，然后在"符号"面板中选择另外的符号样本，如图 12-65 所示，再使用符号喷枪工具 可在组中添加该符号，如图 12-66 所示。如果要删除符号，可按住 Alt 键在它上方单击。

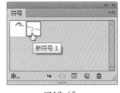

图12-65　　　　　　　　　　图12-66

小技巧：符号工具快捷键

使用任意一个符号工具时，按下键盘中的"]"键，可增加工具的直径；按下"["键，则减小工具的直径；按下"Shift+]"键，可增加符号的创建强度；按下"Shift+["键，则减小强度。此外，在画板中，符号工具光标外侧的圆圈代表了工具的直径，圆圈的深浅代表了工具的强度，颜色越浅，强度值越低。

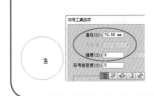
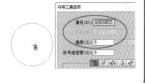

12.7.3 编辑符号实例

编辑符号前，首先要选择符号组，然后在"符号"面板中选择要编辑的符号对应的样本。如果一个符号组中包含多种符号，就需要选择不同的符号样本，分别对它们进行处理。

● 符号位移器工具 ：在符号上单击并拖动鼠标可以移动符号，如图 12-67 和图 12-68 所示；按住 Shift 键单击一个符号，可将其调整到其他符号的上面；按住 Shift+Alt 键单击，可将其调整到其他符号的下面。

图12-67　　　　　　　　图12-68

● 符号紧缩器工具 ：在符号组上单击或移动鼠标，可以聚拢符号，如图 12-69 所示；按住 Alt 键操作，可以使符号扩散开，如图 12-70 所示。

图12-69　　　　　　　　图12-70

● 符号缩放器工具 ：在符号上单击可以放大符号，如图 12-71 所示；按住 Alt 键单击则缩小符号，如图 12-72 所示。

图12-71　　　　　　　　图12-72

● 符号旋转器工具 ：在符号上单击或拖动鼠标可以旋转符号，如图 12-73 所示。旋转时，符号上会出现一个带有箭头的方向标志，可以观察符号的旋转方向和旋转角度。

● 符号着色器工具 ：在"色板"或"颜色"面板中设置一种填充颜色，如图 12-74 所示，选择符号组，使用该工具在符号上单击可以为符号着色；连续单击，可增加颜色的浓度，如图 12-75 所示。如果要还原符号的颜色，可按住 Alt 键单击符号。

 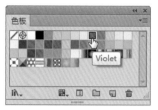

图12-73　　　　　　　　图12-74

图12-75

● 符号滤色器工具 ：在符号上单击可以使符号呈现透明效果，如图 12-76 所示；按住 Alt 键单击可还原符号的不透明度。

● 符号样式器工具 ：在"图形样式"面板中选择一种样式，如图 12-77 所示，然后选择符号组，使用该工具在符号上单击，可以将所选样式应用到符号中，如图 12-78 所示；按住 Alt 键单击可清除符号中添加的样式。

图12-76　　　　　　　　图12-77

图12-78

小技巧：同时编辑多种符号

　　如果符号组中包含多种类型的符号，则使用符号工具编辑符号时，仅影响"符号"面板中选择的符号样本所创建的实例，如果要同时编辑符号组中的多种实例或者所有实例，可先在"符号"面板中同时选择这些样本（按住Ctrl键单击可以选择多个符号样本），再进行处理。

选择一个样本的着色结果　　选择两个样本的着色结果

小技巧：使符号呈现透视效果

　　创建一组纵向排列的符号后，使用符号缩放器工具 按住Alt键单击后面的符号，将其缩小，再用符号位移器工具 移动符号的位置，就可以使它们的排列呈现透视效果。

12.8 高级技巧：一次替换同类的所有符号

　　使用移动工具 选择符号实例，如图12-79所示，在"符号"面板中选择另外一个符号样本，如图12-80所示，执行面板菜单中的"替换符号"命令，可以使用该符号替换当前符号组中所有的符号实例，如图12-81所示。

图12-79　　　　　　　　　　　　图12-80　　　　　　　　　　　　图12-81

12.9 高级技巧：重新定义符号

　　如果符号组中使用了不同的符号，但只想替换其中的一种符号，可通过重新定义符号的方式来进行操作。首先将符号样本从"符号"面板拖到画板中，如图12-82所示；单击 按钮，断开符号实例与符号样本的链接，此时可以对符号实例进行编辑和修改，如图12-83所示；修改完成后，执行面板菜单中的"重新定义符号"命令，将它重新定义为符号，文档中所有使用该样本创建的符号实例都会更新，其他符号实例则保持不变，如图12-84所示。

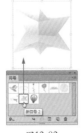  

图12-82　　　　　　　　　　　　图12-83　　　　　　　　　　　　图12-84

12.10 画笔描边实例：老磁带

●菜鸟级 ●玩家级 ●专业级

●实例类型：技术提高型

●难易程度：★★★

●实例描述：为磁带图形添加投影。选择滚轴、
螺丝扣、边框等，使用画笔库中的样式添加
描边。

①打开光盘中的素材文件，如图 12-85 所示。
在"图层"面板中选择磁带最外侧的边框，如图
12-86 和图 12-87 所示，按下 Ctrl+C 快捷键复制，
按下 Ctrl+B 快捷键粘贴到后方。

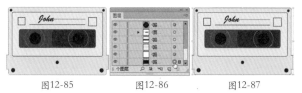

图12-85　　　　图12-86　　　　图12-87

②拖动控制点将图形放大，再向左下角移动，
如图 12-88 所示。执行"效果 > 风格化 > 羽化"命令，
设置参数如图 12-89 所示，将图形的不透明度设
置为 40%，如图 12-90 和图 12-91 所示。

图12-88　　　　　　　　图12-89

图12-90　　　　　　　图12-91

③使用选择工具 ![] 按住 Shift 键单击磁带中
间的两个圆形滚轴，如图 12-92 所示。将描边设
置为当前编辑状态。执行"窗口 > 画笔库 > 边框 >
边框 _ 新奇"命令，打开该面板，选择"铁轨"样式，
如图 12-93 所示，用它来描边路径，如图 12-94 所示。

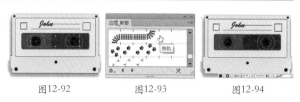

图12-92　　　　图12-93　　　　图12-94

④选择磁带上方的五个黑色小圆点，如图
12-95 所示，为它们也添加"铁轨"描边，描边宽
度设置为 0.25pt，如图 12-96 所示。

图12-95　　　　　　　图12-96

⑤为中间的椭圆边框添加"铁轨"描边，宽度
设置为 0.6pt，如图 12-97 所示。外侧椭圆和磁带
边框描边宽度为 0.5pt，如图 12-98 和图 12-99 所示。

图12-97　　　　图12-98　　　　图12-99

⑥按下 X 键将填色切换为当前编辑状态，为外
侧边框填充图案，如图 12-100 和图 12-101 所示。
如图 12-102 所示为修改填充内容得到的另一种效果。

图12-100　　　　图12-101　　　　图12-102

12.11 自定义画笔实例：彩虹字

- ●菜鸟级 ●玩家级 ●专业级
- ●实例类型：特效类
- ●难易程度：★★★
- ●实例描述：本实例主要学习如何创建自定义画笔，再将画笔描边应用于文字状图形，制作出彩虹效果的文字。

① 新建一个"210mm×297mm"，CMYK模式的文件。双击矩形工具 ，打开"矩形"对话框，创建一个"2mm×1mm"大小的矩形，如图12-103所示。

② 保持矩形的选择状态，单击右键打开快捷菜单，执行"变换>移动"命令，设置参数如图12-104所示，单击"复制"按钮，向下移动并复制一个矩形，这两个图形的间距正好可以再容纳两个矩形，以便为后面制作混合打下基础，如图12-105所示。

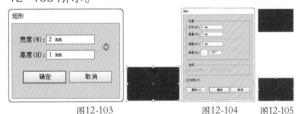

图12-103　　　　　　　图12-104　　　图12-105

③ 连按两次 Ctrl+D 快捷键，得到如图12-106所示的四个矩形，修改矩形的颜色，如图12-107所示。按下 Ctrl+A 快捷键全选，按下 Alt+Ctrl+B 快捷键建立混合。双击混合工具 ，在打开的对话框中指定混合步数为2，如图12-108和图12-109所示。当前的图形之间紧密排列，没有重叠也没有空隙。

图12-106　　图12-107　　　　图12-108　　　　图12-109

④ 单击"画笔"面板中的 按钮，在打开的对话框中选择"图案画笔"选项，如图12-110所示，单击"确定"按钮，弹出"图案画笔选项"对话框，如图12-111所示单击"确定"按钮，将当前图形定义为画笔，如图12-112所示。

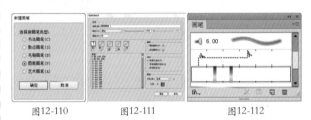

图12-110　　　　　　图12-111　　　　　　　图12-112

⑤ 用钢笔工具 绘制文字状的路径，如图12-113所示。选择路径，单击"画笔"面板中的"图案画笔1"，将图案画笔应用于路径，如图12-114所示。

图12-113　　　　　　　　图12-114

⑥ 按下 Ctrl+A 快捷键全选，按下 Ctrl+G 快捷键编组。双击镜像工具 ，打开"镜像"对话框，勾选"水平"选项，单击"复制"按钮，复制并翻转文字，作为倒影，如图12-115和图12-116所示。

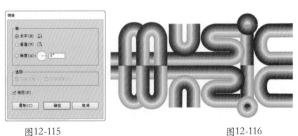

图12-115　　　　　　　　　　图12-116

⑦ 使用矩形工具 ▭ 创建一个矩形，填充黑白线性渐变，如图 12-117 和图 12-118 所示。

图12-117

图12-118

⑧ 选择渐变图形和下方的文字，如图 12-119 所示，单击"透明度"面板中的"制作蒙版"按钮，创建不透明度蒙版，然后将不透明度设置为 60%，如图 12-120 和图 12-121 所示。

图12-119

图12-120

图12-121

⑨ 使用光晕工具 ⊙ 在文字"m"上方单击并拖动鼠标，创建一个光晕图形，使用选择工具 ▶ 按住 Alt 键拖动它，将其复制到文字"i"上方，如图 12-122 所示。最后，创建一个矩形，填充渐变颜色，作为背景，如图 12-123 所示。

图12-122

图12-123

12.12 符号实例：花样高跟鞋

● 菜鸟级 ● 玩家级 ● 专业级
● 实例类型：技术提高型
● 难易程度：★ ★ ★
● 实例描述：用图案库中的图案填充鞋面，使用符号做装饰物，通过替换符号制作出不同样式的高跟鞋鞋。

① 打开光盘中的素材文件，如图 12-124 所示。选择鞋面图形，单击"色板"面板中的图案，为鞋面图形填充图案，无描边，如图 12-125 和图 12-126 所示。

图12-124

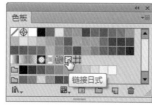

图12-125

图12-126

② 双击比例缩放工具 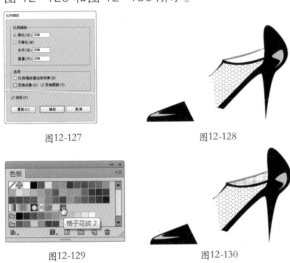，打开"比例缩放"对话框，设置缩放比例为 50%，仅勾选"变换图案"选项，如图 12-127 所示，缩小图案，如图 12-128 所示。选择鞋帮，为它填充图案，如图 12-129 和图 12-130 所示。

图12-127

图12-128

图12-129

图12-130

③ 鞋样制作完成后，我们就可以使用符号工具制作出花团，用来装饰鞋子了。执行"窗口 > 符号库 > 花朵"命令，打开该符号库，在白色雏菊符号上单击，该符号会加载到"符号"面板中，如图 12-131 和图 12-132 所示。

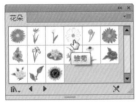

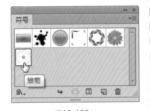

图12-131

图12-132

④ 选择符号喷枪工具 ，在鞋子上面单击鼠标创建符号组，符号数量围绕光标位置逐渐增多，如图 12-133 和图 12-134 所示；放开鼠标后符号组效果如图 12-135 所示，按住 Ctrl 键在画面空白位置单击，取消符号组的选择。在鞋子上方按下鼠标，再创建一个新的符号组，如图 12-136 所示。

图12-133

图12-134

图12-135

图12-136

⑤ 选取这两个符号组，如图 12-137 所示，单击"花朵"面板中的紫菀符号，如图 12-138 所示，将该符号加载到"符号"面板中。打开"符号"面板菜单，选择"替换符号"命令，用紫菀符号替换画板中的雏菊符号，如图 12-139 所示。

图12-137

图12-138

图12-139

⑥ 使用符号紧缩器工具 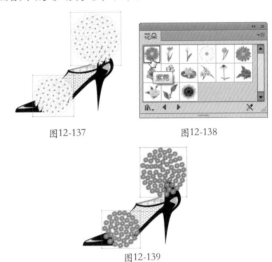 在符号上单击，使符号排列更加紧密，如图 12-140 所示。再使用符号喷枪工具 单击，在符号组中继续添加符号，如图 12-141 所示。将符号组编辑完成后，根据符号的颜色，将鞋子的黑色改为紫色，如图 12-142 所示。

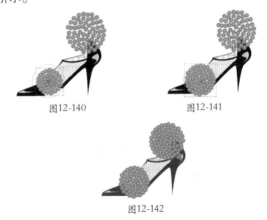

图12-140

图12-141

图12-142

⑦ "花朵"符号库中包含各种花朵符号，如图 12-143 所示，用它们可以组成一个鞋子。制作时将面板中的花朵符号直接拖入到画面中，调整好角度与位置即可，如图 12-144 所示。

⑧我们还可以加载其他符号库，用系统提供的丰富的符号样本来制作不同的效果，如图 12-145 和图 12-146 所示。

图12-145　　　　　　　　图12-146

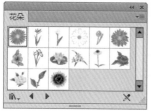

图12-143

图12-144

12.13　插画设计实例：圆环的演绎

- 菜鸟级 ● 玩家级 ● 专业级
- 实例类型：插画设计类
- 难易程度：★★★★☆
- 实例描述：符号的特点是可以快速创建大量相同的图形（符号实例），其缺点是各个符号实例的差别不太大，因为符号工具只能让符号在大小、角度、颜色、透明度方面有所变化。本实例学习怎样运用混合模式，让符号的色彩和细节变得异常丰富。

12.13.1　自定义符号

① 新建一个大小为"297mm×210mm"，CMYK 模式的文件。用椭圆工具 ⬭ 创建两个椭圆形。将它们选择，单击"对齐"面板中的 ⯊ 按钮和 ⯈ 按钮，进行对齐，如图 12-147 所示。将小一点的圆形向上移动，如图 12-148 所示，以便制作成圆环后，可以产生近大远小的透视效果。

② 单击"路径查找器"面板中的 ⬜ 按钮，两个圆形相减后可得到一个圆环，为它填充径向渐变和白色描边，如图 12-149 和图 12-150 所示。

③ 按住 Alt 键向上拖动环形进行复制，选择位于下面的图形，将填充颜色改为土黄色，无描边颜色，如图 12-151 所示。选择位于上面的环形，执行"效

果 > 风格化 > 投影"命令，设置参数如图 12-152 所示，效果如图 12-153 所示。按下 Ctrl+A 快捷键全选，按下 Ctrl+G 快捷键编组。

图12-151　　　　　　图12-152　　　　　　图12-153

④ 复制编组后的圆环，用直接选择工具 ▷ 选择填充了黄色渐变的圆环，调整它的颜色，如图 12-154 和图 12-155 所示。

图12-147　　图12-148　　图12-149　　图12-150

图12-154　　　　　　　　图12-155

⑤选择黄色圆环，单击"符号"面板中的 ⬜ 按钮，在打开的对话框中设置名称为"黄色环形"，如图12-156所示，单击"确定"按钮，创建符号。用同样方法将红色环形也创建为符号，如图12-157所示。

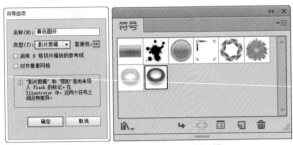

图12-156　　　　　　图12-157

12.13.2　制作带有透视效果的背景

①创建一个与画板大小相同的矩形，填充线性渐变，如图12-158所示。用极坐标网格工具 ⊛ 创建网格图形，如图12-159所示。

②单击"路径查找器"面板中的 ⬒ 按钮，将网格图形分割成块。用直接选择工具 ▷ 选择图形并重新填色，设置描边颜色为灰色，粗细为1pt，如图12-160所示。

图12-158　　　　图12-159　　　　图12-160

③执行"效果 >3D> 旋转"命令，设置参数如图12-161所示，将图形放大，如图12-162所示。创建一个与画板大小相同的矩形，单击"图层"面板中的 ⬓ 按钮创建剪切蒙版，将画板外的图形隐藏，如图12-163所示。

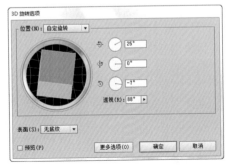

图12-161

图12-162　　　　　　图12-163

④创建一个椭圆形，填充径向渐变，如图12-164所示，设置它的混合模式为"正片叠底"，如图12-165和图12-166所示。

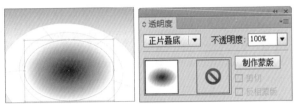

图12-164　　　　　　图12-165

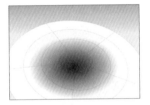

图12-166

⑤按住 Ctrl+Alt 快捷键拖动网格图形进行复制，将它适当放大，无填充颜色，如图12-167所示。再次复制网格图形并放大，设置描边粗细为50pt，不透明度为25%，如图12-168所示。

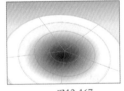 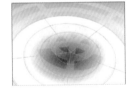

图12-167　　　　　　图12-168

12.13.3　应用符号

①锁定"图层1"，新建"图层2"，如图12-169所示。单击"符号"面板中的"黄色环形"符号，用符号喷枪工具 🎨 由下至上拖动鼠标创建一组符号，如图12-170所示。

②用符号紧缩器工具 🎨 在符号组上拖动鼠标，将符号聚拢在一条垂线上，如图12-171所示。用符号移位器工具 🎨 移动符号的位置，按下"["键缩小工具的直径，再对个别符号的位置做出调整，如图12-172所示。

图12-169

图12-170

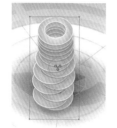

图12-171

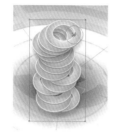

图12-172

提示

使用符号紧缩器工具 🌀 时按住Alt键拖动符号，可以增加符号间距，使其远离光标所在的位置。

③用符号缩放器工具 🔍 按住 Alt 键在符号上单击，将符号缩小，如图 12-173 所示。将前景色设置为棕红色，使用符号着色器工具 🎨 在符号上单击，改变符号的颜色，如图 12-174 所示。进一步调整符号的大小、位置和颜色，再将符号组缩小，如图 12-175 所示。

图12-173

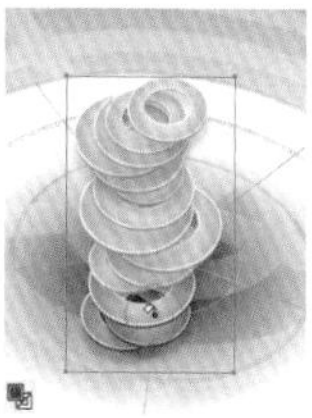

图12-174

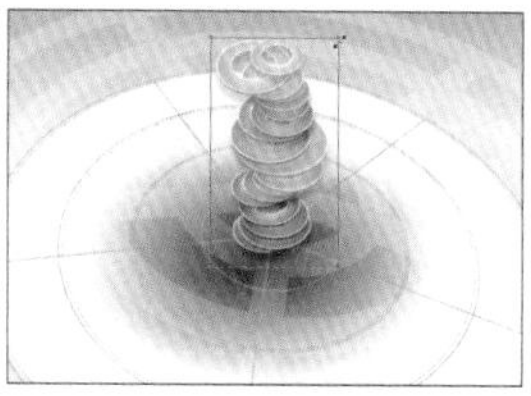

图12-175

④再创建一组符号，注意符号的大小和摆放位置，应体现出空间感与层次感，如图 12-176 所示。复制符号组，用符号着色器工具 🎨 修改符号的颜色，按 Shift+Ctrl+[快捷键将其移至底层，将符号组缩小，如图 12-177 所示。

图12-176

图12-177

⑤选择"符号"面板中的"红色环形"符号，在画面中创建一组符号，如图 12-178 所示。继续在画面中添加符号，将符号改为绿色，如图 12-179 所示。

图12-178

图12-179

⑥新建一个图层。创建一个椭圆形，填充径向渐变，如图 12-180 所示。设置它的混合模式为"颜色加深"，不透明度为 60%，如图 12-181 和图 12-182 所示。

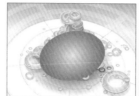

图12-180

图12-181

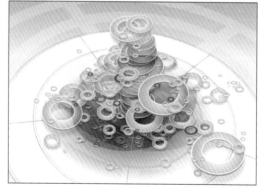

图12-182

⑦复制圆形，由于它设置了"颜色加深"模式，符号的颜色也会变得更加鲜亮，呈现玻璃镜面一样的光洁质感，如图 12-183 所示。使用文字工具 T 输入文字，完成后的效果如图 12-184 所示。

图12-183

图12-184

12.14 拓展练习：水彩笔画

●菜鸟级　●玩家级　●专业级　●实例类型：技术提高型　●视频位置：光盘 > 视频 >12.14

Illustrator 的画笔库提供了丰富的画笔样式，可以模拟各种绘画效果。例如图 12-185 所示为一幅水彩笔画，它便是使用"毛刷画笔库"中的画笔绘制出来的，可以看到，作为矢量对象的路径也惟妙惟肖地再现绘画笔触和色彩效果。

图12-185

该实例的制作方法是，先用钢笔工具 绘制出小鸟轮廓，如图 12-186 所示，打开"毛刷画笔库"（执行"窗口 > 画笔库 > 毛刷画笔 > 毛刷画笔库"命令），选择"划线"、"蓬松形"画笔，将它们添加到"画笔"面板中，如图 12-187 所示，再用这两种画笔对路径进行描边，如图 12-188 所示。

图12-186

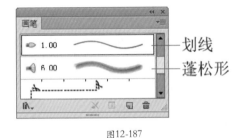

图12-187

图12-188

小技巧：水粉画

Illustrator的"艺术效果"画笔库提供了可以模拟绘画效果的画笔样本，使用画笔工具，配合画笔库中的样本可以轻松表现水彩、水粉、油画等绘画效果。在绘画过程中，还可以对一条笔画路径进行反复编辑，如平滑路径、改变路径形状、替换画笔样本。

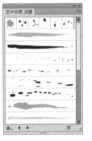

第13章

卡通和动漫设计：实时描摹与高级上色

13.1 关于卡通和动漫

13.1.1 卡通

卡通是英语"cartoon"的汉语音译。卡通作为一种艺术形式最早起源于欧洲。17世纪的荷兰，画家的笔下首次出现了含卡通夸张意味的素描图轴。17世纪末，英国的报刊上出现了许多类似卡通的幽默插图。随着报刊出版业的繁荣，到了18世纪初，出现了专职卡通画家。20世纪是卡通发展的黄金时代，这一时期美国卡通艺术的发展水平居于世界的领先地位，期间诞生了超人、蝙蝠侠、闪电侠、潜水侠等超级英雄形象。二次战后，日本卡通正式如火如荼的展开，从手冢治虫的漫画发展出来的日本风味的卡通，再到宫崎骏的崛起，在全世界都造成了一股旋风，如图13-1所示为各种版本的多啦A梦趣味卡通形象。

图13-1

13.1.2 动漫

动漫属于CG（ComputerGraphics简写）行业，主要是指通过漫画、动画结合故事情节，以平面二维、三维动画、动画特效等表现手法，形成特有的视觉艺术创作模式。它包括前期策划、原画设计、道具与场景设计、动漫角色设计等环节。用于制作动漫的软件主要有：2D动漫软件Animo、Retas Pro、Usanimatton；3D动漫软件3ds max, Maya、Lightwave；网页动漫软件Flash。动漫及其衍生品有着非常广阔的市场，而且现在动漫也已经从平面媒体和电视媒体扩展到游戏机，网络，玩具等众多领域，如图13-2和图13-3所示。

手冢治虫的动画作品《铁臂阿童木》

图13-2

精美的动漫手办

图13-3

小知识：CG

国际上习惯将利用计算机技术进行视觉设计和生产的领域通称为CG，它几乎囊括了当今电脑时代中所有的视觉艺术创作活动，如平面印刷品的设计、网页设计、三维动画、影视特效、多媒体技术、以计算机辅助设计为主的建筑设计，以及工业造型设计等。

13.2 实时描摹

实时描摹是从位图中生成矢量图的一种快捷方法。用这项功能，我们就可以让自己的照片快瞬间变为矢量插画，也可以基于一幅位图快速绘制出矢量图。

13.2.1 描摹位图图像

在Illustrator中打开或置入一个位图图像，如图13-4所示，将它选择，在控制面板中单击"图像描摹"右侧▼按钮，打开的下拉列表选择一个选项，如图13-5所示，即可按照预设的要求自动描摹图像，如图13-6所示。保持描摹对象的选择状态，单击控制面板中的▼按钮，在下拉列表中可以选择其他的描摹样式，修改修改描摹结果，如图 13-7 和图 13-8 所示。

图13-4　　　　　图13-5　　　　　图13-6

图13-7　　　　　　　图13-8

13.2.2　调整对象的显示状态

实时描摹的对象由原始图像（位图图像）和描摹结果（矢量图稿）两部分组成。默认情况下，我们只能看描摹结果，如图 13-9 所示。如果想要查看矢量轮廓，可以选择对象，在控制面板中单击"视图"选项右侧的 ▼ 按钮，打开下拉列表选择一个显示选项，如图 13-10 ～ 图 13-12 所示。

描摹结果
图13-9

视图选项
图13-10

轮廓　　　　　　　　　　　源图像
图13-11　　　　　　　　　图13-12

13.2.3　扩展描摹的对象

选择实时描摹的对象，如图 13-13 所示，单击控制面板中的"扩展"按钮，可以将它转换为矢量图形。图 13-14 所示为扩展后选择的部分路径段。如果想要在描摹对象的同时自动扩展对象，可以执行"对象 > 图像描摹 > 建立并扩展"命令。

图13-13

图13-14

13.2.4　释放描摹的对象

描摹图像后，如果希望放弃描摹但保留置入的原始图像，可以选择描摹的对象，然后执行"对象 > 图像描摹 > 释放"命令。

13.3 高级技巧：用指定的颜色描摹图像

Illustrator 允许我们用指定的颜色来描摹图像。具体的操作方法是，先在"色板"面板中设置好颜色，再执行面板菜单中的"将色板库存储为 ASE"命令，保存色板库，如图 13-15 所示；然后执行面板菜单中的"打开色板库 > 其他库"命令，打开保存的自定义色板库，如图 13-16 和图 13-17 所示。

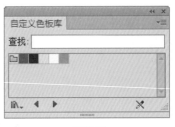

图13-15   图13-16   图13-17

选择需要描摹的图像，如图 13-18 所示，打开"图像描摹"面板，在"模式"下拉列表中选择"彩色"，在"调板"下拉列表中选择打开的自定义色板库，如图 13-19 所示，单击"描摹"按钮，即可用该色板库中的颜色描摹图像，如图 13-20 所示。

图13-18   图13-19   图13-20

> **提示**
>
> 在"色板"面板中设置颜色是指调整出需要的颜色后，单击"色板"面板中的 ◻ 按钮，将其保存起来；将用不到的色板拖动到 🗑 按钮上删除。

13.4 实时上色

实时上色是一种为图形上色的高级方法。它的基本原理是通过路径将图稿分割成多个区域，每一个区域都可以上色，而不论它的边界是由单条路径还是多条路径段确定的。上色过程就有如在涂色簿上填色，或是用水彩为铅笔素描上色。

13.4.1 创建实时上色组

选择图形及用于分割它的路径，如图 13-21 所示，执行"对象 > 实时上色 > 建立"命令，即可将它们创建为一个实时上色组。实时上色组中有两种对象，一种是表面，另一种是边缘。表面是一条边缘或多条边缘围成的区域，边缘则是一条路径与其他路径交叉后处于交点之间的路径。我们可以为表面填色，为边缘描边，如图 13-22 所示。实时上色组中每一条路径都可以单独编辑，移动或调整路径的形状时，填色和描边也会随之更改，如图 13-23 和图 13-24 所示。

图13-21

图13-22

图13-23

图13-24

小技巧：不能转换为实时上色组该怎么办

有些对象不能直接转换为实时上色组。如果是文字对象，可执行"文字>创建轮廓"命令，将文字创建为轮廓，再将生成的路径转换为实时上色组。对于其他对象，可执行"对象>扩展"命令，将对象扩展，再转换为实时上色组。

13.4.2　为表面上色

在"颜色"、"色板"或"渐变"面板中设置颜色，如图 13-25 所示，选择实时上色工具 🖑 ，将光标放在对象上，检测到表面时会显示红色的边框，如图 13-26 所示，同时，工具上面会出现当前设定的颜色，如果是图案或颜色色板，可以按下"←"或"→"键，切换到相邻的颜色，单击鼠标即可填充颜色，如图 13-27 和图 13-28 所示。

图13-25

图13-26

图13-27

图13-28

提示

对单个图形表面进行着色时不必选择对象，如果要对多个表面着色，可以使用实时上色选择工具 🖱 按住 Shift 键单击这些表面，将它们选择，再进行处理。

13.4.3　为边缘上色

如果要为边缘着色，可以使用实时上色选择工具 🖱 单击边缘，将其选择（按住 Shift 键单击可以选择多个边缘），如图 13-29 所示，此时可在"色板"面板或其他颜色面板中修改边缘的颜色，如图 13-30 ~ 图 13-32 所示。

图13-29

图13-30

图13-31

图13-32

13.4.4 释放实时上色组

选择实时上色组，如图 13-33 所示，执行"对象 > 实时上色 > 释放"命令，可以释放实时上色组，对象会变为 0.5 pt 黑色描边、无填色普通的路径，如图 13-34 所示。

图13-33　　　　　　　　　　　　　　　　图13-34

13.4.5 扩展实时上色组

选择实时上色组，执行"对象 > 实时上色 > 扩展"命令，可以将其扩展为由多个图形组成的对象，我们可以用编组选择工具 选择其中的路径进行编辑，如图 13-35 所示为删除部分路径后的效果。

图13-35

13.5　高级技巧：向实时上色组中添加路径

创建实时上色组后，可以向其中添加新的路径，从而生成的新表面和边缘。选择实时上色组和要添加到组中的路径，如图 13-36 所示，单击控制面板中的"合并实时上色"按钮。合并路径后，可以对生成的表面和边缘填色和描边，如图 13-37 所示；也可以修改实时上色组中的路径，实时上色区域会随之改变，如图 13-38 和图 13-39 所示。

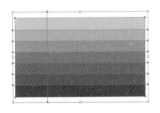 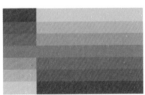 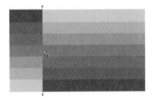 

图13-36　　　　　　　　图13-37　　　　　　　　图13-38　　　　　　　　图13-39

小技巧：实时上色对象的选择方法

实时上色选择工具 可以选择实时上色组中的各个表面和边缘；选择工具 可以选择整个实时上色组；直接选择工具 可以选择实时上色组内的路径。

13.6　高级技巧：封闭实时上色组中的间隙

在进行实时上色时，如果颜色出现渗透，或不应该上色的表面涂上了颜色，则可能是由于图稿中存在间隙，即路径之间有空隙，没有封闭成完整的图形。例如图 13-40 所示为一个实时上色组，图 13-41 所示为填色效果。可以看到，由于顶部出现缺口，为其中的一个图形填色时，颜色也会渗透到另一侧的图形中。

图13-40

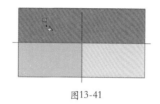

图13-41

选择实时上色对象，执行"对象 > 实时上色 > 间隙选项"命令，打开"间隙选项"对话框，在"上色停止在"下拉列表中选择"大间隙"，即可封闭路径间的空隙，如图 13-42 所示。图 13-43 所示为重新填色的效果，此时空隙虽然存在，但颜色没有出现渗漏。

图13-42

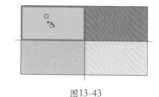

图13-43

13.7　高级技巧：全局色

Illustrator 中一种叫做"全局色"的色板，它是一种非常特别的颜色，当我们修改这种颜色时，文档中所有使用该颜色的对象都会与之同步更新。

双击"色板"中的一个色板，如图 13-44 所示，打开"色板选项"对话框，选择"全局色"选项即可将当前颜色设置为全局色，如图 13-45 所示。当图形填充了全局色后，如图 13-46 所示，双击"色板"中的全局色，在打开的"色板选项"对话框中调整颜色数值，文档中所有使用该色板的对象都会改变颜色，如图 13-47 ~ 图 13-49 所示。

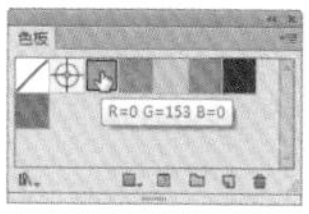

图 13-44

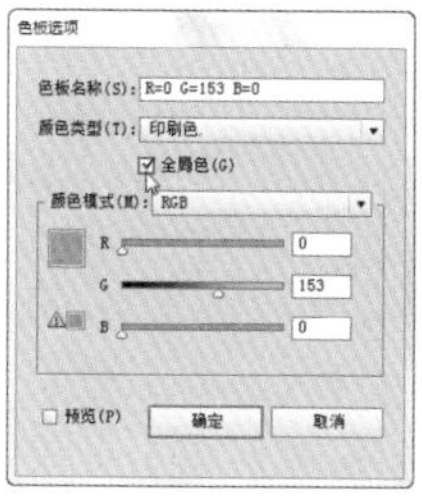

图 13-45

图 13-46

图 13-47

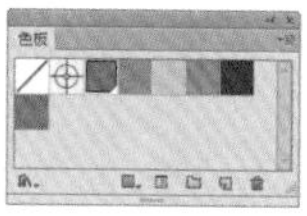

图 13-48

图 13-49

13.8 专色

13.8.1 了解专色

专色是指在印刷时，不是通过印刷 C、M、Y、K 四色合成某种颜色，而是专门用一种特定的油墨来印刷该颜色。印刷时会有专门的色版对应。

使用专色可以降低成本。例如，一个文件只需要印刷橙色，如果用四色来印的话，就需要两种油墨，黄色和红色混合构成橙色。如果用专色，只需橙色一种油墨即可。此外，专色还可以表现特殊的颜色，如金属色、荧光色、霓虹色等。

> **提示**
>
> 印刷色是由C（青色）、M（洋红色）、Y（黄色）、K（黑色）按照不同的百分比混合成的颜色。

13.8.2 使用专色

Illustrator 提供了大量的色板库，包括专色、印刷四色油墨等。单击"色板"面板底部的 ██ 按钮，打开"色标簿"下拉菜单可以找到它们，如图 13-50 ~ 图 13-52 所示。

图13-50

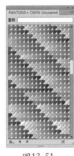

图13-51

图13-52

在 Illustrator 和其他绘图软件中，常用的颜色系统有 PANTONE、TRUMATCH、FOCOLTONE、TOYO Color Finder、ANPA-COLOR、RIC Color Guide 等，其中 TRUMATCH、FOCOL TONE 和 ANPA COLORR 以印刷四色为基础发展而来的系统，其他的则属于专色系统。

使用专色可以使颜色更准确。但在计算机的显示器上无法精准地显示颜色，设计师一般通过标准颜色匹配系统的预印色卡来判断颜色在纸张上的准确效果，如 PANTONE 彩色匹配系统就创建了很详细的色卡。

> **小知识：PANTONE色卡**
>
> PANTONE的英文全名是 Pantone Matching System，简称为 PMS。1953年，Pantone 公司的创始人Lawrence Herbert开发了一种革新性的色彩系统，可以进行色彩的识别、配比和交流，从而解决了在制图、印刷行业无法精确配比色彩的问题。
>
> 印刷、出版、包装、纺织等行业常用PANTONE色卡来指导颜色配比。PANTONE的每个颜色都是有其唯一的编号，例如，PANTONE印刷色卡中颜色的编号以 3 位数字或 4 位数字加字母 C 或 U 构成（如pantone 100c 或 100u），字母 C 代表了这个颜色在铜版纸（coated）上的表现，字母 U 表示是这个颜色在胶版纸（uncoated）上的表现。每个PANTONE颜色均有相应的油墨调配配方，十分方便配色。

13.9　高级技巧：看看别的设计师都在使用哪些颜色

执行"窗口 > 扩展功能 > Kuler"命令，打开"Kuler"面板。通过该面板可以浏览由在线设计人员社区所创建的数千个颜色组（需要连接到互联网），为我们配色提供参考，如图 13-53 ～图 13-55 所示。选择一组颜色后，单击 按钮还可将其下载到"色板"面板中。

最受欢迎的　　　　　最高评级的　　　　　最新的

图13-53　　　　　　图13-54　　　　　　图13-55

13.10　实时描摹实例：将照片转换为版画

- 菜鸟级 ●玩家级 ●专业级
- 实例类型：平面设计类
- 难易程度：★★★
- 实例描述：将照片素材嵌入到 Illustrator 中，通过实时描摹将其转换为矢量图，并简化细节。在其上方叠加色块，通过混合模式进行着色处理。

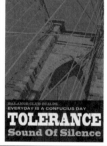

① 按下 Ctrl+N 快捷键，创建一个 CMYK 模式的空白文档。执行"文件 > 置入"命令，打开"置入"对话框，选择光盘中的照片素材，取消"链接"选项的勾选，如图 13-56 所示，单击"置入"按钮，将它嵌入到当前文档中，如图 13-57 所示。

图13-56　　　　　　图13-57

提示

使用"文件>置入"命令可以将位图图像置入到现有的文档中。置入文件时，取消"链接"选项的勾选，可以将图像嵌入到文档中。如果勾选"链接"选项，则图像并实际不存在于文档中，而只是与源文件建立了链接，这样不会过多地增加文件的大小。但是，如果源图像的存储位置发生了变化，或者被删除，则置入的图像也会从Illustrator文档中消失。

②使用选择工具 ▶ 单击图像，将其选择，在"图像描摹"下拉列表中选择"3 色"，如图 13–58 所示，对图像进行描摹，如图 13–59 所示。

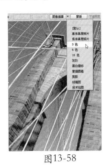
图13-58

图13-59

③保持素材的选择状态，按下 Ctrl+C 快捷键复制，执行"编辑 > 贴在前面"命令，在原位粘贴图形，如图 13–60 所示。在"透明度"面板中设置混合模式为"正片叠底"，如图 13–61 和图 13–62 所示。

图13-60

图13-61

图13-62

④用矩形工具 ▢ 创建一个与大桥素材大小相同的矩形，填充黄色，设置混合模式为"混色"，如图 13–63 所示。再创建一个矩形，填充洋红色，设置混合模式为"正片叠底"，如图 13–64 所示。

图13-63

图13-64

⑤在画面底部创建一个矩形，填充棕色，设置混合模式为"正片叠底"，如图 13–65 所示。最后，使用文字工具 **T** 输入一组文字，如图 16–66 所示。

图13-65

图13-66

13.11　实时上色实例：飘逸的女孩

- 菜鸟级　●玩家级　●专业级
- 实例类型：技术提高型
- 难易程度：★★★☆
- 实例描述：在本实例中我们先用钢笔工具绘制一个可爱的女孩形象，再用实时上色工具进行上色处理。

① 选择椭圆工具 ⬭，按住 Shift 键创建一个正圆形，用钢笔工具 ✍ 在它下面绘制一个图形，如图 13-67 所示。然后绘制人物的衣服，如图 13-68 所示。

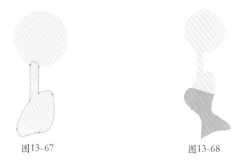

图13-67　　　　　　　　　图13-68

② 绘制胳膊和头发，如图 13-69 和图 13-70 所示。绘制人物的五官、绘制两个椭圆形作为人物的耳环，如图 13-71 和图 13-72 所示。

图13-69　　　　图13-70　　　　图13-71　　　　图13-72

③ 单击"图层"面板中的 ⬚ 按钮，新建一个图层，如图 13-73 所示。用钢笔工具 ✍ 绘制 3 个相互重叠的树叶状图形，作为人物的裙子，如图 13-74 ～图 13-76 所示。

图13-73　　　　　　　图13-74　　　　　　　图13-75　　　　　　　图13-76

④用选择工具 ┡ 将裙子选择，如图 13-77 所示。选择实时上色工具 ┡ ，调整填充颜色，如图 13-78 所示，将光标放在如图 13-79 所示的图形上，单击鼠标填充颜色，如图 13-80 所示。

⑥用钢笔工具 ┛ 绘制一条闭合式路径作为飘带，如图 13-85 所示。用实时上色工具 ┡ 为飘带填充颜色，然后取消它的描边，如图 13-86 所示。单击"图层"面板中的按钮 ┛ 新建一个图层，用椭圆工具 ○ 绘制一组圆形，填充不同的颜色，如图 13-87 所示。

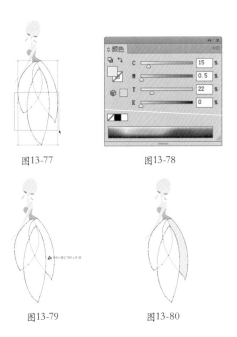

图13-77　　　　　图13-78

图13-79　　　　　图13-80

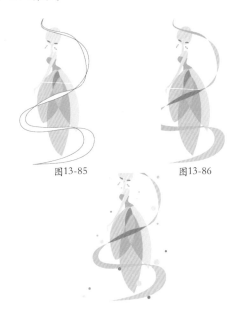

图13-85　　　　　图13-86

图13-87

⑤修改颜色，如图 13-81 所示，为裙子填充该颜色，如图 13-82 所示。采用同样的方法为裙子的其他部分填充颜色，如图 13-83 所示。在控制面板中设置图形为无描边颜色，如图 13-84 所示。

⑦选择"图层 1"，如图 13-88 所示，用椭圆工具 ○ 绘制几个椭圆形，如图 13-89 所示。选择这几个椭圆形，按下 Ctrl+G 快捷键编组，效果如图 13-90 所示。

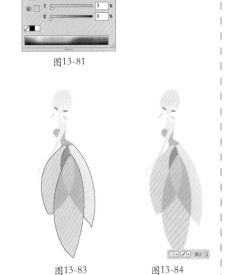

图13-81

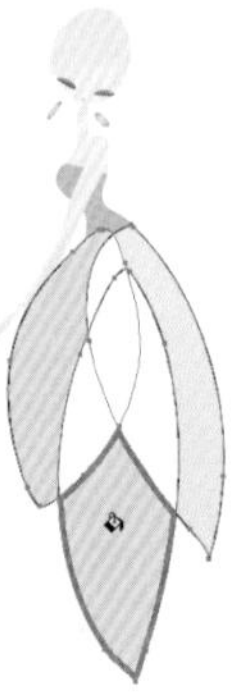

图13-82　　　　图13-83　　　　图13-84

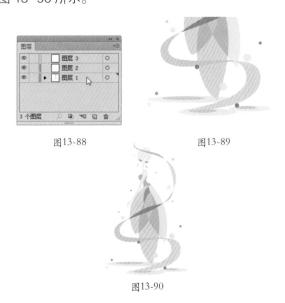

图13-88　　　　　图13-89

图13-90

13.12 卡通设计实例：制作一组卡通形象

● 菜鸟级 ●玩家级 ●专业级
● 实例类型：技术提高型
● 难易程度：★★★☆
● 实例描述：在这个实例中，我们来用
　　Illustrator 的绘图工具绘制一组可爱的卡通形
　　象，他们的五官和神态基本一致，只是发型
　　上稍有变化，以体现他们各自不同的性格特征。

① 按下 Ctrl+N 快捷键打开"新建文档"对话框，设置文件大小为"640px×480px"，颜色模式为RGB 颜色。选择椭圆工具 ◯，按住 Shift 键创建一个圆形，填充径向渐变，如图 13-91 和图 13-92 所示。

图13-91

图13-92

② 再创建两个小一点的正圆形，作为卡通精灵的耳朵，将耳朵选择，按下 Ctrl+[快捷键移动到后面，如图 13-93 所示。用圆角矩形工具 ◻ 制作精灵的脖子，如图 13-94 所示。

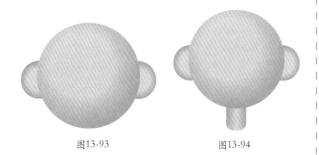

图13-93　　　　　　　　　图13-94

③ 用椭圆工具 ◯ 创建一个椭圆形，用直接选择工具 向上拖动圆形最下面的锚点，改变椭圆的形状，如图 13-95 所示，按下 Shift+Ctrl+[快捷键将图形移至底层。创建几个椭圆形，作为卡通精灵的眼睛，如图 13-96 所示。

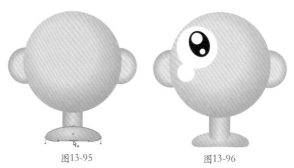

图13-95　　　　　　　　　图13-96

④ 将组成眼睛的圆形选择，按下 Ctrl+G 快捷键编组。选择镜像工具 ⚐，按下 Alt 键在面部的中心位置单击，在打开的对话框中单击"复制"按钮，将眼睛复制到右侧，如图 13-97 所示。用钢笔工具 ✎ 绘制一个闭合式路径，填充黑色，作为精灵的嘴巴，如图 13-98 所示。按下 Ctrl+A 快捷键将图形全部选择，按下 Ctrl+G 快捷键编组。

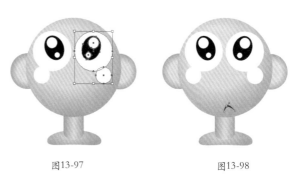

图13-97　　　　　　　　　图13-98

⑤单击"符号"面板中的新建符号按钮 ▣，将精灵定义为符号，如图 13-99 所示。按下 Delete 键删除画面中的精灵，然后将"符号"面板中的精灵样本拖动到画板中，用选择工具 ▶ 按住 Shift+Alt 键拖动进行复制，然后连续按下 Ctrl+D 快捷键，复制出六个精灵，如图 13-100 所示。

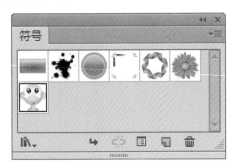

图13-99

图13-100

⑥用钢笔工具 ✐ 绘制卡通精灵的头发，如图 13-101 所示，第一个精灵就制作完成了。下面来制作第二个精灵。用椭圆工具 ◯ 创建一些大小不一的椭圆形，填充橙色，作为卷曲的头发和麻花辫，如图 13-102 所示。

图 13-101　　　　　图 13-102

提示

由于组成麻花辫的图形较多，在制作完成后最好将图形编组，以便于进行后面的操作。

---

⑦下面来制作第三个精灵。用钢笔工具 ✐ 绘制精灵的头发，如图 13-103 所示。选择铅笔工具 ✐，在靠近嘴角的发梢处绘制一条开放式路径，如图 13-104 所示。

图13-103　　　　　　　　图13-104

⑧选择多边形工具 ⬡，按住 Shift 键在第四个精灵的头顶创建一个三角形（可按下"↓"键减少边数）。选择选择工具 ▶，将光标放在定界框的一边，按住 Alt 键向三角形的中心拖动，调整三角形的宽度，如图 13-105 所示，然后复制三角形，如图 13-106 所示。将左侧的两个三角形复制到右侧，再将这些图形调整到头部后面，如图 13-107 所示。

图13-105　　　　图13-106　　　　图13-107

⑨用钢笔工具 ✐ 在第五个精灵头上绘制一顶帽子，如图 13-108 所示。继续绘制一个闭合式路径，填充灰色，如图 13-109 所示。

图13-108　　　　　　　图13-109

⑩用铅笔工具 ✐ 在第六个精灵头上绘制一个帽子，如图 13-110 所示。再绘制几条开放式路径，长度应穿长过帽子，选择帽子和黑色的路径，如图 13-111 所示。

⑪单击"路径查找器"面板中的按钮 ▣，用线条分割帽子图形，如图 13-112 所示。然后为分割后的图形填充不同的颜色，如图 13-113 所示，如图 13-114 所示为将这几个卡通形象放在一个背景上的效果。

图13-110　　　图13-111　　　图13-112　　　图13-113　　　　　　　图13-114

13.13　拓展练习：制作名片和三折页

●菜鸟级　●玩家级　●专业级　●实例类型：平面设计类　●视频位置：光盘 > 视频 >13.13

新建一个大小为"55mm×90mm"、CMYK 模式的文档，如图 13-115 所示。将"13.11 实时上色实例：飘逸的女孩"中的人物拷贝并粘贴到当前文件中，按下 Ctrl+G 快捷键编组。在名片上输入姓名、职务、公司名称、地址、邮编、电话等信息。选择矩形工具 ▭，在画板左上角单击，打开"矩形"对话框，设置矩形的大小为"55mm×90mm"，如图 13-116 所示。单击"确定"按钮，创建一个与画板大小相同的矩形，按下 Shift+Ctrl+[快捷键将矩形移动到底层。按下 Ctrl+A 快捷键全选，单击控制面板中的水平居中对齐按钮 ▭，将人物和文字对齐到画面的中心，如图 13-117 所示。

图13-115　　　　　　　　　　　图13-116　　　　　　　　图13-117

制作好名片后，可以用它作为主要图形元素制作出三折页，如图 13-118 所示。详细的制作方法，请参阅光盘中的视频文件（光盘 > 视频 >13.13）。

图13-118

第14章

网页和动画设计：AI与其他软件的协作

14.1 关于网页和动画设计

14.1.1 网页设计

　　版面设计、色彩、动画效果以及图标设计等是网页设计的要素。网页的版面设计应充分借鉴平面设计的表现方法和表现形式，根据内容的主次关系将不同的图形和图像和文字元素进行编排、组合。合理规划版面，利用动静结合、虚实变化、疏密有致的手法，形成具有鲜明特色的页面效果，同时还应兼顾网页的功能性、实用性和艺术性。如图 14-1 和图 14-2 所示。

恰当的留白使页面协调均衡

图14-1

将信息分类使之规范化和条理化

图14-2

　　色彩对人视觉效果的影响非常明显，一个网页设计的成功与否，在某种程度上取决于设计者对色彩的把握与运用。一般情况下，同类色可以产生统一、协调的视觉效果，能够增强页面的一致性。对比色可以产生醒目的视觉效果，由多种色彩组成的页面通常采用面积对比、色相对比和纯度对比来协调对比关系，使其在对比中存在协调。如图 14-3 和图 14-4 所示。

橙色是一种快乐、健康、勇敢的色彩

图14-3

蓝色象征着和平、安静、纯洁、理智

图14-4

小知识：色彩的心理感觉

　　色彩作用于人的视觉器官以后，会产生色感并促使大脑产生情感的心理活动，形成各种各样的感情反应。例如，太阳会发出红橙色光，人们一看到红橙色，心理就会产生温暖愉悦的感觉；冰、雪、大海的温度较低，人们一看到蓝色，就会觉得冰冷、凉爽。

14.1.2 动画设计

　　人的眼睛有一种生理现象，叫做"视觉暂留性"，即看到一幅画或一个物体后，影像会暂时停留在眼前，1/24 秒内不会消失。动画便是利用这一原理，将静态的、但又是逐渐变化的画面，以每秒 20 幅的速度连续播放，便会给人造成一种流畅的视觉变化效果。

　　动画分为两种，一种是用 Maya、3ds max 等制作的三维动画，另一种是用 Flash 等软件制作的二维动画。三维动画是通过动画软件创造出虚拟的三维空间，再将模型放在这个三维空间的舞台上，从不同的角度用灯光照射，并赋予每个部分动感和强烈的质感而得到的效果；二维动画主要是用手工逐幅绘制的，因而画面具有绘画的艺术美感。图 14-5 和图 14-6 所示为动画角色设定稿。

电影《马达加斯加》角色设计　　　　　　　　　　　　　动画人物设定

图14-5　　　　　　　　　　　　　　　　　　　　　图14-6

小知识：动画片中的第一

- 世界上第一部音画同步的卡通片是 1928 年迪斯尼公司制作的以米老鼠为主角的动画片《蒸气船威利》。
- 电影史上第一部彩色卡通长篇剧情片是迪斯尼公司于上个世纪 30 年代制作的《白雪公主》。
- 第一部综合性的彩色卡通片，同时也是第一部获得奥斯卡动画短片奖的影片是迪斯尼公司制作的《花与树》。
- 中国第一部动画片是万籁鸣等四兄弟于 1926 年制作的《大闹画室》；中国第一部有声动画片是《骆驼献舞》；中国第一部长篇动画片是《铁扇公主》。

14.2　Illustrator网页设计工具

　　网页包含许多元素，如 HTML 文本、位图图像和矢量图形等。在 Illustrator 中，可以使用切片来定义图稿中不同 Web 元素的边界。例如，如果图稿包含需要以 JPEG 格式进行优化的位图图像，而图像其他部分更适合作为 GIF 文件进行优化，则可以使用切片工具 ✐ 划分出切片以隔离图像，再执行"文件 > 存储为 Web 和设备所用格式"命令，打开"存储为 Web 和设备所用格式"对话框，对不同的切片进行优化，如图 14-7 所示，使文件变小。创建较小的文件非常重要，一方面 Web 服务器能够更高效地存储和传输图像，另一方面用户也能够更快地下载图像。

　　在"属性"面板中，我们还可以指定图像的 URL 链接地址，设置图像映射区域，如图 14-8 所示。创建图像映射后，在浏览器中将光标移至该区域时，光标会变为 ✋ 状，浏览器下方会显示链接地址。

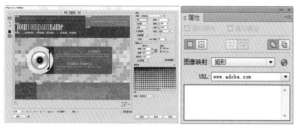

图14-7　　　　　　　图14-8

小技巧：如何选择文件格式

不同类型的图像应使用不同的格式存储才能利于使用。通常位图使用JPEG格式；如果图像中含有大面积的单色、文字和图形等选择GIF格式可获得理想的压缩效果，这两种格式都可将图像压缩成为较小的文件，比较适合在网上传输；文本和矢量图形可使用SVG格式，简单的动画则可保存为SWF格式。

小知识：Web 安全色

不同的电脑平台（Mac、PC等）以及浏览器有着不同的调色板，这意味着我们在Illustrator画板上看到的颜色在其他系统上的 Web 浏览器中有可能会出现差别。为了使颜色能够在所有的显示器上看起来一模一样，在制作网页时，就需要使用Web安全色。在"颜色"面板菜单中选择"Web安全RGB（W）"命令，可以让面板中只显示Web安全色。

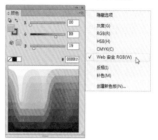

14.3　Illustrator动画制作工具

Illustrator 强大的绘图功能为动画制作提供了非常便利的条件，画笔、符号、混合等都可以简化动画的制作流程。Illustrator 本身也可以制作简单的图层动画。

使用图层创建动画是将每一个图层作为动画的一帧或一个动画文件，再将图层导出为 Flash 帧或文件，就可以使之动起来了。此外，我们也可以执行"文件 > 导出"命令，打开"导出"对话框，在"保存类型"下拉列表中选择 *.SWF 格式，将文件导出为 SWF 格式，以便在 Flash 中制作动画。

14.4　软件总动员

14.4.1　Illustrator与Photoshop

Illustrator 与 Photoshop 是互补性非常强的两个软件，Illustrator 是矢量图领域的翘楚，Photoshop 则是位图领域的绝对霸主。它们之间一直有着良好的兼容性，PSD、EPS、TIFF、AI、JPEG 等都是它们通用的文件格式。

图14-9

Photoshop 文件以 PSD 格式保存后，在 Illustrator 中打开时，图层和文字等都可以继续编辑。例如图 14-9 所示为一个 Photoshop 图像文件，在 Illustrator 中执行"文件 > 打开"命令打开该文件，会弹出一个对话框，勾选"将 Photoshop 图层转换为对象"选项，然后单击"确定"按钮打开文件，图层、文字都可以编辑，如图 14-10 所示。

图14-10

此外，还可以直接将矢量图形从 Illustrator 拖入 Photoshop，或者从 Photoshop 拖入 Illustrator 中。

14.4.2 Illustrator与Flash

Flash 是一款大名鼎鼎的网络动画软件，也是目前使用最为广泛的动画制作软件之一。它提供了跨平台，高品质的动画，其图像体积小，可嵌入字体与影音文件，可用于制作网页动画、多媒体课件、网络游戏、多媒体光盘等。

从 Illustrator 中可以导出与从 Flash 导出的 SWF 文件的品质和压缩相匹配的 SWF 文件。在进行导出操作时，可以从各种预设中进行选择以确保获得最佳的输出效果，并且可以指定如何处理符号、图层、文本以及蒙版。例如，可以指定将 Illustrator 符号导出为影片剪辑还是图形，或者可以选择通过 Illustrator 图层来创建 SWF 符号。

14.4.3 Illustrator与InDesign

InDesign 是专业的排版软件，它几乎能制作所有的出版物，还可以将内容快速地发布到网络上。InDesign 中虽然也有一些矢量工具，但功能较为简单。如果需要绘制复杂的图形，可以在 Illustrator 中完成，再将其直接拖入 InDesign 中使用，而且图形在 InDesign 中还可以继续编辑。

14.4.4 Illustrator与Acrobat

Adobe Acrobat 用于编辑和阅读 PDF 格式文档。PDF 是一种通用文件格式，它支持矢量数据和位图数据，具有良好的文件信息保存功能和传输能力，已成为网络传输的主要格式。在 Illustrator 中不仅可以编辑 PDF 文件，还可以将文件以 PDF 格式保存。

在 Illustrator 中执行"文件 > 置入"命令，可以置入 PDF 格式的文件；执行"文件 > 存储"命令，打开"存储为"对话框，在"保存类型"下拉列表中选择"*.PDF"选项，可以将文件保存为 PDF 格式。

14.4.5 Illustrator与Auto CAD

Auto CAD 是美国 Autodesk 公司出品的自动计算机辅助设计软件，用于二维绘图、建筑施工图和工程机械图和基本的三维设计。Illustrator 支持大多数 AutoCAD 数据，包括 3D 对象、形状和路径、

外部引用、区域对象、键对象（映射到保留原始形状的贝塞尔对象）、栅格对象和文本对象。

在 Illustrator 中执行"文件 > 置入"命令，可以导入从 2.5 版至 2006 版的 AutoCAD 文件。在导入的过程中，可以指定缩放、单位映射（用于解释 AutoCAD 文件中的所有长度数据的自定单位）、是否缩放线条粗细、导入哪一种布局以及是否将图稿居中等。图 14-11 所示为导入 AutoCAD 文件时的对话框，如图 14-12 所示为导入的平面图。

图14-11

图14-12

在 Illustrator 中执行"文件 > 导出"命令，可以将图形输出为 DWG 格式。在 Auto CAD 中打开这样的文件后，文件中单色填充图形的颜色、路径和文字可以继续编辑，如果图形填充了图案，则在 Auto CAD 中会以系统默认的图案将其替换。

14.4.6 Illustrator与3ds Max

3ds Max 是国内使用率最高的三维动画软件，它也支持 AI 格式。将 Illustrator 中创建的路径保存为 AI 格式后，可以在 3ds Max 中导入，在打开时可以设置所有路径合并为一个对象或保持各自独立并处在不同的图层中。输入后的路径可继续编辑或通过 Extrude、Bevel、Lathe 等修改命令创建为模型。在 3ds Max 中创建的二维线形对象可以输出为 AI 格式的文件，在 Illustrator 中可以打开继续使用。

14.5　高级技巧：巧用智能对象

将 Illustrator 中的图形置入或拖入 Photoshop 时，图形会转换为智能对象。智能对象是一个嵌入在 Photoshop 文档中的文件，在"图层"面板中的其名称为"智能对象"，缩览图上带有 ⊞ 状图标，如图 14-13 所示。双击该图层时，会运行 Illustrator 并打开原始的图形文件，对其进行修改并保存后，如图 14-14 所示，Photoshop 中的智能对象也会自动更新为与之相同的效果，如图 14-15 所示。

图14-13

图14-14

图14-15

14.6　动画实例：星光大道

● 菜鸟级　● 玩家级　● 专业级

● 实例类型：技术提高型

● 难易程度：★★★★

● 实例描述：复制漫画人物，创建几何图形，用图形扭曲人物，制作出夸张的人物形象。制作不同颜色的背景，导出为 GIF 格式动画。

① 打开光盘中的素材文件，如图 14-16 所示。使用选择工具 ▶ 按住 Alt 键拖动漫画人，沿水平方向复制，按 4 下 Ctrl+D 快捷键继续复制图形，如图 14-17 所示。漫画人物总数为 6 个。

图14-16

图14-17

② 用椭圆工具 ⬭、多边形工具 ⬡ 在后 5 个卡通人上方各创建一个图形，如图 14-18 所示。

图14-18

③ 选择一组图形，如图 14-19 所示，按下 Alt+Ctrl+C 快捷键创建封套扭曲，用顶层对象扭曲下方对象，如图 14-20 所示。其他图形也采用相同方法创建封套扭曲，如图 14-21 所示。

图14-19

图14-20

图14-21

④选择矩形工具  ，在画板中单击，弹出"矩形"对话框，设置参数如图14-22所示，单击"确定"按钮创建一个矩形，如图14-23所示，使用选择工具 按住 Alt 键拖动矩形，复制出 5 个，如图 14-24 所示。矩形总数为 6 个。

矩形

宽度(W) : 103 mm

高度(H) : 96 mm

确定   取消

图14-22   图14-23

图14-24

⑤选择 1、3、5 矩形，将填色和描边都设置为无；为 2、4、6 矩形填充渐变，再绘制几个圆形，也填充渐变，如图 14-25 所示。

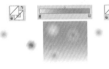
图14-25

小技巧：透明渐变

使用"渐变"面板调整渐变颜色时，单击一个渐变颜色滑块，在"不透明度"选项中将数值调整为 0%，即可使颜色呈现透明状态。

透明度为 0% 的渐变

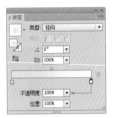
透明度为 100% 的渐变

⑥将漫画人放在不同的背景上，如图 14-26 所示。选择一组漫画人和背景，如图 14-27 所示，按下 Ctrl+G 快捷键编组，其他漫画人都与其所在的背景编组，如图 14-28 所示。

⑦按下 Ctrl+A 快捷键全选，单击"对齐"面板中的 按钮和 按钮，将图形全部对齐。另一个画板中有背景图形，如图 14-29 所示，执行"视图 > 智能参考线"命令，启用智能参考线，使用选择工具 将选中的漫画人移动到该背景上方，如图 14-30 所示。智能参考线可以帮助我们对齐。

图14-26

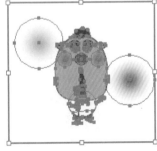
图14-27   图14-28

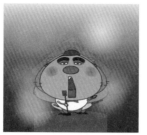

图14-29　　　　　　　　　图14-30

⑧打开"图层"面板菜单，选择"释放到图层（顺序）"命令，将它们释放到单独的图层上，如图14-31和图14-32所示。

图14-31　　　　　　　　　图14-32

⑨执行"文件 > 导出"命令，打开"导出"对话框，在"保存类型"下拉列表中选择 Flash(*.SWF) 选项，如图 14-33 所示；单击"保存"按钮，弹出"SWF 选项"对话框，在"导出为"下拉列表中选择"AI 图层到 SWF 帧"，如图 14-34 所示；单击"高级"按钮，显示高级选项，设置帧速率为 4 帧 / 秒，勾选"循环"选项，使导出的动画能够循环不停的播放；勾选"导出静态图层"选项，并选择"图层 1"，使其作为背景出现，如图 14-35 所示；单击"确定"按钮导出文件。按照导出的路径，找到该文件，双击它即可播放该动画，可以看到画面中的漫画人在舞台上一展歌喉，舞台灯光背景也不断变化，效果生动、有趣。

图14-33

图14-34

图14-35

小技巧：将对象释放到图层

执行"图层"面板菜单中的"释放到图层（顺序）"命令，可以将对象释放到单独的图层中。如果执行面板菜单中的"释放到图层（累积）"命令，则释放到图层中的对象是递减的，因此，每个新建的图层中将包含一个或多个对象。

选择图层

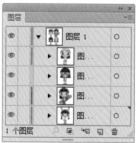

执行"释放到图层（顺序）"命令

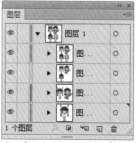

执行"释放到图层（累积）"命令

14.7 拓展练习：制作滑雪动画

●菜鸟级 ●玩家级 ●专业级 ●实例类型：技术提高型 ●视频位置：光盘 > 视频 >14.7

　　用图 14-36 所示的素材可以制作出一个滑雪者从山上向下滑行的动画。该图稿中包含两个图层，"图层 1"是雪山背景，"图层 2"中有三个不同的滑雪者，我们首先对这三个滑雪者进行混合（用"对象 > 混合 > 建立"命令操作），生成多个滑雪者，如图 14-37 所示；再执行"对象 > 混合 > 扩展"命令，扩展混合对象；然后执行"图层"面板菜单中的"释放到图层（顺序）"命令，将对象释放到单独的图层中，如图 14-38 所示；再用这些图形制作动画。为了减小文件大小，笔者已将滑雪者创建为符号。详细制作过程，请参阅光盘中的视频录像。

图14-36

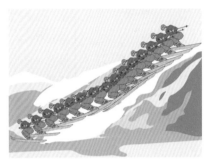

图14-37

图14-38

小技巧：将重复使用的动画图形创建为符号

　　如果在一个动画文件中需要大量地使用某些图形，不妨将它们创建为符号，这样做的好处在于，画面中的符号实例都与"符号"面板中的一个或几个符号样本建立链接，因此，可以减小文件占用的存储空间，并且也减小了导出的SWF文件的大小。

第15章

跨界设计：综合实例

15.1 可爱的卡通吉祥物

- ●菜鸟级 ●玩家级 ●专业级
- ●实例类型：VI 设计类
- ●难易程度：★ ★ ★ ☆
- ●实例描述：通过绘制可爱的卡通形象，学习
  图形与路径的镜像，以及如何自定义图案，
  对图案进行缩放。

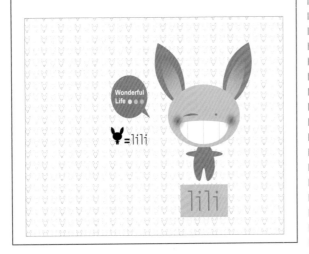

①使用椭圆工具⬭绘制一个椭圆形，填充皮肤色，如图 15-1 所示。绘制一个小一点的椭圆形，填充白色，如图 15-2 所示。选择删除锚点工具✐，将光标放在图形上方的锚点上，如图 15-3 所示，单击鼠标删除锚点。选择直线段工具✐，按住 Shift 键绘制三条竖线，以皮肤色作为描边颜色，如图 15-4 所示。

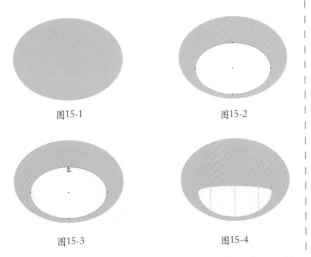

图15-1　　　　　　　　图15-2

图15-3　　　　　　　　图15-4

②使用钢笔工具✐绘制吉祥物的眼睛，填充粉红色，如图 15-5 所示。使用椭圆工具⬭按住 Shift 键绘制一个圆形，如图 15-6 所示。

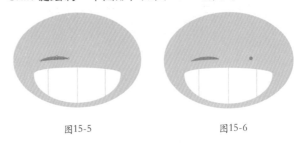

图15-5　　　　　　　　图15-6

③在脸颊左侧绘制一个圆形，单击"色板"面板中的"渐黑"色块进行填充，如图 15-7 和图 15-8 所示。

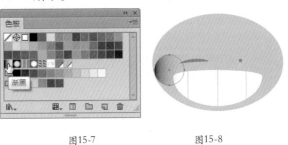

图15-7　　　　　　　　图15-8

④分别单击"渐变"面板中的渐变滑块，将左侧的调整为洋红色，右侧的调整为皮肤色。在渐变类型下拉列表中选择"径向"，拖动渐变颜色条上方的中点滑块，将位置定位于 50%，如图 15-9 和图 15-10 所示。使用选择工具▶按住 Shift+Alt 键向右拖动图形进行复制，如图 15-11 所示。

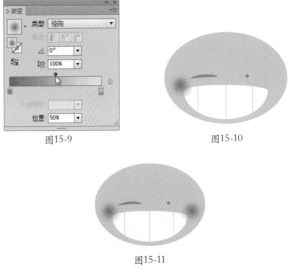

图15-9　　　　　　　　图15-10

图15-11

⑤ 使用钢笔工具 ✐ 绘制吉祥物的耳朵，如图 15-12 所示。再绘制一个小一点的耳朵图形，填充线性渐变，如图 15-13 和图 15-14 所示。

图15-12

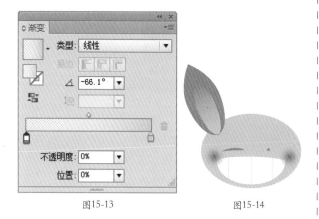

图15-13　　　　　　图15-14

⑥ 选取这两个耳朵图形，选择镜像 工具，按住 Alt 键在吉祥物面部的中心位置单击，以该点为镜像中心，同时弹出"镜像"对话框，选择"垂直"选项，单击"复制"按钮，如图 15-15 所示，复制出的耳朵图形正好位于画面右侧，如图 15-16 所示。选取耳朵图形，按下 Shift+Ctrl+[快捷键移至底层，如图 15-17 所示。

图15-15

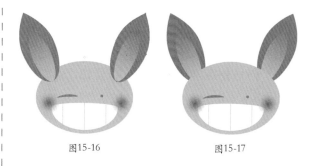

图15-16　　　　　　图15-17

⑦ 使用钢笔工具 ✐ 绘制吉祥物身体的路径，如图 15-18 所示。按住 Ctrl 键切换到选择工具 ▶，选取整条路径，选择镜像工具 ，将光标放在路径的起始点上，如图 15-19 所示，按住 Alt 键单击弹出"镜像"对话框架，选择"垂直"选项，单击"复制"按钮，复制并镜像路径，如图 15-20 所示。

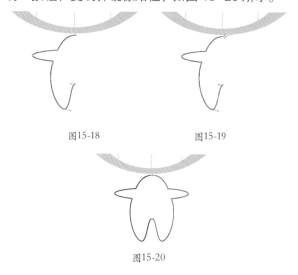

图15-18　　　　　　图15-19

图15-20

⑧ 使用直接选择工具 ▶ 绘制一个小的矩形框，同时框选两条路径上方的锚点，单击控制面板中的连接所选终点按钮 ，再选取两条路径结束点的锚点进行连接，形成一个完全对称的图形，如图 15-21 所示，填充粉红色，无描边颜色，如图 15-22 所示。

图15-21　　　　　　图15-22

⑨使用选择工具 ▶ 按住 Shift 键单击面部椭圆形、两个耳朵和身体图形，将其选取，按住 Alt 键拖到画面空白处，复制这几个图形，如图 15-23 所示。单击"路径查找器"面板中的 ▣ 按钮，将图形合并在一起，如图 15-24 所示。

图15-23   图15-24

⑩按下 Shift+X 键将填充颜色转换为描边颜色。将图形缩小并复制，将复制后的图形的描边颜色设置为粉红色，使用矩形工具 ▭ 在两个吉祥物外面绘制一个矩形，无填充与描边颜色，如图 15-25 所示。选取这三个图形，将其拖至"色板"中创建为图案，如图 15-26 所示，然后创建一个矩形，填充该图案，如图 15-27 所示为用吉祥物和图案组合成的画面效果。

图15-25

图15-26

图15-27

15.2 炫彩3D字

● 菜鸟级 ● 玩家级 ● 专业级

● 实例类型：特效类

● 难易程度：★ ★ ★ ☆

● 实例描述：本实例使用 3D 效果制作立体字，再根据字的外形绘制花纹图案，为花纹添加内发光效果，使字体时尚，具有装饰性。

①打开光盘中的素材文件，如图 15-28 所示。选择数字"3"，执行"对象 >3D 效果 > 凸出和斜角"命令，打开"3D 凸出和斜角选项"对话框，指定 X 轴 ⬦、Y 轴 ⬦ 和 Z 轴 ⟳ 的旋转参数；设置凸出厚度为 40pt；单击 ▣ 按钮添加新的光源，并调整光源的位置，如图 15-29 所示，制作出立体字效果，如图 15-30 所示。

图15-28

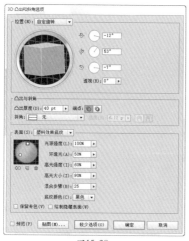

图15-29

图15-36

④执行"效果 >3D> 旋转"命令，打开"3D 旋转选项"对话框，参考第二步操作中 X 轴、Y 轴和 Z 轴的旋转参数进行设置，如图 15-37 所示，使蓝色数字贴在 3D 字表面，如图 15-38 所示。

②选择字母"D"。再次执行"凸出和斜角"命令，设置参数如图 15-31 所示，效果如图 15-32 所示。选择数字"3"，按下 Ctrl+C 快捷键复制，按下 Ctrl+F 快捷键粘贴到前面，如图 15-33 所示。

图15-30

图15-37

图15-38

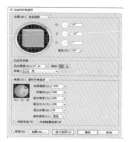

图15-31

图15-32

⑤在"图层 1"眼睛图标右侧单击，锁定该图层，单击按钮 □ 新建"图层 2"，如图 15-39 所示。使用钢笔工具 ✐ 绘制如图 15-40 所示的图形。再分别绘制紫色、绿色和橙色的图形，如图 15-41 和图 15-42 所示。

图15-33

图15-39

图15-40

③在"外观"面板中选择"3D 凸出和斜角"属性，如图 15-34 所示，将其拖到面板底部的 🗑 按钮上删除，如图 15-35 所示。将填充颜色设置为蓝色，如图 15-36 所示。

图15-41

图15-42

图15-34

图15-35

⑥选择橙色图形，执行"效果 > 风格化 > 内发光"命令，设置参数如图 15-43 所示，效果如图 15-44 所示。

图15-43

图15-44

⑦再绘制一个绿色图形，按下 Shift+Ctrl+E 快捷键应用"内发光"效果，如图 15-45 所示。选择橙色图形，按住 Alt 键拖动进行复制，调整角度和大小，分别填充蓝色、紫色，使画面丰富起来，如图 15-46 所示。继续绘制花纹，丰富画面，如图 15-47 和图 15-48 所示。

图15-45

图15-46

图15-47

图15-48

⑧在字母"D"上绘制花纹图形，填充不同的颜色，用同样方法将部分图形添加内发光效果，如图 15-49 ~ 图 15-54 所示。

图15-49

图15-50

图15-51

图15-52

图15-53

图15-54

15.3 拼贴布艺字

- ●菜鸟级 ●玩家级 ●专业级
- ●实例类型：特效类
- ●难易程度：★★★★
- ●实例描述：将文字分割成块面，制作成绒布效果，再自定义一款笔刷，制作缝纫线。

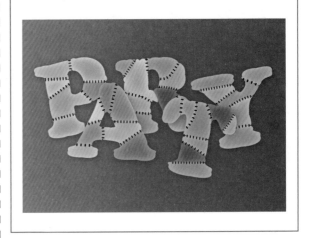

①选择文字工具 **T**，在画面中单击输入文字，在控制面板中设置字体和大小，如图 15-55 所示。按下 Shift+Ctrl+O 快捷键将文字创建为轮廓，如图 15-56 所示。

②选择刻刀工具 ✍，在文字上划过，将文字切成六部分，如图 15-57 和图 15-58 所示。

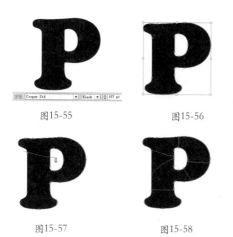

图15-55　　　　　　　　图15-56

图15-57　　　　　　　　图15-58

③文字切开后依然位于一个组中，按下 Shift+Ctrl+G 快捷键取消编组。选择上方的图形，将填充颜色设置为黄色，如图 15-59 所示，改变其他图形的颜色，如图 15-60 所示。

④按下 Ctrl+A 快捷键全选，执行"效果 > 风格化 > 内发光"命令，设置不透明度为 55%，模糊参数为 2.47mm，选择"边缘"选项，如图 15-61 和图 15-62 所示。

图15-59 　　　　　　　　图15-60

图15-61 　　　　　　　　图15-62

⑤执行"效果 > 风格化 > 投影"命令，设置不透明度为 70%，X、Y 位移参数为 0.47mm，如图 15-63 和图 15-64 所示。

⑥执行"效果 > 扭曲和变换 > 收缩和膨胀"命令，设置参数为 5，使布块的边线呈现不规则的变化，如图 15-65 和图 15-66 所示。

图15-63　　　　　　　　图15-64

图15-65　　　　　　　　图15-66

⑦将"图层 1"拖动到面板底部的 按钮上，复制该图层，如图 15-67 所示。图层后面依然有 状图标显示，说明该图层中的内容处于选取状态。打开"外观"面板，在"投影"属性上单击将其选取，如图 15-68 所示。按住 Alt 键单击面板底部的 按钮，删除"投影"属性，如图 15-69 所示，使当前所选对象没有投影效果。

图15-67 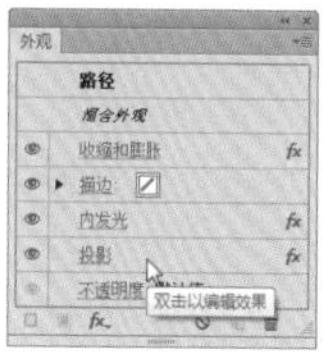　　　　　　图15-68 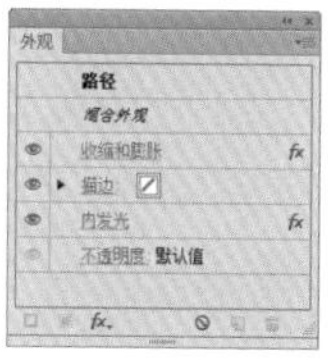　　　　　　图15-69

⑧双击"外观"面板中的"内发光"属性，打开"内发光"对话框，将模式修改为"正片叠底"，颜色为黑色，模糊参数为 4.23mm，选择"中心"选项，如图 15-70 和图 15-71 所示。

⑨单击"外观"面板中的"不透明度"属性，弹出"透明度"面板，将不透明度参数设置为 35%，如图 15-72 和图 15-73 所示。

图15-70　　　　　　　　图15-71

图15-72

图15-73

10 下面我们来画一组类似缝纫线的图形，将它创建为画笔，在绘制路径时，应用该画笔就会产生缝纫线的效果了。先绘制一个粉色的矩形，这个图形只是作为背景衬托。使用圆角矩形工具 ▢ 创建一个图形，填充黑色，如图 15-74 所示。使用椭圆工具 ⬭ 按住 Shift 键绘制圆形，填充白色，按下 Ctrl+[快捷键移动到黑色图形后面，如图 15-75 所示。

图15-74

图15-75

11 使用选择工具 ▶ 按住 Shift+Alt 键向下拖动白色圆形将其复制，如图 15-76 所示。选取这一个黑色圆角矩形和两个白色圆形，按下 Ctrl+G 快捷键编组。按住 Shift+Alt 键拖动图形进行复制，如图 15-77 所示。

图15-76

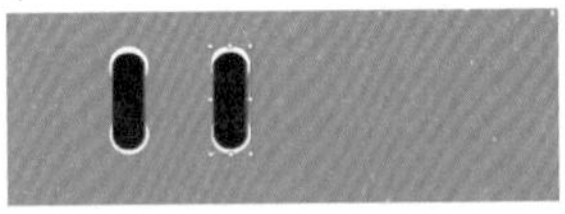

图15-77

12 按两次 Ctrl+D 快捷键执行"再次变换"命令，生成两个新的图形，如图 15-78 所示。使用矩形工具 ▢ 绘制一个矩形，将这四个组图形包含在内，同时，在右侧要多出一部分，以使缝纫线不断重复时能够有一个均衡的距离。该矩形无填充与描边颜色，它只代表一个单位图案的范围，如图 15-79 所示。

图15-78

图15-79

13 将粉色图形删除，选取剩余的图形，如图 15-80 所示。打开"画笔"面板，单击面板底部的 🔲 按钮，弹出"新建画笔"对话框，选择"图案画笔"选项，如图 15-81 所示，单击"确定"按钮，弹出"图案画笔选项"对话框，使用系统默认参数即可，如图 15-82 所示，单击"确定"按钮，将图形创建为画笔，如图 15-83 所示。

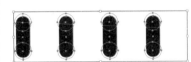

图15-80

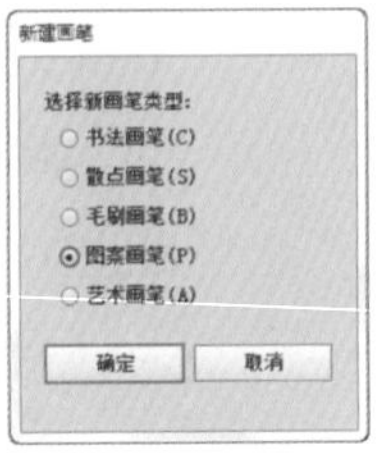

图15-81

图15-82

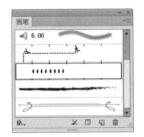

图15-83

14 使用钢笔工具 ✎ 沿文字切割处绘制一条路径，如图 15-84 所示。单击"画笔"面板中自定义的画笔，如图 15-85 所示，用它描边路径，效果如图 15-86 所示。

图15-84

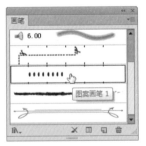

图15-85

图15-86

⑮在控制面板中设置描边粗细为 0.25pt，使缝纫线变小，符合文字的比例。继续绘制路径，应用笔刷效果，使每个布块之间都有缝纫线连接，如图 15-87 所示。一个布块文字就制作完成了，将文字全部选取，按下 Ctrl+G 快捷键编组。用上述方法制作出更多的布块文字，如图 15-88 所示。

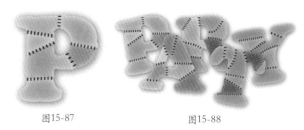

图15-87　　　　　　　　图15-88

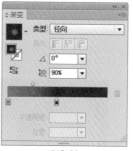

图15-89　　　　　　　　图15-90

②打开"图层"面板，单击 ▶ 按钮展开图层列表，在"路径"子图层前单击，将其锁定，如图 15-91 所示。在同一位置分别创建一大、一小两个圆形，如图 15-92 所示。选取这两个圆形，按下"对齐"面板中的 按钮和 按钮，将图形对齐，再按下"路径查找器"面板中的 按钮，使大圆与小圆相减，形成一个环形，如图 15-93 所示。

15.4 创意鞋带字

- ●菜鸟级 ●玩家级 ●专业级
- ●实例类型：特效类
- ●难易程度：★ ★ ★ ★
- ●实例描述：以巧妙的构思，独特的创意，用鞋带组成一个"美"字。这个实例简单有趣，在制作时要运用好渐变来表现明暗，再以图案表现质感，以简单图形的加、减生成新的图形等等。鞋子其他部分的处理则尽量简化，以轮廓来表现，使画面主次分明，让人过目不忘。

图15-91　　　　　　　　图15-92

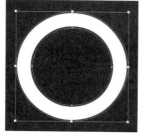

图15-93

③将圆环填充蓝色。再以同样方法制作一个细一点、小一点的圆环，如图 15-94 所示。选取这两个图形，进行水平与垂直方向的对齐，如图 15-95 所示。

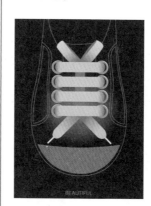
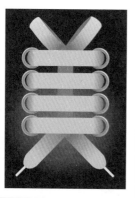

①使用矩形工具 绘制一个矩形，填充径向渐变，如图 15-89 和图 15-90 所示。

图15-94　　　　　　　　图15-95

④保持图形的选取状态，按下 Alt+Ctrl+B 快捷键建立混合，双击混合工具，打开"混合选项"对话框，设置间距为5，如图 15-96 和图 15-97 所示。

图15-96 　　　　　　　图15-97

⑤再创建两个圆形，位置稍错开一点，如图 15-98 所示。选取这两个圆形，按下"路径查找器"面板中的 按钮，使两圆相减，形成一个月牙形，如图 15-99 所示。

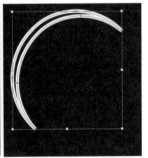

图15-98 　　　　　　　图15-99

⑥将月牙形填充浅蓝色，无描边颜色，作为蓝色图形的高光，如图 15-100 所示。执行"效果 > 风格化 > 羽化"命令，设置半径为 0.3mm，使图形边缘变得柔和，如图 15-101 和图 15-102 所示。

图15-100 　　　　　　　图15-101

图15-102

⑦使用选择工具 按住 Alt 键拖动高光图形进行复制，将复制后的图形放在圆环的右下方，调整一下角度，填充深蓝色，如图 15-103 和图 15-104 所示。选取圆环图形，按下 Ctrl+G 快捷键编组。按住 Shift+Alt 键向下拖动图形进行复制，如图 15-105 所示。连续按两次 Ctrl+D 快捷键执行"再次变换"命令，再复制出两个图形，如图 15-106 所示。

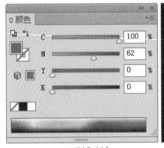

图15-103 　　　　　　　图15-104

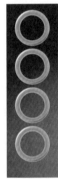

图15-105 　　　　　　　图15-106

⑧选取这四个图形，再次编组。双击镜像工具 ，打开"镜像"对话框，选择"垂直"选项，单击"复制"按钮，如图 15-107 所示，镜像并复制图形，然后将其向右侧移动，如图 15-108 所示。

图15-107 　　　　　　　图15-108

⑨单击"图层"面板底部的 按钮，新建一个图层，锁定"图层 1"，如图 15-109 所示。使用钢笔工具 在水平方向的两个鞋眼之间绘制鞋带，填充线性渐变，如图 15-110 和图 15-111 所示。

图15-109　　　　　　图15-110　　　　　　图15-111

⑩复制绿色鞋带，根据鞋眼的位置排列好，使用直接选择工具 ▶ 适当调整锚点的位置，使每个鞋带都有些小变化，如图 15-112 所示。再用钢笔工具 ✍ 画出鞋带打结的部分，填充深绿色，如图 15-113 所示。继续绘制图形，填充线性渐变，如图 15-114 和图 15-115 所示。

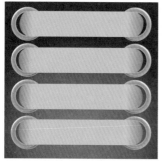

图15-112　　　　　　　　　图15-113

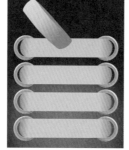

图15-114　　　　　　　　　图15-115

⑪选取这两个图形，按下 Shift+Ctrl+[快捷键将其移至底层，如图 15-116 所示。再绘制另一个鞋带扣，如图 15-117 所示。绘制一条竖着的鞋带，如图 15-118 所示，将其移至底层，如图 15-119 所示。

图15-116　　　　　　　　　图15-117

图15-118　　　　　　图15-119

⑫分别绘制左右两侧的鞋带，如图 15-120 和图 15-121 所示。选取所有绿色鞋带图形，如图 15-122 所示，按下 Ctrl+G 快捷键编组，按下 Ctrl+C 快捷键复制，按下 Ctrl+F 快捷键粘贴到前面，单击"路径查找器"面板中的 ⬜ 按钮，将图形合并在一起，如图 15-123 所示。

图15-120　　　　　　图15-121

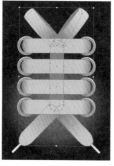

图15-122　　　　　　图15-123

⑬单击"色板"右上角的 ▾☰ 按钮打开面板菜单，选择"打开色板库 > 图案 > 基本图形_纹理"命令，选择其中的"菱形"图案，如图 15-124 所示，为鞋带添加纹理，如图 15-125 所示。单击鼠标右键打开快捷菜单，选择"变换 > 缩放"命令，设置等比缩放参数为 50%，选择"变换图案"选项，使图形的大小保持不变，只缩小内部填充的图案，如图 15-126 和图 15-127 所示。

图15-124

图15-125

图15-126

图15-127

14 设置图形的混合模式为"叠加"，如图 15-128
和图 15-129 所示。

图15-128   图15-129

15 锁定该图层，再新建一个图层，拖到"图层 2"
下方，如图 15-130 所示。使用钢笔工具 ✐ 绘制鞋
的轮廓，如图 15-131 ~ 15-133 所示。

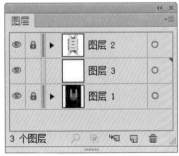

图15-130

图15-131

图15-132

图15-133

16 绘制鞋头，填充洋红色，如图 15-134 所示，
复制该图形，原位粘贴到前面，填充"菱形"图案，
在画面下方输入文字，效果如图 15-135 所示。

图15-134

图15-135

15.5 顽皮猫咪

- 菜鸟级 ●玩家级●专业级
- 实例类型：平面设计类
- 难易程度：★ ★ ★ ☆
- 实例描述：根据图像的特点添加图形，使图
  形与图像之间相互映衬，设计出一个可爱的
  猫咪形象。绘制时只用铅笔工具就可以了，
  线条轻松、随意，风格卡通、幽默。

①执行"文件 > 置入"命令，置入光盘中的素材文件，如图 15-136 所示。使用铅笔工具 ✐ 在嘴巴上面绘制小猫脸的轮廓，两个鼻孔正好是小猫的耳朵，如图 15-137 所示。

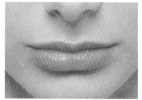

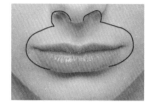

图15-136   图15-137

②绘制小猫的胡须、身体和尾巴，如图 15-138 所示。绘制眼睛、鼻子和头发时，图形都填充了不同的颜色。小猫的牙齿是开放式路径，如图 15-139 所示。

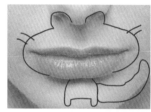

图15-138   图15-139

③在尾巴上绘制一个紫色的图形，无描边颜色，如图 15-140 所示。继续绘制，以不同颜色的图形填满尾巴，如图 15-141 所示。

图15-140   图15-141

④选取组成尾巴的彩色图形，按下 Ctrl+G 快捷键编组，设置混合模式为"正片叠底"，如图 15-142 和图 15-143 所示。

图15-142   图15-143

⑤在小猫的身上绘制一些粉红色的圆点，设置混合模式为"正片叠底"。在脸上绘制紫色花纹和黄色的圆脸蛋，如图 15-144 所示。在画面左下角输入文字，并为文字绘制一个粉红色的背景和一个不规则的黑色描边作为装饰，如图 15-145 所示。

图15-144   图15-145

15.6 舌尖上的美食

● 菜鸟级 ● 玩家级 ● 专业级
● 实例类型：平面设计类
● 难易程度：★★★
● 实例描述：用路径文字、封套扭曲文字制作成寿司和筷子，制作方法简单地，画面生动有趣，充满创意。

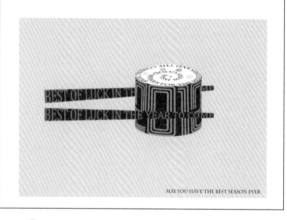

①打开光盘中的素材文件，如图 15-146 所示。使用钢笔工具 ✐ 绘制一个图形，如图 15-147 所示。按下 Ctrl+C 快捷键复制该图形，在以后的操作中会使用。

图15-146   图15-147

②按下 Ctrl+A 快捷键选取数字与图形，执行"对象 > 封套扭曲 > 用顶层对象建立"命令，使数字的外观与顶层图形的外观一致，如图 15-148 所示。按下 Ctrl+B 快捷键将之前复制的图形粘贴到后面，填充黑色，如图 15-149 所示。

图15-148　　　　　　　　图15-149

③使用螺旋线工具 ◎ 绘制一个螺旋线，如图 15-150 所示。使用直接选择工具 ▷ 选取路径下方的锚点，调整位置，改变路径形状，如图 15-151 所示。

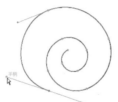

图15-150　　　　　　　　图15-151

④选择路径文字工具 ⌒，在路径上单击，输入文字，在"字符"面板中设置字体及大小，如图 15-152 和图 15-153 所示。

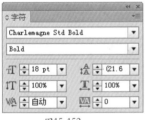

图15-152　　　　　　　　图15-153

⑤按下 Shift+Ctrl+O 快捷键将文字创建为轮廓，如图 15-154 所示。使用选择工具 ▷ 调整定界框，使文字外观成为椭圆形，再将其移动到寿司上方，如图 15-155 所示。

图15-154　　　　　　　　图15-155

⑥使用文字工具 T 在画面中输入文字，如图 15-156 所示。使用钢笔工具 ◊ 在文字上面绘制一个筷子图形，如图 15-157 所示。按下 Ctrl+C 快捷键复制筷子图形。

BEST OF LUCK IN THE YEAR TO COME

图15-156

图15-157

⑦使用选择工具 ▷ 选取文字和筷子图形，按下 Alt+Ctrl+C 快捷键建立封套扭曲，使文字的外观呈现出筷子的形状，如图 15-158 所示。按下 Ctrl+B 快捷键将复制的图形粘贴到后面，如图 15-159 所示。

BEST OF LUCK IN THE YEAR TO COME

图15-158

BEST OF LUCK IN THE YEAR TO COME

图15-159

⑧选取组成筷子的图形，按下 Ctrl+G 快捷键编组。按住 Alt 键拖动编组图形进行复制，按下 Shift+Ctrl+[快捷键将图形移至底层，再适当调整一下位置。使用矩形工具 ▭ 绘制一个矩形，填充黄色，将其移至底层作为背景，如图 15-160 所示。在寿司上面绘制一个白色的椭圆形，连续按下 Ctrl+[快捷键将其向后移动到文字后面，再绘制一些彩色的小圆形作为装饰，如图 15-161 所示。

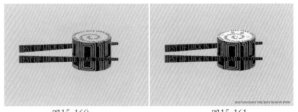

图15-160　　　　　　　　图15-161

15.7 平台玩具设计

- ●菜鸟级 ●玩家级●专业级
- ●实例类型：工业设计类
- ●难易程度：★ ★ ★ ★ ☆
- ●实例描述：用"绕转"命令、"凸出和斜角"命令制作出立体的玩具模型，再设计一款图案，定义为符号，作为贴图应用到玩具表面。

①使用钢笔工具 ✐ 绘制一条路径，如图 15-162 所示。设置描边颜色为白色。执行"效果 >3D> 绕转"命令，打开"3D 绕转选项"对话框，设置参数如图 15-163 所示，制作出立体的玩具模型效果，如图 15-164 所示。

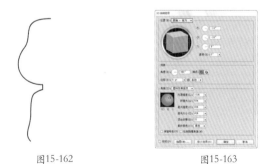

图15-162　　　　　　　　　图15-163

图15-164

②再绘制一条路径，如图 15-165 所示。按下 Alt+Shift+Ctrl+E 快捷键打开"3D 绕转选项"对话框，设置参数如图 15-166 所示，制作出玩具的胳膊，如图 15-167 所示。

图15-165　　　　　　　　　图15-166

图15-167

③使用选择工具 ▶ 按住 Alt 键拖动胳膊进行复制，按下 Shift+Ctrl+[快捷键将其移至底层，如图 15-168 所示。双击"外观"面板中的"3D 绕转"属性，如图 15-169 所示，打开"3D 绕转选项"对话框，调整 X、Y、Z 轴的旋转角度，如图 15-170 所示，制作另一只胳膊，如图 15-171 所示。

图15-168　　　　　　　　　图15-169

图15-170　　　　　　　　　图15-171

④再制作出玩具的两条腿，如图 15-172 所示。它的 3D 效果参数与头部是一样的，制作时可先绘制出腿部路径，然后使用吸管工具 🖊 在玩具的头部单击，为腿部复制相同的效果。

⑤绘制耳朵，如图 15-173 所示。将描边设置为无，只保留白色的填充就可以了。执行"效果>3D> 凸出和斜角"命令，设置参数如图 15-174 所示，使耳朵产生一定的厚度，如图 15-175 所示。

⑦使用矩形工具 ▢ 绘制一个矩形，如图 15-178 所示。使用选择工具 ▶ 按住 Shift+Alt 键向下拖动矩形进行复制，如图 15-179 所示。按下 Ctrl+D 快捷键执行"再次变换"命令，复制出更多的矩形，如图 15-180 所示。给每个矩形填充不同的颜色，如图 15-181 所示。

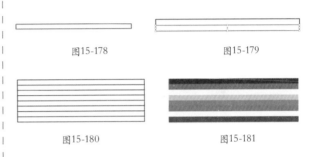

图15-178   图15-179

图15-180   图15-181

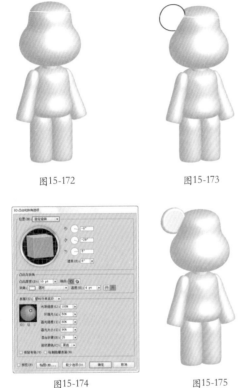

图15-172   图15-173

图15-174   图15-175

⑧选取这些矩形，通过移动与复制操作，制作出更多的图形，如图 15-182 所示。选取所有矩形，将其拖入到"符号"面板中，同时弹出"符号选项"对话框，如图 15-183 所示。单击"确定"按钮，将图形创建为符号，在"符号"面板中显示了刚刚创建的符号，如图 15-184 所示。

图15-182   图15-183

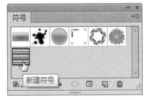

图15-184

⑥保持耳朵图形的选取状态，选择镜像工具 🖾，按住 Alt 键在画面中单击，打开"镜像"对话框，选择"垂直"选项，单击"复制"按钮，如图 15-176 所示，镜像并复制耳朵图形，再按下 Shift+Ctrl+[快捷键将其移至底层，如图 15-177 所示。

⑨选择玩具的头部和身体图形，双击"外观"面板中的"3D 绕转"属性，打开"3D 绕转选项"对话框，勾选"预览"选项，单击"贴图"按钮，打开"贴图"对话框，单击 ▶ 按钮，选择要贴图的面，切换到 7/9 表面时，玩具的身体部分显示为红色参考线，这正是我们要贴图的区域，如图 15-185 和图 15-186 所示。

图15-176   图15-177

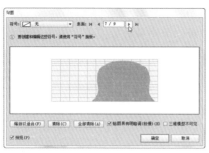

图15-185   图15-186

⑩单击 ▼ 按钮在"符号"下拉面板中选择我们自定义的符号，记住要勾选"贴图具有明暗调"选项，使贴图在三维对象上呈现明暗变化，如图15-187 和图 15-188 所示。

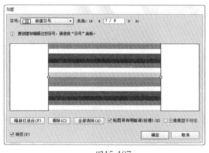

图15-187   图15-188

⑪不要关闭对话框，继续单击 ▶ 按钮，切换到 9/9 表面，为头部做贴图，如图 15-189 和图15-190 所示。

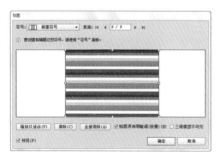

图15-189   图15-190

⑫用同样方法给四肢做贴图，如图 15-191 所示。选择耳朵图形，将填充颜色设置为黄色。再用椭圆工具 ⬭ 画一个圆形的鼻子，用吸管工具 ✐ 在耳朵上单击，复制耳朵图形的效果到鼻子上，再给鼻子填充深红色，完成平台玩具的制作，效果如图15-192 所示。

图15-191   图15-192

⑬符号库中提供了丰富的符号，我们可以用这些符号来制作衣服的贴图，再给玩具设计出不同的表情和发型，如图 15-193 所示。

图15-193

15.8 Mix&match风格插画

- ●菜鸟级 ●玩家级 ●专业级
- ●实例类型：插画设计类
- ●难易程度：★★★★☆
- ●实例描述：将去背的人像嵌入到文档中，通过剪切蒙版对局部图像进行遮盖，创建镂空效果。在人物面部、胳膊等处叠加彩色条带。通过变形工具制作花纹，添加"投影"效果并设置混合模式。将花纹分布在人物身体上，制作出层叠堆积效果。

①新建一个 A4 大小的文件，创建一个与画板大小相同的矩形，填充黑色。

②新建一个图层。执行"文件 > 置入"命令，选择光盘中的素材文件，取消"链接"复选框的勾选，将图像嵌入到文档中，如图 15-194 所示。这幅图像在 Photoshop 中已经完成了抠图工作，置入到 Illustrator 后，它的背景是透明的，如图 15-195 所示。

图15-194

图15-195

③使用铅笔工具 ✐ 绘制如图 15-196 所示的图形，该图形将作为蒙版的显示区域，它所覆盖的人像区域将显示在画面中，其余部分被隐藏。单击"图层"面板中的 ▣ 按钮，以该图形作为蒙版对图像进行遮盖，如图 15-197 所示。

图15-196

图15-197

④新建"图层 3"，如图 15-198 所示。执行"文件 > 置入"命令，再置入一个文件，取消"链接"复选框的勾选，将图像嵌入到文档中，如图 15-199 所示。

图15-198

图15-199

⑤单击"透明度"面板菜单中的"制作蒙版"按钮，创建不透明度蒙版。单击蒙版缩览图，进入蒙版编辑状态，如图 15-200 所示，使用钢笔工具 ✐ 绘制出衣服的轮廓图形，填充白色，画面中就会显示该图像中的衣服部分，如图 15-201 和图 15-202 所示。单击对象缩览图，结束对蒙版的编辑。

图15-200

图15-201

图15-202

⑥选择"图层 2"，绘制如图 15-203 所示的彩条。可先创建一个矩形，然后按住 Alt+Shift+Ctrl 键向下拖动进行复制，再按两次 Ctrl+D 快捷键再制就可以了。将矩形选择后按下 Ctrl+G 快捷键编组。选择变形工具 ✐，在矩形上拖动鼠标进行变形处理，使其呈现波浪状扭曲，如图 15-204 所示。设置混合模式为"正片叠底"，不透明度为 30%，效果如图 15-205 所示。

⑦用同样的方法制作彩带，并装饰在人物胳膊上，然后绘制橙色图形将右手的白色护腕遮挡，在"透明度"面板中设置混合模式为"正片叠底"，效果如图 15-206 所示。

图15-203

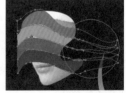

图15-204

图15-205

图15-206

8 选择"图层 1"，将"图层 2"与"图层 3"锁定，如图 15-207 所示。创建一个正圆形，如图 15-208 所示。使用变形工具 在圆形上按住鼠标并向左侧拖动，使图形产生扭转，如图 15-209 所示。

图15-207

图15-208

图15-209

9 执行"效果 > 风格化 > 投影"命令，设置参数如图 15-210 所示。使用选择工具 选择花纹图形，按住 Alt 键拖动进行复制，然后再调整大小和角度，对人物头部进行装饰，如图 15-211 所示。

10 复制这组图形，移动到人物手臂处，适当调整图形大小、位置和角度，复制"图层 2"中的彩带作为装饰，如图 15-212 所示。

图15-210

图15-211

图15-212

11 将花纹图形复制到身体的其他部分，可以用深浅不同的灰色进行填充，使花纹产生层次感，如图 15-213 和图 15-214 所示。

图15-213

图15-214

12 新建"图层 4"，将"图层 1"中的花纹图形复制到"图层 4"，再将"图层 1"锁定，如图 15-215 所示。将花纹放在人物肩膀处，设置混合模式为"叠加"，如图 15-216 和图 15-217 所示。

图15-215

图15-216

图15-217

⑬使用椭圆工具 、变形工具 制作如图15-218所示的图形，在头部和右臂制作装饰图形，如图15-219所示。绘制一些彩色的花纹作为装饰，完成后的效果如图15-220所示。

图15-218

图15-219

图15-220

15.9 梦幻风格插画

● 菜鸟级 ●玩家级 ●专业级

● 实例类型：插画设计类

● 难易程度：★★★★★

● 实例描述：这是一个表现太空场景的实例。一只小猫站在绿色的星球上，好奇的看着空中飘浮的蘑菇飞行物，画面朦胧、梦幻。这个实例中有许多发光体，如星球、飞行物、云朵等。发光效果的制作可以通过"效果"菜单中的"内发光"和"外发光"命令来完成。矢量化图形所特有的刀削般整齐的边缘就不见了，图形边缘变得柔和。值得称赞的还有一项功能，那就是渐变滑块的不透明度设置，它使渐变颜色可以从有到无，即适合表现发光效果，也可以丰富图形的颜色，使不同图形之间能巧妙的融合在一起。

15.9.1 绘制太空猫

①使用钢笔工具 绘制一个类似椭圆的图形，填充径向渐变，如图15-221所示。执行"效果 > 风格化 > 内发光"命令，单击模式右侧的颜色块，设置发光颜色为草绿色，如图15-222和图15-223所示。

图15-221

图15-222

图15-223

② 执行"效果 > 风格化 > 羽化"命令，设置半径为 0.4mm，使图形边缘变得柔和，如图 15-224 和图 15-225 所示。

图15-224

图15-225

③ 使用椭圆工具 ◯ 按住 Shift 键绘制一个圆形，填充径向渐变，设置描边颜色为红色，粗细为 1pt，如图 15-226 所示。再绘制一个小一点的圆形，调整渐变颜色，如图 15-227 所示。

图15-226

图15-227

④ 选择多边形工具 ⬡ ，创建一个六边形，填充径向渐变，如图 15-228 所示。执行"效果 > 扭曲和变换 > 收缩和膨胀"命令，设置参数为 25%，使六边形变成花瓣状，如图 15-229 和图 15-230 所示。

图15-228

图15-229   图15-230

⑤ 在花心绘制黑色的圆形作为眼珠，在上面绘制白色的小圆形作为高光，在花瓣上绘制淡黄色和淡粉色的圆形，如图 15-231 所示。使用钢笔工具 ✒ 绘制一个三角形，填充径向渐变，如图 15-232 所示。

图15-231

图15-232

⑥ 按下 Ctrl+A 快捷键全选，使用选择工具 ▶ 按下 Shift 键单击面部图形，将其从选区内减去，只选择组成眼睛的图形，如图 15-233 所示。按下 Ctrl+G 快捷键编组。按住 Alt 键拖动进行复制，再按住 Shift 键将图形成比例缩小，如图 15-234 所示。

⑦ 绘制一个椭圆形作为鼻子，调整一下它的角度，使它与脸部角度一致。填充径向渐变，如图 15-235 所示。

图15-233   图15-234

图15-235

⑧使用钢笔工具 ✐ 绘制一个弯弯的路径作为嘴巴，设置描边粗细为 0.75pt，如图 15-236 所示。在"外观"面板中拖动"描边"属性到 🔲 按钮上进行复制，如图 15-237 所示。

图15-236　　　　　　　图15-237

⑨在第二个"描边"属性上单击，设置描边颜色为深棕色，描边粗细为 3pt，如图 15-238 和图 15-239 所示。

图15-238　　　　　　　图15-239

⑩绘制头发，填充线性渐变，如图 15-240 所示。绘制耳朵，填充径向渐变，如图 15-241 所示。

图15-240

图15-241

⑪在耳朵上绘制条纹图形，填充棕红色线性渐变，如图 15-242 所示。选取组成耳朵的图形，按下 Ctrl+G 快捷键编组，按下 Shift+Ctrl+[快捷键将耳朵移至底层，再复制耳朵图形，放置在面部左侧，如图 15-243 所示。

图15-242　　　　　　　图15-243

⑫绘制小猫的身体，再将图形移至底层，如图 15-583 所示。保持该图形的选取状态，使用吸管工具 ✐ 在小猫的面部图形上单击，复制面部图形的属性，在"外观"面板中可以看到，图形有了渐变、内发光和羽化效果，如图 15-244 和图 15-246 所示。

图15-244　　　　　　　图15-245

图15-246

⑬在"渐变"面板中调整渐变颜色，如图 15-247 所示。使用椭圆工具 ◯ 画手，使用钢笔工具 ✐ 画出胳膊和腿，填充径向渐变，如图 15-248 所示。

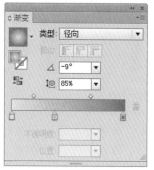

图15-247

图15-248

⑭画一个椭圆形作为投影，填充径向渐变，设置混合模式为"正片叠底"，如图 15-249 ~ 图 15-251 所示。

图 15-249   图 15-250

图15-251

⑮使用钢笔工具 ✐ 画出脖子上挂着的项链，设置描边颜色为洋红色，粗细为 0.6pt，再画一个椭圆形的项链坠，填充径向渐变，如图 15-252 所示。画一个小一点的椭圆形，填充径向渐变，如图 15-253 所示。

图15-252

图15-253

15.9.2 添加高光效果

①绘制出耳朵的高光，填充线性渐变，如图 15-254 所示。在下嘴唇和嘴角画出小一点的图形，也填充线性渐变，如图 15-255 所示。

图15-254

图15-255

②在脸、头发上绘制高光，在眼睛上再添加几个小圆点，使小猫变得亮丽起来，如图 15-256 所示。在身上也绘制一个高光图形，如图 15-257 所示。

图15-256　　　　　图15-257

15.9.3　制作外太空星球

① 锁定"图层 1"。单击"图层"面板底部的按钮，新建一个图层，将其拖到"图层 1"下方，如图 15-258 所示。使用矩形工具 绘制一个与页面大小相同的矩形，填充线性渐变，如图 15-259 所示。

图15-258

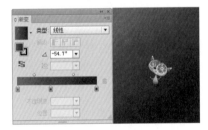

图15-259

② 在画面下方绘制一个圆形，调整渐变颜色，将最右侧滑块的不透明度设置为 0%，使图形边缘的颜色逐渐变浅，直至透明，这样就形成了一个类似边缘羽化的效果，如图 15-260 所示。在画面右上方绘制一个大一点的圆形，调整渐变颜色，如图 15-261 所示。

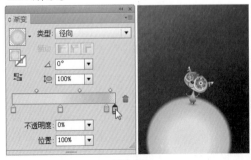

图15-260

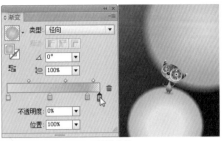

图15-261

③ 再绘制一个圆形，填充径向渐变，将渐变中的一个颜色滑块设置为透明，使图形与底层图像能够自然的融合，如图 15-262 所示。在"透明度"面板中设置混合模式为"正片叠底"，用同样方法在画面下方制作两个圆形，丰富画面颜色和层次，如图 15-263 所示。

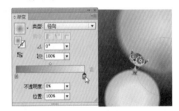

图15-262

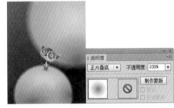

图15-263

④ 画一个椭圆形，填充径向渐变，如图 15-264 所示。分别为图形添加"羽化"和"外发光"效果，如图 15-265 ~ 图 15-267 所示。

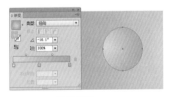

图15-264

图15-265

图15-266

图15-267

⑤复制这个图形，调整大小和位置，散落分布在星球上，形成星球表面的陨石坑。小猫脚下的星球，由于颜色发绿，所以陨石坑的颜色也要调成绿色，如图 15-268 所示。

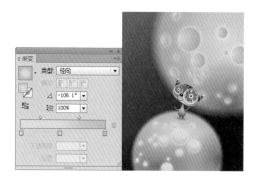

图15-268

⑥绘制四个不同大小的圆形，如图 15-269 所示。单击"路径查找器"面板中的 🔲 按钮，将图合并到一起，形成一个云朵形状，将图形填充紫色，无描边颜色，如图 15-270 所示。

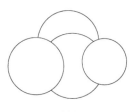

图15-269

图15-270

⑦分别添加"羽化"和"内发光"效果，如图 15-271 ～图 15-273 所示。

图15-271

图15-272

图15-273

⑧复制云朵，调整大小、角度和颜色，放在画面的边缘。创建一个与画面大小相同的矩形，单击"图层"面板底部的 🔲 按钮建立剪切蒙版，将画板以外的图形隐藏，如图 15-274 和图 15-275 所示。

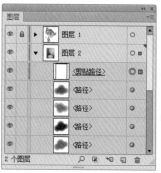

图15-274　　　　　　　图15-275

⑨在小猫的后面创建一个圆形，填充径向渐变，同样，将位于渐变边缘的滑块颜色设置为透明，如图 15-276 所示。

图15-276

15.9.4　制作蘑菇飞行器

①使用钢笔工具 ✐ 绘制一个蘑菇图形，填充线性渐变，如图 15-277 所示。执行"效果 > 风格化 > 羽化"命令，将图形边缘羽化，如图 15-278 和图 15-279 所示。

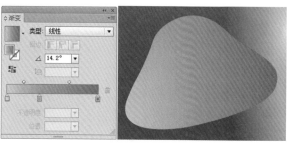

图15-277

图15-278

图15-283

图15-284

④为图形添加"羽化"效果,如图 15-285 和图 15-286 所示。绘制蘑菇下面的部分,如图 15-287 所示。

②在图形里面绘制一个小一点的椭圆形,如图 15-280 所示。使用极坐标网格工具 ⊕ 绘制一个网格图形,设置描边颜色为红色,粗细为 0.5pt。设置混合模式为"叠加",不透明度为 40%,如图 15-281 和图 15-283 所示。

图15-285

图15-286

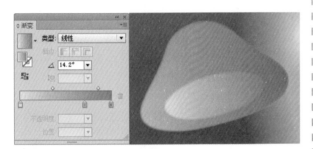

图15-280

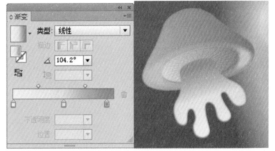

图15-287

⑤使用钢笔工具 ✍ 绘制出高光图形,填充线性渐变,将左侧渐变滑块的不透明度设置为 0%,如图 15-288 所示。

⑥选取背景中的陨石坑图形,复制后粘贴到画面中,按下 Shift+Ctrl+] 快捷键移至顶层,调整一下大小和颜色,如图 15-289 所示。然后再复制这个图形,分布在蘑菇的不同位置,如图 15-290 所示。

图15-281

图15-282

提示

绘制极坐标网格图形时,一边拖动鼠标一边按住键盘上的"↓"键,可以减少同心圆分隔线,按"→"键可以增加径向分隔线,反之按"←"键则减少。

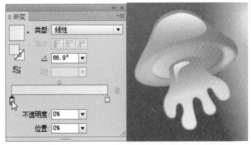

图15-288

③再分别绘制两个椭圆形,如图 15-283 所示。选取这两个图形,单击"路径查找器"面板中的 ⬚ 按钮,让两个图形相减,用小圆挖空大圆,将图形填充土黄色,如图 15-384 所示。

图15-289

图15-290

⑦在蘑菇下方绘制一个椭圆形，填充径向渐变，渐变边缘颜色设置为透明，通过颜色的自然过渡形成发光的效果，如图 15-291 所示。在蘑菇上绘制一些高光图形，衬托出光滑的质感，如图 15-292 和图 15-293 所示。

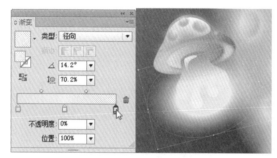
图15-291

图15-292

图15-293

⑧使用钢笔工具 ✐ 绘制一条波浪线，设置描边粗细为 6pt，如图 15-294 所示。执行"对象 > 路径 > 轮廓化描边"命令，将路径转换为轮廓，如图 15-295 所示。为图形填充渐变颜色，如图 15-296 和图 15-297 所示。

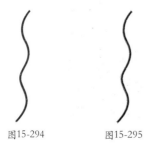
图15-294   图15-295

图15-296

图15-297

⑨执行"效果 > 风格化 > 内发光"命令，设置参数如图 15-298 所示。将图形的不透明度设置为 80%，如图 15-299 和图 15-300 所示。

图15-298

图15-299

图15-300

⑩将图形放在蘑菇飞行物的下方，复制并调整角度，如图 15-301 所示。绘制一个圆形，填充径向渐变。设置左侧滑块的不透明度为 52%，右侧滑块为 0%，使得图形的中心半透明，而边缘则完全透明，颜色过渡非常柔和，如图 15-302 所示

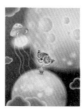
图15-301

图15-302

⓫使用星形工具 绘制如图 15-303 所示的星形，在其里面再绘制一个小一点的星形，如图 15-304 所示。

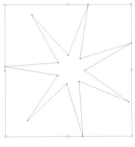

图15-303　　　　　　　图15-304

⓬选取这两个图形，按下 Alt+Ctrl+B 快捷键创建混合。双击混合工具 ，打开"混合选项"对话框，设置混合参数为 5，如图 15-305 和图 15-306 所示。在画面中制作更多的闪光球体和星星，复制蘑菇飞行物，调整大小、角度和颜色，使画面内容更加丰富，如图 15-307 所示。

图15-305　　　　　　　图15-306

图15-307

15.10 超写实人物

● 菜鸟级 ●玩家级 ●专业级
● 实例类型：插画设计类
● 难易程度：★★★★★
● 实例描述：在本实例中，我们将通过渐变网格来绘制一幅写实效果的人物肖像。渐变网格在 Illustrator 中算是比较复杂的功能了，它首先要求操作者要熟练掌握路径和锚点的编辑方法，其次还要具备一定的造型能力，能够通过网格点这种特殊的形式塑造对象的形态。

15.10.1 制作面部

① 新建一个大小为"203mm×260mm"，RGB 模式的文件。创建一个与画板大小相同的矩形，填充黑色作为背景。用钢笔工具 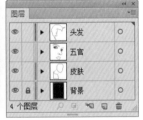 绘制人物的轮廓，如图 15-308 所示。在"图层"面板中将人物分为"皮肤"、"五官"、"头发"三部分，每一部分放在一个单独的图层中，并使图层名称与内容相对应，如图 15-309 所示。

图15-308　　　　　　　图15-309

②先进行皮肤颜色的设置，为了不影响其他图层，可以将它们锁定，另外，头发图形遮挡了脸颊，先将其隐藏。皮肤部分由三个图形组分，分别是面部、颈部和肩部，如图 15-310 所示。为皮肤着色，无描边颜色，面部和肩部用不同颜色进行填充，颈部则使用渐变颜色填充，如图 15-311 和图 15-312 所示。

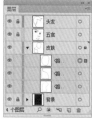

图15-310　　　　　　　图15-311

图15-312

③在制作面部明暗效果之前，将颈部和肩部所在的子图层锁定，先从面部的暗部区域着手。选择网格工具，在眼窝处单击添加网格点，设置为棕黑色，如图 15-313 所示。该网格点使得脸上的大部分区域变暗，而我们只是要将眼窝的凹陷效果表现出来即可，因此，在这个网格点周围再添加四个网格点，使用接近皮肤的颜色进行着色，如图 15-314 所示，其中眉骨处的网格点颜色最浅。

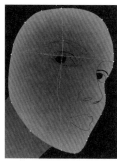
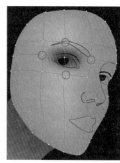

图15-313　　　　　　　图15-314

提示

如果已经选择了网格点，但是无法设置网格点的颜色，可以按下X键将当前的编辑状态切换到填充模式。

④再来表现另一处眼窝，同样先添加一个深色网格点，如图 15-315 所示。在它旁边也就是鼻梁处添加一个浅色网格点，如图 15-316 所示。继续添加网格点，表现出嘴部和颧骨的效果，可以移动网格点的位置，使颜色的表现更加准备到位，如图 15-317 所示。

图15-315　　　　　　　图15-316

图15-317

⑤选择套索工具，通过绘制选区的方式选择面部边缘的网格点，使用赭石颜色进行着色，如图 15-318 所示。进一步刻画面部细节，表现颧骨、鼻梁和眼窝等处的明暗效果，通过移动网格点的位置来改变明暗区域的形状，如图 15-319 所示。

图15-318　　　　　　　图15-319

⑥鼻子的塑造比较复杂，网格点也较为密集，如图 15-320 所示，要恰当的安排网格点的位置以体现出鼻子的结构，网格点的颜色设置也很重要，以能够更好地表现鼻子的明暗与虚实变化为准。完成面部的网格效果，如图 15-321 所示。为了使网格图形不至于太复杂，鼻孔部分可以使用图形来单独表现。选择颈部图形，执行"效果 > 风格化 > 羽化"命令，设置参数如图 15-322 所示，使图形边缘变得柔和。

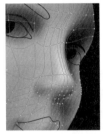
图15-320

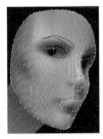
图15-321

图15-322

⑦执行"效果 > 风格化 > 内发光"命令，设置发光颜色和参数，如图 15-323 所示，使颈部图形的颜色有所变化，如图 15-324 所示。用网格工具 编辑肩部图形，效果如图 15-325 所示。

图15-323

图15-324

图15-325

15.10.2 制作眼睛

①选择"五官"图层，将"皮肤"图层锁定，如图 15-326 所示。选择眼睛图形，调整渐变颜色，如图 15-327 所示。执行"效果 > 风格化 > 羽化"命令，参数设置如图 15-328 所示，效果如图 15-329 所示。

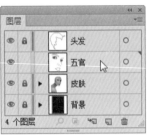
图15-326

图15-327

图15-328

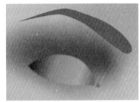
图15-329

②将眼白图形填充为灰色，如图 15-330 所示。用网格工具 表现颜色的变化，如图 15-331 所示。

图15-330

图15-331

③基于眼白图形绘制一个位置略靠下的图形，填充线性渐变，如图 15-332 和图 15-333 所示，按下 Ctrl+[快捷键将该图形后移一层，仅在眼白下面露出一圈较亮的部分，效果如图 15-334 所示。

图15-332

图15-333

图15-334

④画出上眼睑，填充黑色，按下 Alt+Shift+Ctrl+E 快捷键打开"羽化"对话框，设置羽化半径为0.53mm，效果如图 15-335 所示。制作眼球时使用了网格工具 ，在黑色的眼球图形中间单击，设置网格点为灰绿色，如图 15-336 所示。创建一个黑色的圆形，添加羽化效果，设置羽化半径为 1.15mm，如图 15-337 所示。

图15-335　　　　　　　　　　图15-336

图15-337

⑤用极坐标网格工具 创建一个网格图形，描边颜色为白色，粗细为 0.1pt，无填充颜色，如图 15-338 所示。用直接选择工具 选择最外面的椭圆形路径，如图 15-339 所示，按下 Delete 键删除，将该图形选择，在"透明度"面板中设置混合模式为"叠加"，如图 15-340 所示。

图15-338　　　　　　　　　　图15-339

图15-340

⑥绘制一个白色的圆形作为眼球的高光，添加"羽化"效果（参数为 0.3mm）。绘制睫毛形成的暗部区域（羽化半径为 0.5mm），效果如图 15-341 所示。将双眼皮部分用渐变颜色填充，如图 15-342 和图 15-343 所示。

图15-341　　　　　　　　　　图15-342

图15-343

⑦再绘制一个图形来表现双眼皮的高光，填充线性渐变，如图 15-344 和图 15-345 所示。

图15-344　　　　　　　　　　图15-345

⑧用钢笔工具 ✐绘制眼睫毛，如图 15-346 所示。在眼睛下面绘制一个图形（羽化半径为 1.67mm），填充线性渐变，以加深这部分皮肤的颜色，如图 15-347 和图 15-348 所示。

图15-346

图15-347

图15-348

⑨用同样的方法制作右眼，如图 15-349 和图 15-350 所示。

图15-349

图15-350

15.10.3 制作眉毛

①执行"窗口 > 符号库 > 毛发和毛皮"命令，在打开的面板中选择"黑色头发 3"符号，如图 15-351 所示。使用符号喷枪工具 📷创建一组符号，如图 15-352 所示。

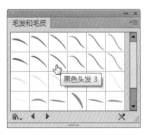

图15-351

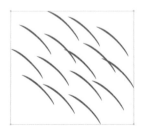

图15-352

②用符号紧缩器工具 🎡在符号组上单击，使符号聚集在一起；用符号缩放器工具 📷按住 Alt 键在符号上单击，将符号缩小；用符号移位器工具 🐟移动符号，用符号旋转器工具 🔄旋转符号，效果如图 15-353 所示。用符号喷枪工具 📷在符号组上单击，增加符号数量，如图 15-354 所示。调整符号的大小和密度，将填充颜色设置为棕色，使用符号着色器工具 🖊改变符号的颜色，用符号滤色器工具 🔴将眉梢一端的符号减淡，效果如图 15-355 所示。

图15-353

图15-354

图15-355

③再制作出如图 15-356 所示的四组眉毛，将它们重叠排列，组成一条完整的眉毛，为了使衔接部分更加自然，每一组眉毛都设置了不透明度（50% ～ 70%），效果如图 15-357 所示。

图15-356

图15-357

④在眉头处创建一个图形（羽化半径为 3mm），填充棕黑色渐变，设置混合模式为"正片叠底"，如图 15-358 所示。在眼眉末端创建一个白色图形表现眉骨的高光，设置不透明度为 40%，如图 15-359 所示。

图15-358　　　　　　　图15-359

⑤下面来制作鼻孔。为左侧的鼻孔图形填充线性渐变，如图 15-360 所示，右侧则使用黑色填充，再添加羽化效果使边缘柔和，大一点的图形的羽化半径为 1mm，小图形为 0.59mm，效果如图 15-361 所示。

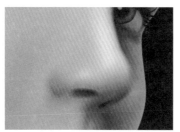

图15-360　　　　　　　　图15-361

15.10.4 制作嘴唇

①用网格工具 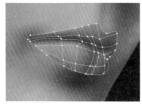 表现嘴唇的颜色和结构，如图 15-362 所示，效果如图 15-363 所示。

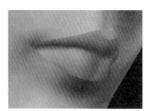

图15-362　　　　　　　图15-363

②绘制唇缝图形（羽化半径为 0.7mm），填充黑色，如图 15-364 所示。绘制嘴角图形（羽化半径为 1mm），填充深棕色，将该图形移动到嘴唇图形的最后面，如图 15-365 所示。

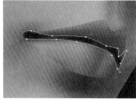
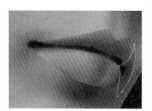

图15-364　　　　　　　图15-365

③为了使嘴唇的边线更加柔和，可在边缘位置绘制如图 15-366 所示的图形，上面图形的混合模式设置为"混色"，不透明度为 40%，下面的图形为"柔光"模式，两个图形均需添加"羽化"效果，如图 15-367 所示。完成五官的制作，效果如图 15-368 所示。

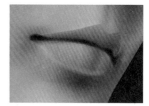

图15-366　　　　　　　图15-367

图15-368

15.10.5 制作头发

①将"五官"图层锁定，选择"头发"图层，如图 15-369 所示，为头发图形填充径向渐变，如图 15-370 所示。为该图形添加"羽化"效果（羽化半径为 8mm），如图 15-371 所示。

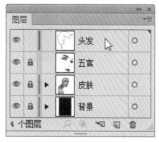

图15-369　　　　　　　图15-370

图15-371

②单击"画笔"面板底部的 按钮,选择"艺术效果 > 艺术效果_油墨"命令,打开该面板。选择"干油墨 2",如图 15-372 所示,将其加载到"画笔"面板中,双击"画笔"面板中的"干油墨 2"样本,打开"艺术画笔选项"对话框,在"方法"下拉列表中选择"淡色和暗色",如图 15-373 所示,关闭对话框。用画笔工具 绘制头发,将描边颜色设置为土黄色,粗细为 0.5pt,如图 15-374 所示。

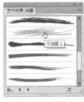
图15-372

图15-373

图15-374

③也可以用钢笔工具 绘制头发,调整描边粗细和不透明度,来体现发丝的变化,如图 15-375 和图 15-376 所示。

图15-375

图15-376

④根据头发的走势继续绘制发丝,如图 15-377 所示。逐渐添加更多浅色的发丝,如图 15-378 和图 15-379 所示。

图15-377

图15-378

图15-379

⑤选择"书法 1"样本,如图 15-380 所示。将描边粗细设置为 0.25pt,绘制纤细轻柔的发丝,如图 15-381 和图 15-382 所示。

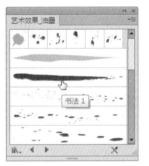
图15-380

图15-381

图15-382

⑥深入刻画靠近肩膀和面部的发丝,如图 15-383 和图 15-384 所示。

图15-383   图15-384

⑦在头发上添加一些不同颜色的图形来表现头发的层次感。绘制一个如图 15-385 所示的图形，添加"羽化"效果（参数为 5mm），混合模式为"正片叠底"，不透明度为 55%，效果如图 15-386 所示。再进一步刻画头发。

图15-385

图15-386

⑧在人物眼睛上面添加眼影，在高光位置添加白色 – 透明的径向渐变。创建一个与画板大小相同的矩形，单击"图层"面板中的 按钮，将画面以外的头发隐藏，如图 15-387 和图 15-388 所示。解除所有图层的锁定。打开光盘中的素材，将图像拷贝粘贴到人物文档中，作为人物的背景，效果如图 15-389 所示。

图15-387

图15-388

图15-389